国家管网高压天然气计量
检定技术与实务

主　编：郑宏伟
副主编：周　雷　徐　明　国明昌　闫文灿

石油工业出版社

内 容 提 要

本书系统介绍了国家管网高压天然气计量检定技术。上篇内容包括天然气计量基础、天然气计量技术和高压天然气计量检定技术；下篇内容包括国家石油天然气大流量计量站南京分站、广州分站、武汉分站、乌鲁木齐分站、北京分站、沈阳分站，以及国家管网集团西南管道有限责任公司油气计量中心的机构概况、量值溯源传递体系、工艺流程与设备、检定控制系统、设计施工运行经验等，并对未来技术发展进行了展望。

本书可作为从事天然气计量技术领域设计、生产、科研、管理人员的参考书，也可作为天然气流量计量技术领域的专业培训教材。

图书在版编目(CIP)数据

国家管网高压天然气计量检定技术与实务/郑宏伟主编. —北京：石油工业出版社，2022.9
ISBN 978-7-5183-5121-3

Ⅰ.①国… Ⅱ.①郑… Ⅲ.①天然气计量-检定装置-中国 Ⅳ.①TE863.1

中国版本图书馆 CIP 数据核字(2022)第 092205 号

出版发行：石油工业出版社
（北京安定门外安华里2区1号楼　100011）
网　　址：www.petropub.com
编辑部：(010)64523687　图书营销中心：(010)64523633
经　　销：全国新华书店
印　　刷：北京中石油彩色印刷有限责任公司

2022年9月第1版　2022年9月第1次印刷
787×1092毫米　开本：1/16　印张：15.5
字数：374千字
定价：80.00元
（如出现印装质量问题，我社图书营销中心负责调换）
版权所有，翻印必究

《国家管网高压天然气计量检定技术与实务》

编 委 会

主　任：张益群　王海峰
副主任：郑华欣　刘　松
委员(按姓氏笔画排序)：
韦荣方　邓　勇　刘志刚　杜世勇　杨　博　李春辉
汪洪军　邵铁民　周　阳　周　韬　唐善华　蒋金生
慕进良

编 写 组

主　编：郑宏伟
副主编：周　雷　徐　明　国明昌　闫文灿
成员(按姓氏笔画排序)：
于剑虹　马秀云　王梓鉴　冯春辉　刘译文　祁　伟
孙　楠　李　伟　李　灿　李　健　邱　惠　张熙然
陆玉城　陈行川　郑传波　姜兆昌　袁平凡　夏寿华
郭　珍　郭　婧　韩　巍　蔡浩辉　裴全斌　裴勇涛

审 定 组

主　审：王　池
副主审：周　轶
委员(按姓氏笔画排序)：
关中原　张福元　罗　勤　郑洪龙　温　凯

序

随着我国社会经济发展和人们生活水平提高，天然气作为一种优质高效的清洁能源，消费量正逐年增长。2021年我国天然气表观消费量达到3726亿立方米，天然气进口量达到1675亿立方米，干线天然气管网的一次入网量达到1900亿立方米，天然气管道总里程突破11万千米，覆盖全国30个省市自治区及香港特别行政区。随着天然气输气量、消费量、下载点的增加，促使用于贸易计量交接的流量计数量不断增加，同时，对流量计计量准确度、检定校准要求越来越高。

目前，天然气贸易计量流量计种类繁多，长输天然气管道主要以超声流量计和涡轮流量计为主。据统计，国家石油天然气管网集团有限公司（以下简称国家管网集团公司）在用的超声流量计和涡轮流量计已超过2000台，中国石油天然气集团有限公司和中国石油化工集团有限公司等上游企业及城镇燃气公司等下游企业应用的天然气流量计在逐年增加。按照有关流量计量的国家标准和技术规范要求，对流量计开展在线或在接近实际运行条件下进行离线实流检定和校准是提高计量准确性的有效方法。由于天然气具有易燃、易爆、可压缩、组分复杂等特点，天然气流量计的准确性直接受到安装条件、环境条件、介质物性参数和工况条件的影响，因此，建立高准确度等级的天然气计量标准装置，准确开展天然气流量计的检定和校准，并保证检定校准工作的安全运行，有很多需要考虑的因素。

在国家市场监督管理总局的统一布局下，历经20多年的努力，在全国范围内建立了多座国家石油天然气大流量计量站，国家管网集团公司管理范围内已经建成了南京分站、武汉分站、广州分站、乌鲁木齐分站和北京分站等5个高压天然气计量检定站，沈阳分站和国家管网集团西南管道有限责任公司油气计量中心正在建设之中。已经建立15套经国家考核授权的天然气流量计量标准装置。南京分站和武汉分站分别建立了质量时间（mt）法和高压活塞体积管（HPPP）法两种不同工作原理的高压天然气流量原级标准装置，各项技术指标均达到国际先进水平，进一步提升完善了我国天然气流量量值溯源传递体系，为我国高压天然气贸易计量流量计的法制计量检定提供了重要的技术支撑。

习近平总书记提出"四个革命、一个合作"能源安全新战略，持续深化能源供给侧结构性改革。新成立的国家管网集团公司肩负保障国家能源安全的使命担当，推动形成"全国一张网"，构建"X+1+X"油气市场体系，必将进一步推进天然气作为优质、高效、清洁、绿色能源和化工原料的广泛使用，对天然气流量计检定校准的需求将进一步增长。为了更好地践行国家管网集团公司"服务国家战略、服务人民需要、服务行业发展"的企业宗旨，把高压天然气计量检定站关键技术更好地传承和发展，更好地设计、建设、运营好，不断提高我国的天然气流量计量技术水平和在国际上的话语权，由国家管网西气东输公司牵头，聚众人智慧，对多年取得的天然气计量检定成果及国家石油天然气大流量计量站各分站的成功经验进行系统归纳总结，完成《国家管网高压天然气计量检定技术与实务》一书，以便为广大读者提供借鉴和参考。

本书的出版发行对天然气计量工作者具有一定的指导意义，相信能够起到分享经验、启迪智慧的目的，希望广大计量技术人员能用好此书，以"执着专注、精益求精、一丝不苟、追求卓越"的匠人精神推动中国制造、中国创造、中国建造共同发力，不断提升计量标准装置自主设计、检定控制系统自主开发、标准器自主制造的技术水平。同时，紧跟天然气能量计量和新能源应用发展方向，持续开展计量新技术、新方法的研究应用，寻求突破，守正创新，服务"双碳"战略目标实现，"不负党的殷切期待，在民族复兴的赛道上接续奋斗"！

2022 年 8 月

前 言

随着社会经济的快速发展，天然气的消费需求和贸易交易量也随之增长，天然气贸易计量流量计的检定量也呈现逐年上升趋势，目前国家石油天然气大流量计量站现有十余个，仍无法满足现有流量计检定的需求，因此，随着天然气行业的继续发展，还会涌现出更多的天然气计量站点。国家管网集团公司成立后，原来隶属于中国石油天然气集团有限公司和中国石油化工集团有限公司的7个天然气流量计量检定站划入国家管网集团公司，且具有基于mt法原级标准和HPPP法原级标准的两个独立的天然气流量量值传递体系。为了更好地总结经验，做好天然气计量检定站的建设、运行和管理，提高技术和管理人员的计量技术水平，编者结合国家管网集团公司所辖7个天然气流量计量检定站的设计、施工、运行情况编写了此书。

本书共包括上下两篇。上篇主要介绍天然气流量计量与检定技术，包括天然气计量基础、天然气计量技术、高压天然气计量检定技术等。天然气计量基础介绍了天然气基本性质、技术指标、组成与分类，以及天然气计量常用单位、测量误差与数据处理、测量不确定度等内容。天然气计量技术介绍了计量系统等级、配备要求、设计要求以及管道天然气流量计的应用。高压天然气计量技术介绍了天然气计量量值溯源传递体系、计量技术标准体系以及国内外高压天然气流量计量检定站建设情况。下篇主要介绍天然气计量检定站建设与运行，即全面系统地对国家管网集团行政管理范围内已经建成和正在建设的7座天然气计量检定站检定能力、建设背景、机构简介、天然气流量量值溯源传递体系、工艺流程、主要设备、各级流量计量标准、检定控制系统及辅助计量实验室、设计施工运行经验分享等多个方面进行了总结。对各计量站在设计、工程建设、测试调试和运行维护过程中发现的问题和解决措施进行了归纳；对国家管网集团公司天然气能量计量、流量量值溯源传递体系和科研攻关方向等进行了展望。

本书由国家管网集团公司西气东输分公司郑宏伟主编，并组建编写组，国明昌、闫文灿组织、协调编写人员撰写并确定书稿内容。在编写过程中，王池、刘松、邵铁民、郑洪龙、关中原、周轶、罗勤、张福元、温凯等专家给予了支持与指导，并提出了大量宝贵意见，在此表示衷心感谢。在立项与筹划过程中，国家管网集团公司生产部、国家石油天然气大流量计量站南京分站、国家石油天然气大流量计量站广州分站、国家石油天然气大流量计量站武汉分站、国家石油天然气大流量计量站乌鲁木齐分站、国家石油天然气大流量计量站北京分站、国家石油天然气大流量计量站沈阳分站、国家管网集团西南管道有限责任公司油气计量中心等单位同事广泛参与、积极配合，并给予大力支持，在此一并表示感谢。

在本书的编写过程中，虽然经过多次研讨和修改，但书中仍难免有疏漏和不足之处，恳请广大读者予以批评指正。

编　者

2022 年 8 月

目 录

上篇 天然气流量计量与检定技术

1 天然气计量基础 …………………………………………………………………（3）
　1.1 天然气基础知识 ……………………………………………………………（3）
　1.2 计量基础知识 ………………………………………………………………（8）
2 天然气计量技术 …………………………………………………………………（21）
　2.1 管道天然气计量系统 ………………………………………………………（21）
　2.2 管道天然气流量计应用 ……………………………………………………（24）
3 高压天然气计量检定技术 ………………………………………………………（29）
　3.1 天然气计量量值溯源传递体系 ……………………………………………（29）
　3.2 天然气计量技术标准体系 …………………………………………………（32）
　3.3 国内外高压天然气流量计量检定站 ………………………………………（34）
　3.4 天然气计量检定工艺技术要求 ……………………………………………（43）

下篇 天然气计量检定站建设与运行

4 南京分站 …………………………………………………………………………（53）
　4.1 机构概述 ……………………………………………………………………（53）
　4.2 量值溯源传递构成 …………………………………………………………（54）
　4.3 工艺流程 ……………………………………………………………………（63）
　4.4 检定控制系统 ………………………………………………………………（65）
　4.5 设计、施工及运行经验 ……………………………………………………（69）
5 广州分站 …………………………………………………………………………（74）
　5.1 机构概述 ……………………………………………………………………（74）
　5.2 量值溯源传递构成 …………………………………………………………（75）
　5.3 工艺流程 ……………………………………………………………………（79）
　5.4 检定控制系统 ………………………………………………………………（82）
　5.5 设计、施工及运行经验 ……………………………………………………（88）

6 武汉分站 (92)
6.1 机构概述 (92)
6.2 量值溯源传递构成 (93)
6.3 工艺流程 (102)
6.4 检定控制系统 (106)
6.5 设计、施工、运行经验 (119)

7 乌鲁木齐分站 (130)
7.1 机构概述 (130)
7.2 量值溯源传递构成 (131)
7.3 工艺流程 (136)
7.4 检定控制系统 (143)
7.5 设计、施工及运行经验 (148)

8 北京分站 (155)
8.1 机构概述 (155)
8.2 量值溯源传递构成 (156)
8.3 工艺流程 (161)
8.4 检定控制系统 (163)
8.5 设计、施工及运行经验 (170)

9 沈阳分站 (172)
9.1 机构概述 (172)
9.2 量值溯源传递构成 (173)
9.3 工艺流程 (178)
9.4 检定控制系统 (191)

10 国家管网集团西南管道有限责任公司油气计量中心 (200)
10.1 机构概述 (200)
10.2 量值溯源传递构成 (201)
10.3 工艺流程 (206)
10.4 检定控制系统 (216)
10.5 设计、施工、运行经验 (225)

11 展望 (231)
11.1 发展趋势 (231)
11.2 发展建议 (234)

参考文献 (236)

上篇 天然气流量计量与检定技术

1 天然气计量基础

1.1 天然气基础知识

1.1.1 天然气相关概念

天然气：以甲烷为主的复杂烃类混合物，通常也会有乙烷、丙烷和很少量更重的烃类，以及若干不可燃气体，如氮气和二氧化碳。

粗天然气：由井口采出，经集气管道输往加工或处理设施的未经加工的天然气。

代用天然气：由人工制造或掺混而获得的气体，就性能而言它与天然气具备互换性。

人工煤气：经处理且可能含有多种对天然气而言并非典型组分的气体。

煤制合成天然气：以煤为原料制取的以甲烷为主要成分的合成燃气，包括以焦炉煤气、兰炭尾气、炼钢高炉煤气等为原料经过甲烷化工序后制取的以甲烷为主要成分的合成燃气。

1.1.2 天然气的物性参数

在采气工程和天然气输配过程中，天然气密度、分子量、相对密度、临界参数等都是非常重要的物性参数。

（1）标准状态天然气体积计量。

天然气的体积具有压缩性。为便于比较和计量，需要将不同温度和压力下的天然气体积换算成标准状态的体积。天然气计量的标准参比条件是：绝对压力 101.325kPa、温度 20℃。

（2）天然气的分子量。

天然气是混合气，其组成无定值。天然气也没有一个唯一公认的分子式，不能像有分子式的纯气体可以从分子式计算出一个恒定的分子量。但是，工程上为了计算上的需要，人为地将标准状态(0℃、101.325kPa)下 1mol 体积天然气的质量，定义为天然气的"视分子量"或"平均分子量"。用公式表示为：

$$M_g = \sum y_i M_i \tag{1.1}$$

式中 M_g ——天然气的视分子量，g/mol 或 kg/kmol；

y_i ——组分 i 的摩尔分数；

M_i ——组分 i 的分子量，g/mol 或 kg/kmol。

显然，天然气的视分子量取决于天然气的组成比例。各气田的天然气组成不同，视分子量也就不同。一般天然气视分子量为(16~18)g/mol。

(3) 天然气的密度和相对密度。

在无说明的情况下，天然气密度是指在标准状态下的密度。

单位体积天然气的质量，称为天然气的密度，用符号 ρ_g 表示，则

$$\rho_g = \frac{m}{V} \tag{1.2}$$

式中 ρ_g——天然气的密度，kg/m^3；

m——天然气的质量，kg；

V——天然气的体积，m^3。

显然，天然气密度不仅取决于天然气的组成，还取决于所处的压力、温度状态。

在理想状态下，天然气的密度可由式(1.3)确定：

$$\rho_g = \frac{pM_g}{RT} \tag{1.3}$$

式中 p——天然气绝对压力，MPa；

M_g——天然气视分子量，kg/kmol；

T——天然气绝对温度，K；

R——摩尔气体常数，为 $0.008314 \frac{MPa \cdot m^3}{kmol \cdot K}$。

如将干燥空气视为理想气体，天然气的相对密度可表示为：

$$d_g = \frac{M_g}{M_{air}} = \frac{M_g}{28.97} \tag{1.4}$$

式中 M_{air}——干燥空气分子量。

显然，天然气的分子量与相对密度成正比。天然气的相对密度变化较大，对于一般干气，其相对密度为 0.58~0.62。

(4) 天然气的临界参数。

任何一种气体当温度低于某一数值时都可以等温压缩成液体，但当高于该温度时，无论压力增加到多大，都不能使气体液化。可使气体压缩成液体的这个极限温度称为该气体的临界温度。当温度等于临界温度时，使气体压缩成液体所需的压力称为临界压力。此时的状态称为临界状态。气体在临界状态下的温度、压力、比体积、密度分别称为临界温度、临界压力、临界比体积和临界密度。

类似视分子量的讨论，天然气的临界参数也随组成而变化，没有一个恒定的数值，通常要通过实验才能较准确的测定。工程上广泛采用"拟临界压力"和"拟临界温度"来代表天然气临界参数，并分别用符号 P_{pc}、T_{pc} 表示。应该强调，拟临界参数并不等于其真实的临界参数，它只是临界参数的近似值。但由于求值简便，精度能满足工程上要求，因此工程上被广泛采用。

(5) 天然气的黏度。

黏度是定量描述流体流动时内摩擦力大小的物理量，是描述流体黏滞性的定量参数，无论是气体还是液体都具有黏滞性。它表示了流体流动的难易程度。任何流体，只要内部有相对运动，都会产生内摩擦力，内摩擦力越大，流体越黏稠，流动越困难。天然气的黏度是天然气流动计算的重要参数，天然气采输过程中遇到的气体流动问题，在计算时都需要确定天然气的黏度。

(6) 天然气的发热量。

天然气的重要用途之一是作燃料。

发热量是单位质量或单位体积的可燃物质在完全烧尽生成最简单最稳定的化合物时所放出的热量，单位是 kJ/kg 或 kJ/m³。发热量分为高位发热量和低位发热量。

高位发热量：在燃烧反应的压力(p_1)保持恒定，除水以外的所有燃烧产物都恢复到与反应剂相同的温度(T_1)下的气态，而水则冷凝成温度为 T_1 的液态的条件下，一定量燃气在空气中完全燃烧时时以热量形式释放出的能量。

低位发热量：在燃烧反应的压力(p_1)保持恒定，所有燃烧产物都恢复到与反应剂相同的规定温度(T_1)下的气态的条件下，一定量燃气在空气中完全燃烧时以热量形式释放出的能量。

(7) 天然气的爆炸性。

当天然气在空气中含量达到一定比例时，就与空气构成具有爆炸性的混合气体，这种气体遇到火源即形成爆炸。

在形成爆炸的混合气体中，天然气在混合气中的最低含量叫作爆炸下限，低于爆炸下限就不会爆炸。最高含量叫作爆炸上限，高于爆炸上限也不会爆炸。上限和下限之间的范围叫爆炸范围。在常温常压下，天然气的爆炸范围为 5%~15%。

(8) 天然气处理与加工。

天然气处理是指为使天然气符合商品质量或管道输送要求而采取的工艺过程，如脱水、脱烃和脱酸性气体等。天然气加工则是指从天然气中分离、回收某些组分，使之成为产品的工艺过程。诸如天然气凝液回收、天然气凝液液化，以及从天然气中提取氦等稀有气体的过程。天然气加工是一个物理变化的过程。

1.1.3 天然气组成

天然气的主要成分是甲烷，但一般油气田的天然气其甲烷含量差别相当大，此外天然气一般含有硫化氢、二氧化碳、氮和水气，以及少量一氧化碳及微量的稀有气体，如氦和氩等。在标准状况下，甲烷至丁烷以气体状态存在，戊烷以上为液体。甲烷是最短和最轻的烃分子。

有机硫化物和硫化氢是常见的杂质，在大多数利用天然气的情况下都必须预先除去。

由于天然气是无色无味的，于是在送到最终用户之前还要用硫醇来给天然气添加气味，以助于泄漏检测。天然气不像一氧化碳那样具有毒性，它本质上是对人体无害的。

1.1.4 天然气分类

(1) 按矿藏特点分类。

按矿藏特点的不同，天然气可分为气田气、凝析气田天然气和油田伴生气。

气田气即纯气田天然气，在开采过程中没有或只有较少天然汽油凝析出来的天然气。其特点：该天然气在气藏中，烃类以单项存在，天然气中甲烷含量高（80%～90%），而戊烷以上烃类组分含量很少，开采过程中一般没有凝析油同时采出。

凝析气田天然气是指在开采过程中有较多天然汽油凝析出来的天然气。其特点：天然气戊烷以上烃类组分含量较多，在开采中没有较重组分的原油同时采出，只有凝析油同时采出。

油田气即油田伴生气，它伴随原油共生，是在油藏中与原油呈相平衡接触的气体，包括游离气(气层气)和溶解在原油中的溶解气。在油井开采中，借助气层气保持井压，而溶解气伴随原油采出，其组成和气油比因产层和开采条件不同而异，一般富含丁烷以上组分。油田伴生气被采出地面后，由于分离条件、分离方式的不同，以及受气液平衡规律的限制，气相中除含有甲烷、乙烷、丙烷、丁烷外，还含有戊烷、己烷，甚至壬烷、癸烷组分；液相中除含有重烃外，仍含有一定量的丁烷、丙烷甚至甲烷。此外，为了降低原油的饱和蒸气压，防止原油在储运过程中挥发损耗，油田往往采用各种原油稳定工艺回收原油中的 C_1 至 C_5 组分，回收回来的气体，称为原油稳定气，简称原稳气。

(2) 按天然气的烃类组成分类。

按天然气中烃类组分的多少可将天然气分为干气、湿气；贫气、富气。

干气：水蒸气摩尔分数不超过 0.005% 的天然气。

湿气：诸如水蒸气、游离水和/或液烃之类组分的含量显著高于规定管输要求的天然气。

贫气：氮气摩尔分数超过 0.15，或二氧化碳摩尔分数超过 0.05 的天然气。

富气：乙烷摩尔分数超过 0.10，或丙烷摩尔分数超过 0.035 的天然气。

在工程上，也常将未经脱水脱烃处理的天然气称作湿气，而将经脱水脱烃处理后的天然气称作干气。

(3) 按酸气含量分类。

按酸气(指二氧化碳和硫化物)含量多少，可将天然气分为酸性天然气和净化气。

酸性天然气指的是含有显著量的硫化物和二氧化碳等的酸性气体，这类气体必须经过处理才能达到管输标准或商品气气质指标。净化气指的是含硫化物和二氧化碳甚微或根本不含的天然气，它不需净化处理就可外输和利用。

由此可见酸性天然气和净化气的划分是比较模糊的，其具体的数值指标并无统一的标准。国内对二氧化碳的净化处理要求并不严格，一般来说，含硫量高于 $20mg/m^3$ 称为酸性天然气，否则为净化气。

(4) 按状态分类。

① 常压天然气。

标准天然气是指计量标准状态下(20℃、101.325kPa)的天然气。

② 压缩天然气。

压缩天然气主要是用作车用燃料，典型的是最高压缩到 20MPa 的气态天然气。

主要应用气体可压缩性，根据气态方程，在温度不变的情况下，压力增大，体积缩小的原理，当压力在 20MPa 时，体积缩小为标准状态下的 1/240。

③ 液化天然气。

天然气液化主要是为便于储存。

天然气在常压下，当冷却至 -162℃ 时，则由气态变成液态，称为液化天然气(简称 LNG)。

LNG 为低温液体，其体积缩小为同量气态体积的 1/625，密度 $0.425g/cm^3$，发热量 50MJ/kg。目前国内 LNG 低温槽车最大容积 $52.8m^3$，最高工作压力 0.7MPa，最大充装天然气量 $3.3×10^4 m^3$，最大经济运输半径 800km。

④ 可燃冰。

可燃冰是天然气水合物的俗称，是近 20 年来在海洋和冻土带发现的新型洁净能源，可以作为传统能源(如石油、煤炭等)的替代品。它是天然气在一定压力和温度下形成的固体结晶水合物，其外观为白色，类似冰雪，化学式可表示为 $CH_4·6H_2O$ 或 $CH_4·7H_2O$，密度 $0.9g/cm^3$，$1m^3$ 天然气水合物可释放 $170m^3$ 的天然气。可燃冰的能量密度是煤的 10 倍，而且燃烧后不产生任何残渣和废气，被称为能满足人类使用 1000 年的新能源。

1.1.5 天然气的质量指标

对天然气的质量，应根据经济效益、安全卫生、环境保护等三个方面综合考虑。通常天然气的质量指标主要有下述几项。

(1) 高位发热量。

发热量可分为高位发热量与低位发热量，单位为 MJ/m^3，一般来说，含重烃量多，则其发热量高，一般要求高位发热量不低于 $34MJ/m^3$。

(2) 水露点。

水露点是指在规定压力下，高于此温度时无冷凝水出现。此项要求是用来防止在输气管道中有液态水析出。液态水存在会加速天然气中酸性组分(H_2S，CO_2)对钢材的腐蚀，还会形成固态天然气水合物，堵塞管道和设备。此外，液态水聚集在管道低洼处，也会减少管道的流通面积，影响输送效率。冬季水会结冰，也会堵塞管道和设备。因此，在天然气外输前，必须对之进行处理，以降低水露点。GB 17820—2018《天然气》规定，在天然气交接点的压力和温度条件下，天然气中应不存在液体水和液态烃。

(3) 硫含量。

此项要求主要是用来控制天然气中硫化物的腐蚀性和对大气的污染。常用硫化氢和总硫含量来表示。目前我国规定天然气的硫化氢含量应低于 $6mg/m^3$（一类天然气）、$20mg/m^3$（二类天然气），对总硫含量(以硫计)一般要求低于 $20mg/m^3$（一类天然气）、$100mg/m^3$（二类天然气)。随着技术和经济的发展,我国将进一步降低天然气中总硫含量,中长期的目标是将总硫控制为 8mg/m³。

(4) 二氧化碳含量。

二氧化碳也是天然气中的酸性组分,在有液态水存在时,对管道和设备也有腐蚀性。尤其是当有硫化氢、二氧化碳与水同时存在时,对钢材的腐蚀更加严重。此外,二氧化碳还是天然气中的不可燃组分。因此,天然气中二氧化碳含量不应高于 4%。

综上所述,我国天然气的质量要求见表 1.1。

表 1.1 我国天然气质量要求

项目	一类	二类
高位发热量[①②]/(MJ/m³)	≥34.0	≥31.4
总硫(以硫计)[①]/(mg/m³)	≤20	≤100
硫化氢[①]/(mg/m³)	≤6	≤20
二氧化碳摩尔分数/%	≤3.0	≤4.0

① 使用的标准参比条件是 101.325kPa、20℃。
② 高位发热量以干基计。

(5) 机械杂质。

气井中出来的天然气,含有很多杂质,包括物理性的杂质(灰尘、杂物、水汽等)和化学性的杂质(硫化物气体、磷化物气体等)。物理杂质对天然气的远程输送、压缩危害较大,化学杂质对于天然气的燃烧影响较大。因此,气井中开采出来的天然气需要进行机械杂质分离操作。

(6) 天然气加臭。

天然气是易燃、易爆气体,本身无色、无味、无毒,使用的天然气中的臭味,是为了便于察觉天然气泄漏而添加的一种臭剂。燃气加臭就是给燃气混入警觉性气味的过程,也就是通过加臭设备将气味输送到燃气管道,使其与燃气按一定比例混合,一旦燃气泄漏,引起人们嗅觉刺激从而报警,以便及时维修燃气设施。目前一般使用的加臭剂是四氢噻吩,加入量按照相关规范规定,不会对人体有任何危害。

1.2 计量基础知识

1.2.1 量与单位

自然界的事物通常是由一定的"量"构成的,而且是通过量来体现的。任何现象、物体或物质都以一定的形式存在,其形式又都是通过量来表征的。计量单位就是为定量表示同种量的大小而约定的定义和采用的特定量。

1.2.1.1　量和量值

(1) 量。

① 量的概念。

量是指"现象、物体和物质可定性区别和定量确定的一种属性"。计量学中的量指的是可以测量的量，这种量可以是广义的，如长度、质量、温度、时间等，也可以是特指的，称特定量，如一个人的身高、一辆汽车的自重等。在计量学中把可直接相互进行比较的量称为同种量，如宽度、厚度、周长、波长为同种量，量的种类属于长度量。某些同种量组合在一起称其为同类量，如功、热量、能量等。人们通过对自然界各种量的探测、分析和确认，分清量的性质，确定量的大小，以达到认识、利用和改造自然的目的。

② 量的表示。

量的符号通常是单个拉丁字母或希腊字母，如面积的符号 A、力的符号 F、波长的符号 λ 等。计量的符号都必须用斜体表示，如质量 m、电流 I 等。

在某些情况下，不同量有相同的符号或对同一个量有不同的应用或要表示不同的值时，用下标予以区分。如电流与发光强度是两个不同的量，电流用符号 I 表示、发光强度用 I_v 表示。又如对于3个不同大小的长度，可以分别表示成 l_1、l_2、l_3。

③ 基本量和导出量。

计量学中的量，可分为基本量和导出量。基本量是指"在给定量制中，约定地认为在函数关系上彼此独立的量"。例如在国际单位制中基本量有7个，即长度、质量、时间、电流、热力学温度、物质的量和发光强度。导出量是指"在给定量制中，由基本量的函数所定义的量"。导出量是通过基本量的相乘或相除得到的量。如国际单位制中速度是导出量，它是由基本量长度除以时间来定义的。导出量很多，如力、压力、流量、能量、电位、功率、频率等。

(2) 量值。

① 量值的概念。

一个量的大小可以用量值来表示，量值是指"一般由一个数乘以计量单位（测量单位）所表示的特定量的大小"。例如 3m、15kg、30s、20℃、220V 等。其中 3、15、30、1 和 220 为数值，m（米）、kg（千克）、s（秒）、℃（摄氏度）和 V（伏）为计量单位。

② 量值的表达。

量值应该正确表达，如 18℃~20℃ 或 (18~20)℃，180V~240V 或 (180~240)V，但不能表示为 18~20℃、180~240V，因为 18 和 180 是数字，不能与量值等同使用。

1.2.1.2　量制、量纲

(1) 量制。

在科学技术领域中，使用着许多种量，所以出现了不同的量制。量制是指"彼此间存在着确定关系的一组量"。也可以说，量制是在科学技术领域中约定选取的基本量和与之存在确定关系的导出量的特定组合。量制通常以基本量符号的组合作为特定量制的缩写名称，如基本量为长度(l)、质量(m)和时间(t)的力学量制的缩写名称为 l、m、t 量制。

（2）量纲。

① 基本量的量纲。

"以给定量制中基本量的幂的乘积表示某量的表达式"称为量纲。量纲都以大写的正体拉丁字母或希腊字母表示。国际单位制中 7 个基本量的量纲见表 1.2。

表 1.2　基本量的量纲

基本量	长度	质量	时间	电流	热力学温度	物质的量	发光强度
基本量纲	L	M	T	I	Θ	N	J

② 量纲的表示。

量纲的符号为 dim，对于任何一个量，它的量纲可以表示为：

$$\dim Q = L^{\alpha} M^{\beta} T^{\gamma} I^{\delta} \Theta^{\varepsilon} N^{\zeta} J^{\eta} \tag{1.5}$$

式中　$\alpha,\beta,\gamma,\delta,\varepsilon,\zeta,\eta$——量纲指数。

基本量的量纲表示，举例说明如下：

长度的量纲：$\dim l = L$。

质量的量纲：$\dim m = M$。

时间的量纲：$\dim t = T$。

导出量的量纲表示，举例说明如下：

速度 $v = l/t$ 的量纲：$\dim v = \dim l/\dim t = L/T = LT^{-1}$。

加速度 $a = v/t$ 的量纲：$\dim a = \dim v/\dim t = LT^{-1}/T = LT^{-2}$。

力 $F = ma$ 的量纲：$\dim F = \dim m \dim a = LMT^{-2}$。

③ 量和量纲之间的关系。

量纲仅表明量的构成，而不能充分说明量的内在联系。例如：在给定量制中，同种量的量纲一定相同，但具有相同量纲的量却不一定是同种量。例如在国际单位制中，功和力矩的量纲相同，都是 L^2MT^{-2}，但是它们是完全不同性质的量。

④ 量纲的意义。

在实际工作中，量纲的意义在于定性地表示量与量之间的关系，尤其是基本量和导出量之间的关系。所有的科技规律、定律，都可以通过一组选定的基本量，以及由它们得出的导出量来表述。而所有的量，又都具有一定的量纲，所以量纲可以反映出各有关量之间的关系，从而使它们所描述的科技规律、定律获得统一的表示方法。通过量纲可得出任何一个量与基本量之间的关系，以及检验量的表达式是否正确。如果一个量的表达式正确，则其等号两边的量纲必然相同，通常称它为"量纲法则"。利用这个法则可用来检查物理公式的正确性。例如冲量 $Ft = m(v_2 - v_1)$，其等号左边的量纲为 $\dim(Ft) = LMT^{-1}$；等号右边的量纲是 $\dim[m(v_2 - v_1)] = LMT^{-1}$，两边具有相同的量纲，表明上述公式是正确的。

⑤ 无量纲量（量纲为 1 的量）。

"在量纲表达式中，其基本量纲的全部指数均为零的量"称为无量纲量。如平面角、线性应变、摩擦因数、折射率等。这些量并不是没有量纲，只不过它的量纲指数皆为零。由于任何指数为零的量皆等于1,所以量纲为1的量,也就是无量纲量,无量纲量也称为量纲为1的量。

1.2.1.3 计量单位和单位制

(1) 计量单位。

① 计量单位的概念。

为了定量表示同种量的大小,就必须选取一个其数值为1的特定量,以便作为比较的基础。计量单位也叫作测量单位。

② 计量单位的符号。

每个计量单位都有规定的代表符号,为了方便世界各国统一使用,国际计量大会有统一的代表符号,并把它叫作国际符号。如在国际单位制中,长度计量单位米的符号是 m,力的计量单位牛顿的符号为 N;我国选定的非国际单位制单位吨的符号为 t,平面角单位度的符号为(°)等。

计量单位的中文符号,通常由单位的中文名称的简称构成,如电压单位的中文名称是伏特,简称为伏,则电压单位的中文符号就是伏。若单位的中文名称没有简称,则单位的中文符号用全称,如摄氏温度单位的中文符号为摄氏度。若单位由中文名称和词头构成,则单位的中文符号应包括词头,如压力单位的中文符号为千帕等。

(2) 基本单位和导出单位。

① 基本单位。

在"给定量制中基本量的计量单位"称为基本单位。如在国际单位制中,基本单位有7个,它们的名称分别为米、千克、秒、安培、开尔文、摩尔和坎德拉。

② 导出单位。

在"给定量制中导出量的计量单位"称为导出单位。导出单位是由基本单位按一定的物理关系相乘或相除构成的新的计量单位,如速度单位是由长度单位和时间单位相除而得到的,即米/秒;力的单位牛顿是由质量单位与加速度单位相乘而得到的,即千克·米/秒^2,其中加速度单位也是导出单位。

(3) 计量单位制和国际单位制(SI)。

① 计量单位制。

"为给定量制按规定规则确定的一组基本单位和导出单位"称为计量单位制,简称单位制。"按规定规则确定"是指规定每一个基本单位和导出单位的定义,以及其大小单位之间的进位和单位名称及符号,也就是有了给定量制。同一个量制可以有不同的单位制,因基本单位选取的不同,单位制也就不一样。如力学量制中基本量是长度、质量和时间,而基本单位可选用长度为米、质量为千克、时间为秒,则叫它为米千克秒制(MKS制)。若长度单位采用厘米、质量用克、时间用秒,则叫它为厘米克秒制(CGS制),还有米千克力秒制(MKGFS制)、米吨秒制(MTS制)等。

② 国际单位制(SI)。

国际单位制(SI)由 SI 基本单位(7个)和 SI 导出单位及 SI 单位的倍数单位构成。SI 导出单位包括 SI 辅助单位在内的具有专门名称的 SI 导出单位(21个)和组合形式的 SI 导出单位两部分，SI 单位的倍数单位由 SI 词头（共 20 个）与 SI 单位（包括 SI 基本单位和 SI 导出单位）构成。

a. SI 基本单位。

国际单位制选择了彼此独立的七个量作为基本量，即长度、质量、时间、电流、热力学温度、物质的量和发光强度。对每一个量分别定义了一个单位，称为基本单位。SI 基本单位见表 1.3。

表 1.3　SI 基本单位

基本量的名称	量的符号	单位名称	单位符号 国际符号	单位符号 中文符号
长度	l, h, r, x	米	m	米
质量	m	千克（公斤）	kg	千克
时间	T	秒	s	秒
电流	I, i	安［培］	A	安
热力学温度	T	开［尔文］	K	开
物质的量	N, v	摩［尔］	mol	摩
发光强度	I_v	坎［德拉］	cd	坎

注：（1）单位名称里圆括号中的名称是它前面名称的同义词。
（2）单位名称里方括号中的字在不致引起混淆误解的情况下，可以省略；方括号前的字为其单位名称的简称。

b. SI 导出单位。

SI 导出单位是按一贯性原则，由 SI 基本单位通过相乘或相除形式表示的单位。SI 导出单位由两部分组成，一部分是包括 SI 辅助单位在内的具有专门名称的 SI 导出单位，另一部分是组合形式的 SI 导出单位。

c. SI 单位的倍数单位。

SI 单位的倍数单位是指由 SI 词头加在 SI 基本单位或 SI 导出单位的前面所构成的单位，如千米（km）、吉赫（GHz）、毫伏（mV）、纳米（nm）等，但千克（kg）除外。无论是十进倍数单位还是十进分数单位，统称为十进倍数单位。

SI 词头一共有 20 个，从 $10^{-24} \sim 10^{24}$，其中 4 个是十进位的，即百（10^2）、十（10^1）、分（10^{-1}）和厘（10^{-2}），这些词头通常只加在长度、面积和体积单位前面，如分米（dm）、厘米（cm）、平方厘米（cm^2）、平方毫米（mm^2）等。其他 16 个词头都是千进位。

1.2.2　天然气计量常用单位

计量单位应按国务院发布的《中华人民共和国法定计量单位》及国家量和单位相关标准（GB 3100~3102—1993）执行。天然气中常用的量及单位见表 1.4。表内"单位名称"项中，方括号中的字，在不致混淆的情况下可以省略，省略后为其简称。单位名称的简称可作为中文符号。无方括号者，简称与全称相同。"单位名称"项中圆括号内的字，为括号前文字的同义词。

表 1.4　天然气中常用的量及单位

量的名称	量的符号	法定单位及符号 单位名称	法定单位及符号 单位符号
长度	L	米 厘米 毫米 纳米	m cm mm nm
面积	A, S	平方米 平方厘米 平方毫米	m^2 cm^2 mm^2
体积, 容积	V	立方米 立方分米 立方厘米 立方毫	m^3 dm^3, L cm^3, mL mm^3, μL
时间	t	秒 分 [小]时 天(日)	s min h d
质量	m	千克 克 毫克 微克 纳克 原子质量单位[①]	kg g mg μg ng u
元素的相对分子质量(以前称为原子量) 物质的相对分子质量(以前称为分子量)	Ar Mr	无量纲 无量纲	
物质的量	n	摩[尔] 毫摩 微摩	mol mmol μmol
摩尔质量	M	千克每摩[尔] 克每摩	kg/mol g/mol
摩尔体积	V_m	立方米每摩[尔] 升每摩	m^3/mol L/mol
密度	ρ	千克每立方米 克每立方厘米 (克每毫升)	kg/m^3 g/cm^3 (g/mL)
相对密度 (以前称为比重)	d	无量纲	
压力, 压强	p	帕[斯卡] 千帕	Pa kPa

续表

量的名称	量的符号	法定单位及符号	
		单位名称	单位符号
功 能 热	W E Q	焦[耳] 电子伏特①	J eV
热力学温度 摄氏温度	T t	开[尔文] 摄氏度	K ℃

注：(1)单位名称里圆括号中的名称是它前面名称的同义词。
(2)单位名称里方括号中的字在不致引起混淆误解的情况下，可以省略；方括号前的字为其单位名称的简称。
①国家选定的非国际单位制单位。

1.2.3 测量误差及不确定度

1.2.3.1 测量误差与数据处理

(1)测量误差的定义与表示。

测量误差(error of measurement)定义为测量结果减去被测量的真值，实际工作中测量误差又简称误差。

测量误差包括系统误差和随机误差两类不同性质的误差。

① 系统误差。

系统误差(systematic error)是指在重复性条件下，对同一被测量进行无穷多次测量所得结果的平均值与被测量真值之差。它是在重复测量中保持恒定不变或按可预见的方式变化的测量误差的分量。

② 随机误差。

随机误差(random error)是指测量结果与在重复性条件下对同一被测量进行无穷多次测量所得结果的平均值之差。它是在重复测量中按不可预见的方式变化的测量误差的分量。

(2)测量误差的修正。

当已知测量误差时可以对测量结果进行修正。修正值(correction)是指用代数法与未修正测量结果相加，以补偿其系统误差的值。修正值等于负的系统误差估计值，即与估计的系统误差大小相等、符号相反。由于系统误差的估计值是有不确定度的，因此修正不可能消除系统误差，只能在一定程度上减小系统误差。已修正的测量结果即使具有较大的不确定度，但可能已十分接近被测量的真值(即误差很小)。因此，不应把测量不确定度与已修正测量结果的误差相混淆。如果系统误差的估计值很小，而修正引入的不确定度很大，就不值得修正。此时往往将影响量对测量结果的系统性影响按 B 类评定方法评定其标准不确定度分量。修正除了用修正值外，还可以采用其他方式，如为补偿系统误差，可以在未修正测量结果上乘一个因子，该因子称修正因子(correction factor)，也可以用修正曲线或修正值表。

1.2.3.2 测量不确定度

(1)测量不确定度的相关概念和作用。

测量不确定度(uncertainty of measurement)定义为表征合理赋予被测量之值的分散性，与测量结果相联系的参数。

① 引出术语测量不确定度的出发点是用来描述测量结果的。

测量不确定度是一个说明给出的测量结果的不可确定程度和可信程度的参数。例如，当得到测量结果为：$m=500g$，$U=1g(k=2)$，就知道被测对象的重量为$(500\pm1)g$，测量结果不可确定的区间是499g~501g；在该区间内的置信水平(即可信程度)约为95%。这样的测量结果比仅给500g给出了更多的可信度信息。

② 测量不确定度是说明测量值分散性的参数，测量不确定度不说明测量结果是否接近真值，而是说明测量值分散性的参数。由于测量的不完善和人们的认识不足，测量值是具有分散性的。这种分散性有两种情况：

a. 由于各种随机性因素的影响，每次测量得到的值不是同一个值，而是以一定概率分布分散在某个区间内的许多值；

b. 虽然有时实际上存在着一个恒定不变的系统性影响，但由于不知道其值，也只能根据现有的认识，认为它以某种概率分布存在于某个区间内，可能存在于区域内的任意位置，这种概率分布也具有分散性。

③ 为了表征测量值的分散性，测量不确定度用标准偏差表示。

因为在概率论中标准偏差是表征随机变量或概率分布分散性的特征参数，当然，为了定量描述，实际上用标准偏差的估计值来表示测量不确定度，所以称为标准不确定度。在实际使用中，往往希望知道包含测量结果的区间，因此测量不确定度也可用标准偏差的倍数或说明了置信水平(包含概率)的区间半宽度表示。测量不确定度表示为区间半宽度时称为扩展不确定度。

④ 不同场合下测量不确定度术语的表述不同。

a. 不带形容词的测量不确定度用于一般概念和定性描述；

b. 带形容词的测量不确定度，如标准不确定度、合成标准不确定度和扩展不确定度，用于在不同场合对测量结果的定量描述。

⑤ 标准不确定度有两类评定方法。

一般，测量不确定度是由多个分量组成的，用标准偏差表示的不确定度分量的评定方法分为两类：

a. 不确定度的A类评定(type A evaluation of uncertainty)是指用对观测列进行统计分析的方法来评定标准不确定度。也就是根据一系列测量数据的统计分布估算标准偏差估计值的评定方法，称为测量不确定度的A类评定方法，用A类评定得到的标准不确定度分量用实验标准偏差表征，符号为u_A。

b. 不确定度的B类评定(type B evaluation of uncertainty)是指用不同于对观测列进行统计分析的方法来评定标准不确定度。也就是用基于经验或有关信息假设的概率分布来估计标准偏差的评定方法称为测量不确定度的B类评定方法，用B类评定得到的标准不确定度分量，也用估计的标准偏差表征，符号为u_p。

⑥ 不确定度不按系统或随机的性质分类。

因为系统性和随机性在不同的情况下是可以转换的。例如某标准电阻的阻值的不确定度在批量生产时具有随机性，而到用户手里就又是系统性的了，所以不确定度不按性质分类。在需要说明不确定度分量的性质时，可表述为由随机效应导致的测量不确定度或由系统效应导致的测量不确定度。

⑦ 标准不确定度、合成标准不确定度、扩展不确定度的区别。

a. 标准不确定度。

标准不确定度（standard uncertainty）是指以标准偏差表示的测量不确定度。它不是由测量标准引起的不确定度，而是指不确定度由标准偏差的估计值表示，表征测量值的分散性。标准不确定度用符号 u 表示。标准不确定度分量是指测量结果的不确定度往往由许多来源引起，对每个不确定度来源评定的标准偏差，称为标准不确定度分量，用 u_i 表示。

b. 合成标准不确定度。

合成标准不确定度（combined standard uncertainty）是指当测量结果由若干其他量的值求得时，按其他各量的方差或（和）协方差算得的标准不确定度。通俗地说，合成标准不确定度是由各标准不确定度分量合成得到的标准不确定度。合成的方法称为测量不确定度传播律。合成标准不确定度用符号 u_c 表示。

合成标准不确定度仍然是标准偏差，它是测量结果标准偏差的估计值，它表征了测量结果的分散性。合成标准不确定度的自由度称为有效自由度，用 v_{eff} 表示，它表明所评定的 u_c 的可靠程度。合成标准不确定度也可用 $u_c(y)/y$ 相对形式表示，必要时可以用符号 u_r 或 u_{rel} 表示。

c. 扩展不确定度。

扩展不确定度（expended uncertainty）是指确定测量结果的区间的量，合理赋予被测量之值的分布的大部分可望含于此区间。

扩展不确定度是由合成标准不确定度的倍数得到，即将合成标准不确定度 u_c 扩展了 k 倍得到，用符号 U 表示，$U=ku_c$。扩展不确定度确定了测量结果可能值所在的区间。测量结果可以表示为：$Y=y\pm U$。式中，y 是被测量的最佳估计值。被测量的值 Y 以一定的概率落在 $(y-U, y+U)$ 区间内，该区间称为统计包含区间。所以扩展不确定度是测量结果的统计包含区间的半宽度。

测量结果的取值区间在被测量值概率分布总面积中所包含的百分数称为该区间的包含概率或置信水平（level of confidence），用 p 表示。

扩展不确定度也可以用相对形式表示，例如：用 $U_r(y)/y$ 表示相对扩展不确定度，也可用符号 $U_r(y)$、U_r 或 U_{rel} 表示。

说明具有规定的包含概率（置信水平）为 p 的扩展不确定度时，可以用 U_p 表示。例如：U_{95} 表明由扩展不确定度决定的测量结果取值区间具有置信水平为 0.95，或 U_{95} 是包含概率为 95%的统计包含区间的半宽度。

由于 U 是表示统计包含区间的半宽度，而 u_c 是用标准偏差表示的，所以它们均是非负参数，即 U 和 u_c 单独定量表示时，数值前都不必加正负号，如 $U = 0.05\text{V}$，不应写成 $U = \pm 0.05\text{V}$。

为求得扩展不确定度，对合成标准不确定度所乘的数字因子称包含因子（coverage factor）。包含因子用符号 k 表示时，$U = ku_c$，一般 k 取 2 或 3。当用于表示置信水平为 p 的包含因子时，包含因子用符号 k_p 表示，$U_p = k_p u_c$。k 的取值决定了扩展不确定度的置信水平，若 u_c 近似正态分布，且其有效自由度较大，则 $U = 2u_c$ 时，测量结果 Y 在 $(y-2u_c, y+2u_c)$ 区间内置信水平 p 约为 95%；$U = 3u_c$ 时，测量结果 Y 在 $(y-3u_c, y+3u_c)$ 区间内置信水平 p 约为 99%。

置信水平（level of confidence）又称包含概率，是与统计包含区间有关的概率值。置信水平表明测量结果的取值区间包含了概率分布下总面积的百分数，表明了测量结果的可信程度。置信水平（或包含概率）可以用 0~1 之间的数表示，也可以用百分数表示。例如置信水平为 0.99 或 99%。

(2) 测量不确定度与测量误差的主要区别。

测量误差表明了测量结果偏离真值的多少。测量误差按性质可分为随机误差和系统误差两类，都是理想的概念。由于真值未知，现在测量误差一般已不再用于定量描述测量结果的准确程度，由参考值代替真值时，可得到测量误差的估计值，它是一个有正号或负号的量值，其值为测量结果与被测量的参考值之差，大于参考值时为正，小于参考值时为负。由于测量不可能理想完善，所以测量结果中始终存在测量误差，误差是客观存在的，不以人的认识程度而改变，当已知系统误差的估计值时，可以对测量结果进行修正。

测量不确定度是表明测量值的分散性。它是一个无符号的参数，用标准偏差或标准偏差的倍数表示该参数的值。测量不确定度与人们对被测量和影响量及测量过程的认识有关。测量不确定度可以由人们根据实验、资料或经验等信息评定，得到定量的测量不确定度的值。测量不确定度分量评定时不必区分其性质。不存在随机与系统两类不确定度的区分。测量不确定度与真值无关，不说明测量结果偏离真值的多少，不能用于对测量结果进行修正，它仅给出了测量结果可信程度的信息。

1.2.3.3 测量结果的处理和报告

(1) 最终报告时测量不确定度的有效位数及其数字修约规则。

① 测量不确定度的有效位数。

用近似值表示一个量的数值时，通常规定"近似值修约误差限的绝对值不超过末位的单位量值的一半"，则该数值从其第一个不是零的数字起到最末一位数的全部数字就称为有效数字。例如，3.1415 意味着修约误差限为 ± 0.00005；$3\times 10^{-6}\text{Hz}$ 意味着修约误差限为 $\pm 0.5\times 10^{-6}\text{Hz}$。

值得注意的是，数字左边的 0 不是有效数字，数字中间和右边的 0 是有效数字。如 3.8600 为五位有效数字，0.0038 是二位有效数字，1002 为四位有效数字。

对某一个数字，根据保留数位的要求，将多余位数的数字按照一定规则进行取舍，这一过程称为数据修约。准确表达测量结果及其测量不确定度必须对有关数据进行修约。

在报告测量结果时，不确定度 U 或 $u_c(y)$ 都只能是 1~2 位有效数字。也就是说，报告的测量不确定度最多为 2 位有效数字。

在不确定度计算过程中可以适当多保留几位数字，以避免中间运算过程的修约误差影响到最后报告的不确定度。

最终报告时，测量不确定度有效位数究竟取一位还是两位，主要取决于修约误差限的绝对值占测量不确定度的比例大小。经修约后近似值的误差限称修约误差限，有时简称修约误差。

例如：$U=0.1\text{mm}$，则修约误差为 $\pm0.05\text{mm}$，修约误差的绝对值占不确定度的比例为 50%，而取二位有效数字 $U=0.13\text{mm}$，则修约误差限为 $\pm0.005\text{mm}$，修约误差的绝对值占不确定度的比例为 3.8%。

所以，建议当第 1 位有效数字是 1 或 2 时，应保留 2 位有效数字。除此之外对测量要求不高的情况可以保留 1 位有效数字，测量要求较高时，一般取二位有效数字。

② 数字修约规则。

a. 通用的数字修约规则。

通用的修约规则为以保留数字的末位为单位，末位后的数字大于 0.5 者末位进一；末位后的数字小于 0.5 者末位不变（即舍弃末位后的数字）；末位后的数字恰为 0.5 者，使末位为偶数（即当末位为奇数时，末位进一，当末位为偶数时，末位不变）。

可以简洁地记成："四舍六入，逢五取偶"。

报告测量不确定度时按通用规则数字修约举例：

$u_c=0.568\text{mV}$，应写成 $u_c=0.57\text{mV}$ 或 $u_c=0.6\text{mV}$；

$u_c=0.561\text{mV}$，应写成 $u_c=0.56\text{mV}$；

$U=10.5\text{nm}$，应写成 $U=10\text{nm}$。

修约的注意事项不可连续修约，例如：要将 7.691499 修约到四位有效数字，应一次修约为 7.691。若采取 7.691499→7.6915→7.692 是不对的。

b. 不确定度的末位后的数字全都进位而不是舍去。

例如：$u_c=10.27\text{m}\Omega$，报告时取两位有效数字，为保险起见可取 $u_c=11\text{m}\Omega$。

（2）报告测量结果的最佳估计值的有效位数的确定。

测量结果（即被测量的最佳估计值）的末位一般应修约到与其测量不确定度的末位对齐。即同样单位情况下，如果有小数点，则小数点后的位数一样；如果是整数，则末位一致。

（3）测量结果的表示和报告。

① 完整的测量结果的报告内容。

完整的测量结果应包含：

a. 被测量的最佳估计值，通常是多次测量的算术平均值或由函数式计算得到的输出量的估计值；

b. 测量不确定度，说明该测量结果的分散性或测量结果所在的具有一定概率的统计包含区间。

例如：测量结果表示为 $Y=y\pm U(k=2)$。其中 Y 是被测量的测量结果，y 是被测量的最佳估计值，U 是测量结果的扩展不确定度，k 是包含因子，$k=2$ 说明测量结果在 $y\pm U$ 区间内的概率约为95%。

在报告测量结果的测量不确定度时，应对测量不确定度有充分详细的说明，以便人们可以正确利用该测量结果，不确定度的优点是具有可传播性，就是如果第二次测量中使用了第一次测量的测量结果，那么，第一次测量的不确定度可以作为第二次测量的一个不确定度分量，因此给出不确定度时，要求具有充分的信息，以便下一次测量能够评定出其标准不确定度分量。

② 用扩展不确定度报告测量结果。

a. 扩展不确定度的使用。

除有规定有关各方约定采用合成标准不确定度外，通常测量结果的不确定度都用扩展不确定度表示，尤其是表示工业、商业及涉及健康和安全方面的数量时。因为扩展不确定度可以表明测量结果所在的一个区间，以及用概率表示在此区间内的可信程度，它比较符合人们的习惯用法。

b. 带有扩展不确定度的测量结果报告的表示。

要给出被测量 Y 的估计值 y 及其扩展不确定度 $U(y)$ 或叫 $U_p(y)$。

对于 U 要给出包含因子 k 值。

对于 U_p 要在下标中给出置信水平 p 值。例如 $p=0.95$ 时的扩展不确定度可以表示为 U_{95}。必要时还要说明有效自由度 v_{eff}，即给出获得扩展不确定度的合成标准不确定度的有效自由度，以便由 p 和 v_{eff} 查表得到 t 值，即 k_p 值；另一些情况下可以直接说明 k_p 值。

需要时可给出相对扩展不确定度 $U_{rel}(y)$。

③ 测量结果及其扩展不确定度的报告形式。

扩展不确定度的报告有 U 或 U_p 两种。

a. $U=ku_c(y)$ 的报告。

例如标准砝码的质量为 m_s，测量结果为 100.02147g，合成标准不确定 $u_c(m_s)$ 为 0.35mg，取包含因子 $k=2$，$U=ku_c(y)=2\times 0.35\text{mg}=0.70\text{mg}$。

一般，U 可用以下两种形式之一报告：

$m_s=100.02147\text{g}$；$U=0.70\text{mg}$，$k=2$。

$m_s=(100.02147\pm 0.00070)\text{g}$；$k=2$。

b. $U_p=k_p u_c(y)$ 的报告。

例如标准砝码的质量为 m_s，测量结果为 100.02147g，合成标准不确定度 $u_c(m_s)$ 为 0.35mg，$v_{eff}=9$，按 $p=95\%$，查 t 分布值表得 $k_p=t_{95}(9)=2.26$，$U_{95}=2.26\times 0.35\text{mg}=0.79\text{mg}$。

则 U_p 可用以下四种形式之一报告：

$m_s = 100.02147\text{g}$；$U_{95} = 0.79mg$；$v_{\text{eff}} = 9$。

$m_s = (100.02147 \pm 0.00079)\text{g}$；$v_{\text{eff}} = 9$，括号内第二项为 U_{95} 的值。

$m_s = 100.02147(79)\text{g}$；$v_{\text{eff}} = 9$，括号内为 U_{95} 的值，其末位与前面结果末位数对齐。

$m_s = 100.02147(0.00079)\text{g}$；$v_{\text{eff}} = 9$，括号内为 U_{95} 的值，与前面结果有相同的计算单位。

另外，给出扩展不确定度 U_p 时，为了明确起见，推荐以下说明方式，例如：$m_s = (100.02147 \pm 0.00079)\text{g}$。式中，正负号后的值为扩展不确定度 $U_{95} = k_{95}u_c$，而合成标准不确定 $u_c(m_s) = 0.35\text{mg}$，自由度 $v_{\text{eff}} = 9$，包含因子 $k_{95} = t_{95}(9) = 2.26$，从而具有约为 95% 概率的包含区间。

④ 相对扩展不确定度的表示。

a. 相对扩展不确定度：$U_{\text{rel}} = U/y$。

b. 相对不确定度的报告形式举例。

$m_s = 100.02147\text{g}$；$U_{\text{rel}} = 0.70 \times 10^{-6}$，$k = 2$。

$m_s = 100.02147\text{g}$；$U_{95\text{rel}} = 0.79 \times 10^{-6}$。

$m_s = 100.02147(1 \pm 0.79 \times 10^{-6})\text{g}$；$p = 95\%$，$v_{\text{eff}} = 9$，括号内第二项为相对扩展不确定度 $U_{95\text{rel}}$。

2 天然气计量技术

2.1 管道天然气计量系统

2.1.1 天然气计量系统等级及配备要求

天然气计量系统是确保天然气计量准确可靠的计量仪表、配套流程、检定/校准、期间核查等模块的集合。2001年我国参照欧洲标准EN 1776：1998和国际计量组织OIML/TC8/TC7发布的《气体燃料计量系统》，2014年，我国发布了最新的国家标准GB/T 18603—2014《天然气计量系统技术要求》。

在标准中，根据天然气流量的大小，确定计量能力，将计量系统分成了A、B、C三个等级的计量站。按照标准的要求确定流量计的准确度等级和配置要求，按照标准的要求确定计量系统配套计量仪表的准确度要求。具体见表2.1和表2.2。

表2.1 不同等级的计量系统

设计能力（标准参比条件）q_n /g/(m³/h)	$q_n \leq 1000$	$1000 < q_n \leq 10000$	$10000 < q_n \leq 100000$	$q_n > 100000$
流量计的曲线误差校正		√		√
在线核查（校对）系统				√
温度转换	√	√		√
压力转换		√		√
压缩因子转换			√	√
在线发热量和气质测量				√
离线或赋值发热量值测定	√	√		
每一时间周期的流量记录				√
密度测量（代替温度转换、压力转换、压缩因子转换）				√
准确度等级	C(3%)	B(2%)	B(2%)或A(1%)	A(1%)

表2.2 计量系统配套仪表准确度

测量参数	最大允许误差		
	A级	B级	C级
温度	0.5℃①	0.5℃	1.0℃
压力	0.20%	0.50%	1.00%

续表

测量参数	最大允许误差		
	A级	B级	C级
密度	0.35%	0.70%	1.00%
压缩因子	0.30%	0.30%	0.50%
在线发热量	0.50%	1.00%	1.00%
离线或赋值发热量	0.60%	1.25%	2.00%
工作条件下体积流量	0.70%	1.20%	1.50%
计量结果	1.00%	2.00%	3.00%

① 当使用超声流量计并计划开展使用中检验时，温度测量不确定度应该优于0.3℃。

2.1.2 天然气计量系统设计要求

（1）选用的计量仪表准确度应满足系统整体准确度的要求，选用的计量仪表应满足流体介质的特性。

（2）设计的管路包括直管段、阀门、弯头、旁通应符合计量仪表的要求，确保气体流量稳定无脉动和振动。

（3）计量系统应设计有并联备用计量管路，备用计量管路的仪表配置与主管路等同，由于天然气易渗漏，特别关注阀门的选用，应选择关闭性能好、耐用、有检漏功能的截止阀。

（4）计量系统最好设计有核查标准计量管路，核查标准计量管路都能够和计量系统其他计量管路密闭串联，并且计量系统设置有外接口，以便天然气流量计实施在线校准。

2.1.3 天然气计量系统仪表选型

（1）流量计的选型原则。

在天然气计量中，流量计量是主计量项目，流量计的选择决定了计量系统的准确度和稳定可靠。流量计的选型应从流体特性、计量系统等级、操作维修、投资费用、安装条件和环境条件六方面来考虑。

① 根据流体特性选择合适类型的流量计。流体的工作压力、温度、介质的清洁度、黏度、压缩性、硫化氢、硫化物、氯离子、二氧化碳含量都是选择流量计所考虑的因素。

② 根据计量系统的等级(A级、B级、C级)合理配备计量仪表的等级和量程。量程必须覆盖流体的流量变化范围。

③ 根据计量站现有的人员、设备、条件，选择便于维护操作的流量计。计量系统内的所有计量仪表、阀门、过滤器都需要周期检查维修，因此选用的流量计要根据现场的实际情况(包括人员素质、检查设备)合理选用流量计。

④ 根据计量系统的等级和项目预算，在全面考虑附件购置费、安装调试费、维护和定期检测费、运行费和备用件费后，比较不同类型流量计对整个测量系统经济的影响，确

定流量计选型。

⑤ 不同原理的测量方法对安装要求差异很大，选型时应注意安装条件的适应性和要求，主要可从流量计的安装方向、流体的流动方向、上下游管道的配置、阀门位置、防护性配件、脉动流影响、振动，电气干扰和流量计的维护等方面进行考虑。

⑥ 在选流量计的过程中不应忽略周围条件因素及有关变化，比如环境温度、湿度、安全性和电气干扰等。

目前，超声流量计、涡轮流量计、标准孔板流量计、质量流量计、旋进旋涡流量计和腰轮流量计等六种类型的流量计在天然气计量系统中使用居多。

（2）流量计算机的选用和配置。

流量计算机由信号转换、采集、计算、处理和输出等单元组成。选用的流量计算机应获得相关机构的认证，例如国家市场监管总局或 OIML、PTB、NEL 或 API 等贸易计量认证，才能用于贸易交接计量。流量计算机与流量计应是一对一配置。流量计算机可直接接收现场的流量、温度、压力、组分等信号并进行流量补偿计算。具备采集、计算、累计、显示、存储等功能。能将有关信息通过数据通信接口传送到站控系统。

（3）温度、压力测量仪表的选用。

在天然气外输计量中，压力和温度参数不仅用于监视生产，还参与工况流量向标准参比条件下流量的换算，以及天然气物性参数计算，因此，取压和测温点的位置和方式应按不同流量计相关应用标准的规定进行选择。

① 温度测量的仪表选用：温度变送器可用于温度的准确测量，双金属温度计只用于温度的监测。在高压工艺系统中，应尽量少用双金属温度计，如需要应用，可根据情况而定。如果双金属温度计安装在温度变送器后，双金属温度计应与温度变送器垂直交叉安装。温度变送器和双金属温度计均安装在外保护套管上，并在保护套管内注入硅油。当站场设计压力≤6.3MPa 时，可应用螺纹连接温度计套管；当站场设计压力>6.3MPa 时，应采用法兰或焊接连接温度计套管。

② 压力测量仪表的选用：压力变送器可用于压力的准确测量，压力表只用于压力的监测。压力变送器的测量原理宜为电容式。计量用压力变送器应采用绝压变送器。一般在超声和涡轮等流量计表体上至少有一个(4~15)mm 的取压孔，用于与压力变送器连接进行静压测量。压力表可选用弹簧管式压力表。压力表可安装在每条流量计测量管路的前直管段上，也可安装在汇气管的入口处。

（4）在线色谱分析仪的选用。

天然气的组分百分含量测量是天然气压缩因子、密度、发热量等物性参数计算的基础数据，在天然气贸易交接计量中组分测量数据非常重要。目前，主要采用在线气相色谱分析仪测量天然气的组分百分含量。

① 在满足下述条件之一时，应设置在线气相色谱分析仪：输气量接近或超过 10×10^4 m^3/h(在标准状况下的流量)的计量站场；在多路进气管线的每个入口处和汇合管线的出口处；计量站间隔 800km 左右；供需双方在合同中要求的计量站。

② 在线气相色谱分析仪通常安装在站场内计量系统的入口管线或进站管线处或出站管线处。

③ 对于没有安装在线色谱分析仪的站场，可使用相邻分输站的天然气组分值。

④ 输气量超过 $5×10^4 m^3/h$（在标准状况下的流量）的计量站可预留在线色谱分析仪的安装位置和取样接口。

2.2　管道天然气流量计应用

用于测量天然气流量的器具称为天然气流量计。流量计的种类很多，分类方法也不尽相同，通常以工作原理来划分流量计的类别。在相同的原理下的各种流量计，则以其结构上的不同，主要是测量机构的不同来命名。按测量方法和结构分类，可分为速度式流量计、容积式流量计、差压式流量计和质量式流量计等。

每台流量计配置 1 台流量计算机，流量计算机接收流量检测仪表的流量信号，以及由其他检测仪表来的压力、温度、气体组分等信号，根据有关标准进行计算，将工况流量转换为标准状态下的体积流量或质量流量、能量流量。天然气在单位时间内流过管道某横截面的体积，称为瞬时体积流量，单位常用 m^3/h 表示；天然气在一段时间内流过管道某横截面的体积，称为累计体积流量，单位常用 m^3 表示。天然气在单位时间内流过管道某横截面的质量，称为瞬时质量流量，单位常用 kg/h 表示；天然气在一段时间内流过管道某横截面的质量，称为累计质量流量，单位常用 kg 表示。流量计算机还将完成流量的指示、累计、存储等功能，包括当日累计量、当日总量计量、前一日累计量、前一日总量累计量等，并将 A、B 报警分类、累计量等信息通过通信接口传送到站控制系统和调度控制中心。同时，将流量计算机的瞬时流量通过模拟量信号上传 PLC 系统。

在国家管网集团各管线各计量站场中，贸易交接计量常用气体流量计为超声流量计、涡轮流量计、质量流量计和孔板流量计；自用气（包括压缩机燃料气）计量常用流量计为超声流量计、涡轮流量计、质量流量计、涡街流量计、旋进旋涡流量计和腰轮流量计等。通常情况，用于自用气总量计量和压缩机燃料气计量的每台流量计配 1 台流量计算机，进行标准状态体积流量的计算和显示，其他自用气计量一般设计一体化智能流量计，直接计算得到标准状态体积流量，不专门配置流量计算机。

2.2.1　超声流量计

超声流量计主要由流量计表体、超声换能器及其安装部件、信号处理单元和（或）流量计算机组成。超声流量计以测量声波在流动介质中传播的时间与流量的关系为原理。性能特点如下：

（1）测量准确度高，量程比大，一般都是 1∶20，可达 1∶100。

（2）无可动部件，可直接进行清管作业。

（3）受压力变化影响小，在最低使用压力下校准后，就可在全范围内使用。

（4）为高科技产品，各厂家的产品都有其独特的专利技术，智能化软件可以进行自诊断并处理一些影响准确度的干扰，一次性投资高。

（5）多声道，尤其是五声道流量计能适用多种流态。

（6）对有超声干扰的场合慎用。

2.2.2 涡轮流量计

涡轮流量计主要由壳体(表体)、导向体、涡轮(叶轮)、轴与轴承、信号检测器、信号接收与显示装置等组成，工作原理是在管道中安装一个自由转动、轴与管道同心的叶轮。当被测气体流过传感器时，在气流作用下，叶轮受力旋转，其转速与管道平均流速成正比，叶轮转动周期改变磁电转换器的磁阻值。检测线圈中磁通随之发生周期性变化，产生周期性的感应电势，即电脉冲信号，经放大器放大后，送至显示仪表显示。在流量范围内，管道中流体的流速大小与叶轮转速成正比。经多级齿轮减速后传送到多位计数器上，显示出被测气体的体积量。涡轮流量计的输出信号脉冲频率 f 与通过涡轮流量计的体积流量 q_v 成正比。当测得传感器输出的信号脉冲频率或某一时间内的脉冲数 N 后，分别除以仪表系数 K，就可得到体积流量 $q_v (m^3/s)$ 或流体总量 $V(m^3)$。性能特点如下：

(1) 准确度高，普通流量计的准确度为 1.0 级或 1.5 级，特殊专用型为 0.5 级或 0.2 级。

(2) 重复性好，短期重复性可达 0.05%~0.2%，正是由于具有良好的重复性，如经常校准或在线校准可得极高的精确度，在贸易结算中是优先选用的流量计。

(3) 输出脉冲频率信号，适于总量计量及与计算机连接，无零点漂移，抗干扰能力强。

(4) 可获得很高的频率信号，信号分辨力强。

(5) 量程比宽，中大口径可达 40:1 至 10:1，小口径为 6:1 或 5:1。

(6) 结构紧凑轻巧，安装维护方便，流通能力大。

(7) 适用高压测量，仪表表体上不必开孔，易制成高压型仪表。

(8) 难以长期保持校准特性，需要定期检定。对于贸易计量和高准确度测量的场合，最好对流量计进行在线实流校准以保持其特性。

(9) 气体密度对仪表特性有较大影响。气体流量计易受密度影响，由于密度与温度、压力关系密切，在现场温度、压力波动是难免的，要根据它们对准确度影响的程度采取补偿措施，才能保持较高的计量准确度。

(10) 流量计受来流流速分布畸变和旋转流的影响较大，传感器上下游侧需设置直管段，如安装空间有限制，可加装流动调整器(整流器)以缩短直管段长度。

(11) 不适于脉动流和混相流的测量。

(12) 对被测气体的清洁度要求较高，若气质较脏，则应安装过滤器。

2.2.3 孔板流量计

标准孔板流量计是一种在天然气流量测量中历史悠久、技术成熟、使用广泛的差压式流量计。标准孔板流量计由节流装置、信号引线和二次仪表系统组成。天然气流经节流装置时，流束在孔板处形成局部收缩，从而使流速增加，静压力降低，在孔板前后产生静压力差(差压)，气流的流速越大，孔板前后产生的差压也越大，从而可通过测量差压来衡量天然气流过节流装置的流量大小。其性能特点如下：

(1) 节流装置结构易于复制，简单、牢固，性能稳定可靠，使用期限长，价格低廉。

(2) 孔板流量计的设计、计算、加工和使用都依据国家标准 GB/T 21446—2008《用标准孔板流量计测量天然气流量》。

(3) 孔板流量计应用范围广，全部单相流皆可测量，部分混相流亦可应用。

(4) 标准孔板节流装置无需实流校准，通过干检即可使用。

(5) 一体型孔板流量计安装更简单，无需引压管，可直接接差压变送器和压力变送器。

(6) 孔板流量计量程范围小，但智能孔板流量计的量程可自编程调整，达到 10∶1。

(7) 智能孔板流量计可同时显示累计流量、瞬时流量、压力、温度。

(8) 孔板流量计可配有多种通信接口。

(9) 配有孔板阀的孔板流量计可在线进行检查。

2.2.4 质量流量计

科里奥利质量流量计结构多种多样，一般由传感器和流量变送器组成，其中传感器是由测量管、振动驱动器、信号检测线器、前置放大器、支撑结构和壳体等组成。流量传感器是一种基于科里奥利效应的谐振式传感器，传感器的敏感元件是测量管，是处于谐振状态的空心金属管，又称测量管。测量管的结构形式较多，有 U 型、双微弯型、单直管型、双直管型、Ω 型、S 型和双 J 型等。当位于一旋转管内的质点相对于旋转管作离心或向心运动时，将产生一个作用于旋转管体的惯性力，而质点的旋转运动是通过有流体流动的振动管的振动产生的，由此产生的惯性力与流经振动管的流体质量流量成比例。其性能特点如下：

(1) 直接测量管道内流体的质量流量。

(2) 测量准确度高、重复性好。

(3) 可在较大量程比范围内，对流体质量流量实现高准确度直接测量。

(4) 工作稳定可靠。流量计管道内部无障碍物和活动部件，因而可靠性高、寿命长、维修量小；使用方便、安全。

(5) 适应的流体介质面宽。除测量一般黏度的均匀流体外，还可测量高黏度、非牛顿型流体；无论介质是层流还是紊流，都不影响其测量准确度。

(6) 广泛的应用领域。可在石油化工、制药、造纸、食品、能源等多个领域实施计量和监控。

(7) 防腐性能好。能适用各种常见的腐蚀性流体介质。

(8) 多种实时在线测控功能。

(9) 除质量流量外，还可直接测量流体的密度和温度。智能化的流量变送器，可提供多种参数的显示和控制功能，是一种集多功能为一体的流量测控仪表。

(10) 可扩展性好。可根据需要专门设计和制造特殊规格型号和特殊功能的质量流量计；还可进行远程监控操作等。

2.2.5 涡街流量计

涡街流量计由传感器和转换器两部分组成，传感器包括旋涡发生体（阻流体）、检测元件、仪表表体等；转换器包括前置放大器、滤波整形电路、D/A 转换电路、输出接口电路、端子、支架和防护罩等。旋涡发生体是检测器的主要部件，它与仪表的流量特性(仪表系数、线性度、范围度等)和阻力特性(压力损失)密切相关；检测元件用于检测旋涡信号。在流体中设置三角柱型旋涡发生体，则从旋涡发生体两侧交替地产生有规则的旋涡，这种旋涡称为卡门旋涡，旋涡列在旋涡发生体下游非对称地排列。涡街流量计是根据卡门涡街原理测量流体流量的流量计，并可作为流量变送器应用于自动化控制系统中。涡街流量计是应用流体振荡原理来测量流量的，流体在管道中经过涡街流量变送器时，在三角柱的旋涡发生体后上下交替产生正比于流速的两列旋涡，旋涡的释放频率与流过旋涡发生体的流体平均速度及旋涡发生体特征宽度有关。由此，通过测量旋涡频率就可以计算出流过旋涡发生体的流体平均速度 v，再由式 $q = vA$ 可以求出流量 q，其中 A 为流体流过旋涡发生体处流量计的截面积。其性能特点如下：

(1) 抗震性能特别好，无零点漂移，可靠性高。

(2) 智能涡街流量计的传感器的通用性很强，能产生强大而稳定的涡街信号。

(3) 结构简单牢固，无可动部件，可靠性高，使用维护方便。

(4) 检测元件不与介质接触，性能稳定，使用寿命长传感器采用检测探头与旋涡发生体分开安装，而且耐高温的压电晶体密封在检测探头内，不与被测介质接触，所以具有结构简单、通用性好和稳定性高的特点。

(5) 输出与流量成正比的脉冲信号或模拟信号，无零点漂移，精度高，方便与计算机联网。

(6) 测量范围宽，量程比可达 1∶10。

(7) 流量计输出的信号与流速成线性关系，即与体积流量成正比。

(8) 压力损失小。

(9) 在一定的雷诺数范围内，流量特性不受流体压力、温度、黏度、密度、成分的影响，仅是与旋涡发生体的形状和尺寸有关。

(10) 应用范围广，蒸汽、气体、液体流量均可测量。

2.2.6　旋进旋涡流量计

旋进旋涡流量计主要由壳体、旋涡发生器、流量传感器、积算单元和除旋器组成。智能旋进旋涡流量计还包括压力传感器和温度传感器。当沿着轴向流动的气流进入流量计入口时，旋涡发生器强制使气流产生旋涡流，旋涡流在文丘里管中旋进，到达收缩段时突然节流使旋涡流加速，当旋涡流进入扩散段后，因回流作用强制产生二次旋涡流，此时旋涡流的旋转频率与介质流速成函数关系。通过流量计的流体体积正是基于这种原理来测量的。其性能特点如下：

(1) 内置式压力、温度、流量传感器，安全性能高，结构紧凑，外形美观。

(2) 就地显示温度、压力、瞬时流量和累积流量。

(3) 采用新型信号处理放大器和独特的滤波技术，有效地剔除了压力波动和管道振动所产生的干扰信号，大大提高了流量计的抗干扰能力，使小流量具有出色的稳定性。

(4) 特有时间显示及实时数据存储之功能，无论什么情况，都能保证内部数据不会丢失,可永久性保存。

(5) 整机功耗极低,能凭内电池长期供电运行,是理想的无需外电源就地显示仪表。

(6) 防盗功能可靠,具有密码保护,防止参数改动。

(7) 流量计表头可 180°随意旋转,安装方便。

2.2.7 腰轮流量计

腰轮流量计由主体、连接部分和表头(指示器)组成。腰轮流量计对气体的计量,是通过它的计量室和腰轮来实现的,每当腰轮转动一圈,便排出四个计量室的体积量,该体积量在流量计设计时就确定了,只要记录腰轮转动的圈数就得到被计量介质的体积量,腰轮是靠气体通过流量计产生的压差转动的。其性能特点如下:

(1) 结构简单,制造方便,使用寿命长。

(2) 采用摆线形 45°角组合式和圆包络 45°角组合式腰轮转子,在大流量下,也无振动。

(3) 计量准确度高,最大允许误差可达±0.2%。

(4) 适用性强,对于不同黏度,以及带有少量细颗粒的液体,均能保证计量准确度。

(5) 在最大流量下压力损失一般不超过 0.04MPa。

3 高压天然气计量检定技术

3.1 天然气计量量值溯源传递体系

量值溯源传递体系是按照规定不确定度的连续的比较链将计量器具测量的量值溯源至国家基准，将计量标准复现的流量量值传递到工作计量器具的全部过程，是确保量值统一、测量准确的基础。

流量是个导出量，流量的量值要用原级标准装置来复现。常用的复现气体流量的原级标准装置包括 mt 法原级标准装置和 HPPP 法原级标准装置；次级标准装置、工作级标准装置和移动式标准装置通常是由标准表构成的标准装置。

天然气计量检定站应建立由流量标准装置构成的完整的流量量值溯源传递体系。天然气流量量值溯源传递体系中的流量标准装置包括原级标准装置、次级标准装置、工作级标准装置和移动式标准装置。

3.1.1 天然气流量量值溯源情况

国内建立了天然气流量完整的溯源传递体系（图 3.1），分别建立有"mt 法原级标准+

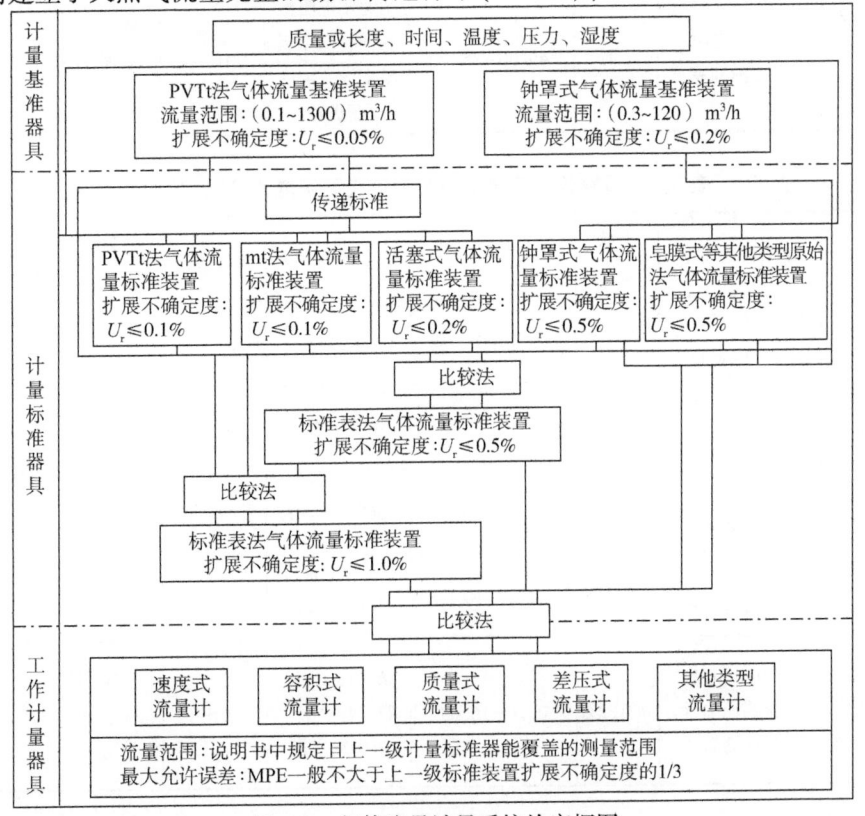

图 3.1 气体流量计量系统检定框图

临界流文丘里喷嘴法次级标准+标准表法工作级标准"和"HPPP 法原级标准+标准表法工作级标准"的溯源传递体系,达到世界先进水平。计量标准装置均取得了社会公用计量标准授权和 CNAS 认可。

3.1.2 温度、压力量值溯源能力情况

国家依法设置的计量机构建立有温度、压力项目的社会公用计量标准。国家管网集团西气东输南京计量研究中心、武汉计量研究中心已配置温度校准和压力检定所需的计量标准设备,完成 CNAS 认可(表 3.1 和表 3.2)。

表 3.1 国家管网集团温度测量仪表溯源能力情况统计

所属机构	标准装置类型	不确定度	测量范围/℃	检定/校准项目	建标时间	挂靠单位	设计年检定能力/台	取得资质
国家管网集团西气东输南京计量研究中心	二等标准铂电阻温度计标准装置	0.05℃	-30.00~300.00	工业铂、铜热电阻	2021 年	西气东输公司	100	CNAS 认可
	标准水银温度计标准装置	0.22℃	-30.00~300.00	双金属温度计	2021 年			
	温度变送器校准装置	0.24℃	-30.00~300.00	温度变送器	2021 年			
	温度实验室温度标准检定装置	一等	-196.00~420.00	二等标准铂电阻	2021 年			
国家管网集团西气东输武汉计量研究中心	二等铂电阻温度计标准装置	二等	-45.00~150.00	工业铂电阻温度计、双金属温度计、温度变送器	2016 年	西气东输公司	10	CNAS 认可、计量建标

表 3.2 国家管网集团压力测量仪表溯源能力情况统计

所属机构	标准装置类型	不确定度	测量范围/MPa	检定/校准项目	建标时间	挂靠单位	设计年检定能力/台	取得资质
国家管网集团西气东输南京计量研究中心	弹性元件式一般压力表检定装置	0.29%	-0.10~16.00	压力表	2021 年	西气东输公司	600	CNAS 认可
	数字压力计检定装置	0.03%	-0.10~16.00	数字压力计	2021 年			
	压力变送器检定装置	0.04%	-0.10~16.00	压力变送器	2021 年			
	压力实验室压力标准校准装置	0.005 级	-0.10~10.00	0.005 级压力标准	2021 年			
国家管网集团西气东输武汉计量研究中心	0.01 级气体活塞式压力计标准装置	0.01 级	0.20~16.00	精密压力表、数字压力计、压力变送器	2016 年	西气东输公司	10	CNAS 认可、计量建标

3.1.3 流量积算仪校准量值溯源能力情况

国家管网集团西气东输南京计量研究中心、武汉计量研究中心已取得流量积算仪校准项目的 CNAS 认可,可开展流量积算仪校准业务(表 3.3)。

表 3.3 国家管网集团流量积算仪溯源能力情况统计

所属机构	标准装置类型	不确定度	测量范围	检定/校准项目	建标时间	挂靠单位	设计年检定能力/台	取得资质
国家管网集团西气东输南京计量研究中心	流量积算仪标准装置	电流:0.01% 电压:0.01% 频率:0.005% 电阻:0.005%	电流:(0~30)mA 电压:(0~30)V 频率:(0~50)kHz 电阻:(0~4000)Ω	流量积算仪	2022年	西气东输公司	100	CNAS认可
国家管网集团西气东输武汉计量研究中心	流量积算仪检定装置	直流电:0.0010mA 电阻:0.008% 频率:0.3Hz	电流:(4~20)mA 电阻:(0~10)kΩ 频率:(0~10)kHz	流量积算仪	2019年	西气东输公司	100	CNAS认可、计量建标

3.1.4 在线气相色谱仪校准量值溯源能力情况

国家管网集团西气东输南京计量研究中心、武汉计量研究中心已取得色谱仪校准项目的 CNAS 认可,可开展色谱仪校准业务;国家石油天然气大流量计量站乌鲁木齐分站正在申报该项目的 CNAS 认可(表 3.4)。

表 3.4 国家管网集团在线气相色谱仪校准能力情况统计

所属机构	标准装置类型	不确定度	测量范围	检定/校准项目	建标时间	挂靠单位	设计年检定能力/台	取得资质
国家管网集团西气东输南京计量研究中心	在线气相色谱仪校准装置	灵敏度:$U_{rel}=3\%$	热导检测器(TCD)灵敏度:≥1000mV·mL/mg	在线气相色谱仪	2020年	西气东输公司	30	CNAS认可
国家管网集团西气东输武汉计量研究中心	气相色谱仪检定装置	灵敏度:$U_{rel}=3\%$; 灵敏度:$U_{rel}=3\%$; 氢火焰离子化检测器(FID)检测限:$U_{rel}=2\%$; 火焰光度检测器(FPD)检测限:$U_{rel}=4\%$	TCD 灵敏度:≥1000mV·mL/mg TCD 灵敏度:≥800mV·mL/mg FID 检测限:≤5×10⁻¹⁰g/s; FPD 检测限:≤5×10⁻¹⁰g/s(硫)	在线气相色谱仪 气相色谱仪	2013年	西气东输公司	30	CNAS认可、计量建标
国家石油天然气大流量计量站乌鲁木齐分站	在线气相色谱仪校准装置	—	热导检测器(TCD)(在建,尚无测温范围)	在线气相色谱仪	在建	西部管道公司	—	暂无

3.2 天然气计量技术标准体系

为加快天然气贸易计量与国际接轨,提高计量准确度,维护供需双方经济利益,我国结合国情,并参考相应国际标准和国外先进标准,转化、制定了一系列的天然气计量标准。在这一系列标准中,基础标准是 GB/T 18603—2014《天然气计量系统技术要求》。GB/T 18603《天然气计量系统技术要求》于 2001 年首次发布,并于 2014 年修订后重新发布,主要参考了 OIML R 140:2007(E)。它是一个系统标准,覆盖了天然气计量系统的设计、建设、投产运行、验收、维护、校准及检定等整个过程,规定了天然气计量系统的组成内容及辅助设备的技术要求,并按天然气计量站规模分级规定了系统配置要求。天然气计量标准体系中的流量计量标准涵盖了目前常用的涡轮流量计、超声流量计、旋转容积流量计、旋进旋涡流量计、孔板流量计和科里奥利质量流量计,基本满足了天然气工业迅速发展的需要。除流量计量标准外,还包括为获得密度而进行的间接测量标准,如压力、温度、天然气组分测试及计算标准,还有天然气物性参数(如压缩因子等)的计算标准,以及相关的检定规程、校准规范等。天然气计量标准体系包括:

(1) 共性基础性标准:名词和术语、标准参比条件、统计控制等标准。

(2) 流量计量方法标准:孔板流量计、涡轮流量计、超声流量计、旋进旋涡流量计、科里奥利质量流量计、旋转容积流量计、标准喷嘴流量计,以及槽道式流量计等标准。

(3) 为获得密度而进行的间接测量标准:如压力、温度、天然气组分测试及计算,以及天然气压缩因子等计算标准、相关的检定规程、校准规范等。

天然气计量标准体系及具体分类详见表 3.5 至表 3.11。

表 3.5 流量计量系统标准

标准编号	标准名称	采标情况
GB/T 18603—2014	天然气计量系统技术要求	OIML R 140:2007(E)
GB/T 35186—2017	天然气计量系统性能评价	—
SY/T 5398—2017	石油天然气交接计量站计量器具配备规范	—
SY/T 7552—2020	天然气贸易计量用流量计选用指南	—

表 3.6 流量计量方法标准

标准编号	标准名称	采标情况
GB/T 21446—2008	用标准孔板流量计测量天然气流量	ISO 5167-1,2:1999(MOD)
GB/T 21391—2008	用气体涡轮流量计测量天然气流量	EN 12261:2002(NEQ)
GB/T 18604—2014	用气体超声流量计测量天然气流量	AGA REPORT No.9:2007(NEQ)
GB/T 34166—2017	用标准喷嘴流量计测量天然气流量	—

续表

标准编号	标准名称	采标情况
SY/T 6658—2021	用旋进旋涡流量计测量天然气流量	ISO/TR 12764:1997(NEQ)
SY/T 6659—2016	用科里奥利质量流量计测量天然气流量	AGA REPORT No.11/API MPMS CHAPTER 14.9:2003(NEQ)
SY/T 6660—2021	用旋转容积式气体流量计测量天然气流量	EN 12480:2002(NEQ)
SY/T 7551—2019	用槽道式流量计测量天然气流量	—

表3.7 流量计检定/校准标准及规程

标准编号	标准名称	采标情况
GB/T 30500—2014	气体超声流量计使用中检验 声速检验法	—
SY/T 6999—2014	用移动式气体流量标准装置在线检定流量计的一般要求	—
JJG 633—2005	气体容积式流量计检定规程	—
JG 640—2016	差压式流量计检定规程	—
JJG 1030—2007	超声流量计检定规程	—
JJG 1037—2008	涡轮流量计检定规程	—
JJG 1038—2008	科里奥利质量流量计检定规程	—
JJG 1121—2015	旋进旋涡流量计	—

表3.8 基础标准

标准编号	标准名称	采标情况
GB/T 37124—2018	进入天然气长输管道的气体质量要求	—
GB/T 19205—2008	天然气标准参比条件	—
GB 17820—2018	天然气	—

表3.9 能量计量标准

标准编号	标准名称	采标情况
GB/T 22723—2008	天然气能量的测定	ISO 15112—2007
GB/T 11062—2020	天然气发热量、密度、相对密度和沃泊指数的计算方法	ISO 6976—2016

表3.10 配套仪表检定校准

标准编号	标准名称	采标情况
JJG 882—2019	压力变送器检定规程	—
JJG 1003—2016	流量积算仪检定规程	—

续表

标准编号	标准名称	采标情况
JJF 1183—2007	温度变送器校准规范	—
JJG 700—2016	气相色谱仪检定规程	—
JJG 1055—2009	在线气相色谱仪	—

表 3.11 天然气流量相关参数计算

标准编号	标准名称	采标情况
GB/T 13609—2017	天然气取样导则	—
GB/T 13610—2020	天然气的组成分析 气相色谱法	—
GB/T 17747.1—2011	天然气压缩因子的计算 第1部分：导论和指南	ISO 12213-1：2006(MOD)
GB/T 17747.2—2011	天然气压缩因子的计算 第2部分：用摩尔组成进行计算	ISO 12213-2：2006(MOD)
GB/T 17747.3—2011	天然气压缩因子的计算 第3部分：用物性值进行计算	ISO 12213-3：2006(MOD)

3.3 国内外高压天然气流量计量检定站

3.3.1 国外主要天然气流量检定站

从20世纪90年代开始，国外天然气流量计的检定从重视干标法逐步过渡到实流检定，即重视量值溯源与量值传递工作，以管输的实际天然气介质及在接近实际运行工况等条件下对流量的分参数，如压力、温度、气质组分和流量总量进行动态量值溯源，相继出现许多实流检定实验室，如德国 Pigsar 检定站、荷兰国家计量研究院（NMI）、加拿大输气校准公司（TCC）、美国西南研究院（SWRI）的气体研究所、美国科罗拉多工程实验室（CEESI）、英国国家工程实验室（NEL）、法国燃气公司（Gdf）等。

3.3.1.1 德国 Pigsar 检定站

Pigsar 检定站于1993年鲁尔煤气公司建造，开展检验燃气表的权威性工作。1999年，德国国家高压天然气的计量系统与荷兰的计量系统协调一致，其天然气流量量值由德国国家物理技术研究院（PTB）和 NMi 联合协调管理。该站位于德国的西北部多尔斯滕地区，它是鲁尔大燃气管网系统的一部分，具有高压大流量天然气气源和多种较低压力的天然气管输系统。目前技术能力为：

HPPP 原级标准装置：测量范围（8~480）m³/h，测量不确定度 0.07%（$k=2$）。

涡轮工作级标准装置：由 4 台 DN100mm 和 4 台 DN200mm 涡轮流量计组成，测量范围(8~6500)m³/h，工作压力范围(1.5~5.0)MPa，测量不确定度：0.16%($k=2$)，检定流量计口径(50~400)mm。

(1) Pigsar 检定站工艺流程及量值溯源。

Pigsar 检定站在 2003 年进行了扩建，建设了新检定区，新检定区内安装的设备包括两个 DN200mm 的流量计检定台位、HPPP 原级标准装置、由 8 个文丘里喷嘴和一个用于开发光学原级标准的流量计组成的检定工作台。检测用气进站后首先被过滤，然后通过一个压力、温度调节单元后达到稳定状态。之后气体到达工作级标准区内。

Pigsar 检定站的 HPPP 原级装置、涡轮工作级标准装置如图 3.2 所示。为了保证管段内的温度保持稳定，对工艺管道和设备采用了保温层加铝合金的保温措施。

(a) HPPP 原级装置　　　　　　(b) 涡轮工作级标准装置

图 3.2　HPPP 原级装置和涡轮工作级标准装置

(2) Pigsar 检定站降低不确定度的方法。

2003 年 Pigsar 检定站进行了改进提高，主要通过改进原级标准几何量测量方法、使用新的光学原级标准、安装文丘里喷嘴、提高质量控制、加强国际间的比对等多个方面的工作来提高系统的不确定度。

3.3.1.2　荷兰国家计量研究院(NMi)

荷兰国家计量研究院(NMi)是负责荷兰本国量值溯源任务的机构，该院与德国国家物理技术研究院(PTB)同属世界两个最大的天然气流量检测机构，欧洲各国的许多天然气工作标准都在这两个检测机构进行校准。NMi 的原级标准装置采用低压动态置换气体装置。NMi 通过次级标准装置把量值传递到建在高压天然气管道旁边的高压大流量工作标准装置。荷兰的高压天然气检定装置主要位于哥罗宁根(Groningen)、贝赫姆(Bergum)和韦斯特伯格(Westerberg)三个地方，2010 年建立了 EUROLOOP 检定站。

(1) 哥罗宁根(Groningen)的标准装置。

该站建有两套采用标准表法原理气体流量标准装置。一套由 10 台容积式气体流量计(CVM)组成，每台 CVM 的最大流量约为 400m³/h，属于传递标准装置。另一套由 1 台 400m³/h 的 CVM 流量计和 4 台气体涡轮流量计(检定能力为 1 台 650m³/h、1 台 1600m³/h 和 2 台 4000m³/h)组成，为工作级标准。

(2) 贝赫姆(Bergum)的标准装置。

该装置以天然气高压管道为气源,热电厂天然气管道为回气管线,工作压力范围为(0.9~5.1)MPa,在2.1MPa条件下最高检定流量为标准状况下88000m³/h,在(2.1~5.1)MPa时最大的检定能力为13.2×10^4m³/h。该装置由4台流量为4000m³/h的气体涡轮流量计、1台流量为1000m³/h的气体涡轮流量计、2台流量分别为1000m³/h和400m³/h的容积式流量计组成,不确定度为0.23%~0.30%。

(3) 韦斯特伯格(Westerbork)的标准装置。

该装置以Slochteren气田到Ommen混输站的两条天然气管道(管径分别为1050mm和1200mm)为气源。工作压力最高为6.2MPa,最大检定流量为40000m³/h,不确定度为0.30%。

(4) EUROLOOP检定站。

2010年3月底,荷兰国家计量技术研究院建立了EUROLOOP检定站。天然气流量测量是在原有的环泵系统基础上,经过重新设计而成的,环道在环泵的后面串联设定多个检定台,由于采用闭路系统,EUROLOOP运行不依赖于外界因素,如对部分天然气管网的天然气需求。采用油气置换活塞体积管法(GOPP)原级标准装置,最大测量流量120m³/h,不确定度0.07%($k=2$),通过腰轮流量计量值传递。工作级标准装置由5台DN400mm涡轮流量计组成,流量测量范围(500~30000)m³/h,测量不确定度0.22%($k=2$),检定流量计口径(50~900)mm。

(5) NMi量值溯源。

荷兰国家计量技术研究院(NMi)负责荷兰国家量值溯源等任务,其低压动态置换气体原级标准装置是荷兰的国家基准(图3.3),虽然只提供(1~4)m³/h的流量,由于小流量易于控制,不确定度可达0.01%。

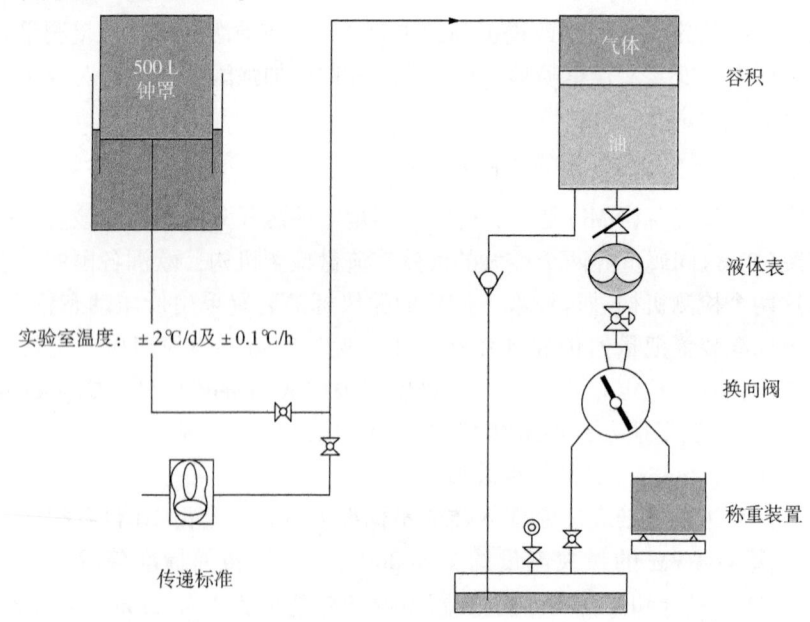

图3.3 NMi低压动态置换气体原级标准装置

通过不同标准装置的流量和压力放大,最终达到所需要的流量和压力。

3.3.1.3 加拿大输气校准公司(TCC)

1999年,加拿大输气校准公司(TCC)在加拿大温尼朋(Winnipeg)附近依托其输气干线,建立了以8路并联涡轮流量计为标准器的工作级标准装置,其工作压力为6.5MPa,流量范围为(25~49000) m^3/h,被检表口径为(100~750) mm,系统测量不确定度为0.25%。并采用一对一的核查超声流量计,用于实时在线监测每台工作级涡轮流量计的计量性能,确保涡轮流量计的测量结果准确可靠(图3.4)。

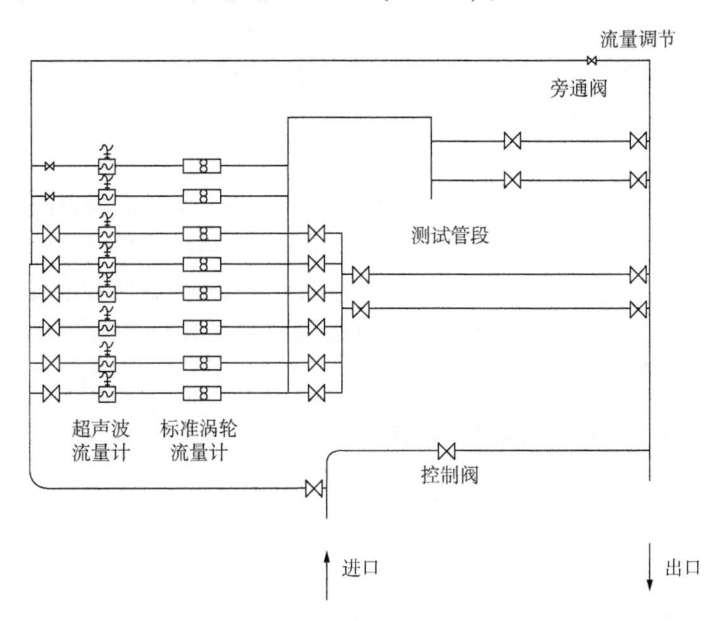

图3.4 TCC检测装置工艺流程示意图

加拿大TCC没有建立天然气流量原级标准装置,而是选用了荷兰生产的高准确度、线性度和重复性好的旋转活塞流量计橇(IRPP)作为次级标准装置[系统测量不确定度为0.22%(k=2)],定期把旋转活塞流量计橇送到荷兰NMI的天然气原级标准装置上进行量值溯源,再用旋转活塞流量计橇对工作级标准装置进行校准传递,最后用工作级标准装置对现场流量计进行校准测试。

3.3.1.4 美国西南研究院(SWRI)

美国SWRI是美国著名的研究机构。20世纪90年代中期,在美国天然气研究协会(GRI)的资助下,美国SWRI在世界上较早地研究建立了采用封闭循环工作方式的环道式天然流量标准装置。该环道式天然流量标准装置主要设有高压、中压和低压3个环道系统。一是建有mt法原级标准装置,采用高准确度的陀螺电子秤作质量称量,系统测量不确定度达到0.1%。二是采用临界流喷嘴并联组成的工作级标准装置,校准测试压力为(1.0~8.0)MPa,最大流量为2400m^3/h,被检表口径为250mm,系统测量不确定度为0.25%。其流量量传方式是先将mt法原级标准的质量和时间溯源至美国国家标准,再用mt法原级标准装置传递至工作级标准装置中的临界流喷嘴,最后用工作级标准装置校准测试现场天然气流量计。

3.3.1.5 美国科罗拉多工程实验室(CEESI)

美国科罗拉多工程实验室(CEESI)是美国私营的计量测试机构,以气体流量仪表的测试校准而闻名,建有以空气为介质的mt法和PVTt法高压气体流量原级标准装置和次级标准装置,其中mt法装置用于复现小流量,PVTt法装置用于复现中大流量,最高工作压力可达9.0MPa,这2套原级标准装置可用于校准次级标准装置的临界流喷嘴,使其系统测量不确定度可达0.20%。1999年,该站与美国北方管道公司(NBPC)合作,在位于美国艾奥瓦州境内的输气干线上,建成了以天然气为介质,10路涡轮流量计并联组成的工作级标准装置。该工作级标准装置依托一个大型天然气增压站,最高校准测试压力为7.0MPa,流量范围为(50~34000)m³/h,系统测量不确定度为0.3%,主要用于校准测试超声流量计等高压大口径天然气流量计。

该站具有丰富的测试校准经验,多次参加国际间气体流量标准装置间的循环比对,以保证其测试校准数据的可靠性和溯源性。其量值溯源方式是将原级标准装置的量值溯源至美国国家标准与技术研究院(NIST),再由原级标准装置传递至次级标准装置,次级标准装置传递至工作级标准装置,最后用工作级标准装置对现场天然气流量计进行实流测试校准,实现天然气流量量值的溯源和传递。

3.3.2 国内主要天然气流量检定站

近年来,随着我国天然气工业的迅速发展,国内各大石油公司和研究单位在天然气流量测量技术研究方面开展了大量工作,并取得了一定的成绩(表3.12)。目前,国内已建有天然气流量标准装置,分别为:国家石油天然气大流量计量站(以下简称国家站)、国家石油天然气大流量计量站成都分站(以下简称成都分站)、国家石油天然气大流量计量站南京分站(以下简称南京分站)、国家石油天然气大流量计量站武汉分站(以下简称武汉分站)、国家石油天然气大流量计量站广州分站(以下简称广州分站)、国家石油天然气大流量计量站东营分站(以下简称东营分站)、国家石油天然气大流量计量站乌鲁木齐分站(以下简称乌鲁木齐分站)、国家石油天然气大流量计量站重庆分站(以下简称重庆分站)、国家石油天然气大流量计量站北京分站(以下简称北京分站)、国家石油天然气大流量计量站塔里木分站(以下简称塔里木分站)、国家石油天然气大流量计量站榆林分站(以下简称榆林分站)、国家城镇燃气流量计量站、国家石油天然气大流量计量站沈阳分站(以下简称沈阳分站)、国家管网集团西南管道有限责任公司油气计量中心(以下简称西南管道油气计量中心)。其中:成都分站、南京分站、武汉分站、广州分站、乌鲁木齐分站、北京分站、塔里木分站、榆林分站、沈阳分站及西南管道油气计量中心可开展高压、大口径天然气流量计检定工作。

3.3.2.1 国家石油天然气大流量计量站

国家石油天然气大流量计量站受大庆油田天然气输气站场的工作压力低和流量小等条件限制,这些年一直都没有建立合适的固定式天然气流量标准装置,只配有2套移动式天然气流量标准装置。一是1987年引进的移动式临界流喷嘴标准装置,标准器由16路临界流喷嘴并联组成，设计压力为2.0MPa，流量范围为(1~4600)m³/h。2000年前，国家站一直使用该装置在大庆、北京、河北、山东、陕西等省市的天然气输气站进行现场实流检定和现场计量仲裁。近十年来，由于国内长输管道和管网的工作压力不断提高，该装置的工作压力较低，已满足不了国内天然气输气站的检定要求，已无法使用了。二是由国家站投资，设计研制的一套移动式天然气流量标准装置橇，工艺系统设计压力为10.0MPa，检定流量为32~8000m³/h，系统测量不确定度为0.33%。该移动式装置的标准器的配置、橇装箱体结构、检定控制系统硬件集成和软件编制等技术方案均为国家站自主创新，打破了国内引进的局面，节省了大量投资。2010年投用以来，已检定国内天然气贸易流量计3000多台。

3.3.2.2 国家石油天然气大流量计量站成都分站

国家石油天然气大流量计量站成都分站是利用西南油气田在成都市的输气管网，采用直排技术在成都市华阳区(现天府新区)建有一套中低压、固定式天然气流量标准装置，并于1996年投用。该装置主要包括：mt法原级标准装置，检定压力为(0.3~3.8)MPa，最大流量为320m³/h，系统测量不确定度为0.1%；1992年引进的临界流喷嘴工作级标准装置，检定压力为(1.0~2.5)MPa，最大流量为(5~2555)m³/h。

由于成都市华阳区(现天府新区)城市化进度加快，原站址四周建立了高楼大厦，致使成都分站的天然气流量标准装置于2011年底基本完成了搬迁，并开展了部分系统的新建工作。成都分站的新站址建设在成都市青白江区西南油气田的城厢天然气输气站旁，检定压力范围为(0.3~6.0)MPa，mt法原级标准装置的流量范围为(0.004~5.4)kg/s；临界流喷嘴并联组成的次级标准装置的流量范围为(5~5115)m³/h；涡轮流量计并联组成的工作级标准装置的流量范围为(10~8000)m³/h；引进的移动式标准装置的流量范围为(40~8000)m³/h，系统测量不确定度为0.40%。

另外，在新站址内，还新建了一套DN400mm的天然气环道系统，最大流量为4000m³/h，主要设有循环压缩机、换热器、水冷却系统、增压压缩机、涡轮流量计工作级标准装置、核查流量计及检定台位系统等。

3.3.2.3 国家石油天然气大流量计量站南京分站

国家石油天然气大流量计量站南京分站在西气东输一线南京龙潭分输站旁，建有一套高压、大口径天然气流量标准装置及配套的压力、温度和组分实验室，该计量检定工艺系统采用直排技术，与南京龙潭分输站工艺系统并联设置。南京分站建有"质量时间法气体流量标准装置"一套，流量范围为(0.1~8.0)kg/s，建站初期，不确定度0.1%($k=2$)，2019年通过技术攻关，不确定度提升至0.05%($k=2$)。南京分站、广州分站、乌鲁木齐北京分站、西南管道油气计量中心及沈阳分站等6站均建有"临界流文丘里喷嘴法气体流量标准装置"，量值溯源至南京分站"mt法原级标准"，量值传递至涡轮流量标准表。该分站于2008年初通过国家计量行政管理部门组织的计量标准考核和机构考核，每年可检定国内外天然气流量计千台以上，较好地满足了国内需求。

3.3.2.4 国家石油天然气大流量计量站武汉分站

国家石油天然气大流量计量站武汉分站建立在川气东送管道武汉输气站旁，是采用直排技术设计建立的国内唯一、设备最新、技术先进的,与德国Pigsar结构和原理相同的HPPP法原级标准装置和工作级标准装置,该分站已于2017年开展对外检定业务。

武汉分站建有"活塞体积管法气体流量标准装置"一套,流量范围为$(20\sim480)\,\mathrm{m}^3/\mathrm{h}$,建站初期,不确定度$0.07\%(k=2)$,2021年通过技术攻关,不确定度提升至$0.05\%(k=2)$。通过传递标准量传至"标准表法气体流量标准装置",该标准在$(4.5\sim9.5)\,\mathrm{MPa}$压力范围内,流量范围为$(20\sim1600)\,\mathrm{m}^3/\mathrm{h}$时,不确定度$0.13\%(k=2)$,流量范围为$(80\sim9600)\,\mathrm{m}^3/\mathrm{h}$时,不确定度$0.16\%(k=2)$;在压力范围为$(2.5\sim4.5)\,\mathrm{MPa}$,流量范围为$(20\sim9600)\,\mathrm{m}^3/\mathrm{h}$,不确定度为$0.29\%(k=2)$。另外该站建立有移动式"标准表法气体流量标准装置"一套,流量范围为$(20\sim8000)\,\mathrm{m}^3/\mathrm{h}$,不确定度$0.33\%$。

3.3.2.5 国家石油天然气大流量计量站广州分站

国家石油天然气大流量计量站广州分站设置在西气东输二线的广州分输压气站旁,采用直排技术建立了一套高压、大口径天然气流量标准装置及配套设施,并于2016年投用。一是采用12路临界流喷嘴并联组成的次级标准装置,流量范围为$(7\sim3129)\,\mathrm{m}^3/\mathrm{h}$;二是由涡轮流量计并联组成的工作级标准装置,流量范围为$(7\sim15000)\,\mathrm{m}^3/\mathrm{h}$。广州分站的投运,有效满足了华南地区乃至全国快速增长的天然气流量计检定需求。自建站以来,广州分站认真履行国家法定计量检定机构职责,完善管理体系,强化计量管理,加强科研工作,注重风险管控,夯实发展基础,业务能力和服务水平持续提升,为中国石油、中国石化、中国海油、中亚管道、中缅管道等石油企业,以及国内众多省市燃气公司、流量计生产厂家检定校准流量计累计3000余台,以及,多次承担国家技术监督部门委托的天然气流量计进口检定及型式评价测试任务,计量服务得到顾客的一致好评。

3.3.2.6 国家石油天然气大流量计量站东营分站

国家石油天然气大流量计量站东营分站是原国家质量监督检验检疫总局(现国家市场监督管理总局)授权的法定计量检定机构,主要承担输油管道大口径、大流量计量仪表的检定、校准、测试任务。

3.3.2.7 国家石油天然气大流量计量站乌鲁木齐分站

国家石油天然气大流量计量站乌鲁木齐分站利用西气东输二线和西气东输三线的上游管道压力,从昌吉分输站和昌吉联络站取气回气,检定后的天然气回排至昌吉分输站或昌吉联络站。站址选择在昌吉分输站旁,采用直排技术,建立了一套高压、大口径天然气流量标准装置及配套设施:一是由11路临界流喷嘴并联组成的次级标准装置,流量范围为$(14\sim2500)\,\mathrm{m}^3/\mathrm{h}$;二是采用涡轮流量计并联组成的工作级标准装置,流量范围为$(25\sim10000)\,\mathrm{m}^3/\mathrm{h}$。

3.3.2.8 国家石油天然气大流量计量站重庆分站

重庆分站于1998年投用,建有PVTt法天然气流量原级标准装置和临界流喷嘴工作级标准装置,其工作级标准装置的检定口径为$(25\sim300)\,\mathrm{mm}$,工作压力为$(0\sim1.2)\,\mathrm{MPa}$,流量范围为$(14\sim2150)\,\mathrm{m}^3/\mathrm{h}$。该装置的检定压力较低,比较适用于城市燃气所用低压天然气流量计的检定需求。

3.3.2.9 国家石油天然气大流量计量站北京分站

国家石油天然气大流量计量站北京分站建立在陕京线采育输气站(北京末站)内，主要建有一套直排式、天然气流量工作级标准装置，设计压力为10MPa，检定流量范围为(20~8000)m³/h。该装置于2012年投用，每年可检定国内天然气流量计约500台。为了满足工作级标准涡轮流量计的周期量值传递需求，目前正在考虑开展增加一套次级标准装置的工程设计工作。

3.3.2.10 国家石油天然气大流量计量站塔里木分站

国家石油天然气大流量计量站塔里木分站建立在中国石油塔里木油田的西气东输轮南首站旁，与首站工艺系统并联设置，主要建有一套直排式、天然气工作级流量标准装置，系统工作压力为(3.5~7.0)MPa，流量范围为(25~8000)m³/h。目前，该装置正处在调试建标阶段，同时也正在考虑增加一套次级标准装置，以满足其工作级标准涡轮流量计的周期量值传递需求。

3.3.2.11 国家石油天然气大流量计量站榆林分站

国家石油天然气大流量计量站榆林分站从长庆油田榆林第二末站取气和回气，设计建立一套直排式天然气流量标准装置及配套设施。一是由15路临界流喷嘴并联组成的次级标准装置，流量范围为(10~4230)m³/h。二是采用涡轮流量计并联组成的工作级标准装置，流量范围为(20~8000)m³/h。

3.3.2.12 国家城镇燃气流量计量站

国家城镇燃气流量计量站是北京市燃气集团有限责任公司通过国家市场监督管理总局授权建立的法定计量检定机构，对获得建标授权的项目拥有独立开展检定、校准业务的能力和权力，并接受政府计量行政部门的监督和管理。国家城镇燃气流量计量站于2020年5月建成，可承接涡轮流量计、超声流量计实流检定及校准业务，具备(2.0~4.0)MPa压力范围内实流溯源能力。

3.3.2.13 国家石油天然气大流量计量站沈阳分站

国家石油天然气大流量计量站沈阳分站将依托中俄东线管道建设，拟建立在沈阳联络压气站旁，计划设计建立一套直排式天然气流量标准装置及配套设施。一是由临界流喷嘴并联组成的次级标准装置，流量范围为(8~4464)m³/h。二是采用涡轮流量计并联组成的工作级标准装置，流量范围为(16~30000)m³/h。

3.3.2.14 国家管网集团西南管道有限责任公司油气计量中心

国家管网集团西南管道有限责任公司油气计量中心主要建有天然气流量次级标准装置和工作级标准装置及配套设施，天然气流量计检定口径为(50~400)mm/500mm，年检定能力700台，西南管道油气计量中心的设计压力为10MPa，满足检定压力(4~8)MPa的天然气流量计的实流检定需求[为节约成本，待下游回气条件具备后，再考虑(2.5~4)MPa中低压天然气流量计的检定]。西南管道油气计量中心所建立的次级标准装置和工作级标准装置可选南京分站和武汉分站(为中高压系统)或者成都分站(为中低压系统)的原级标准装置和次级标准装置，来分别进行量值溯源和传递。

表 3.12 国内主要高压大流量天然气标准装置能力表

序号	机构名称	标准装置名称	工作压力/MPa	流量范围/(m³/h)	不确定度/%
1	国家站	移动式临界流喷嘴标准装置	2.0	1~4600	0.33
		移动式工作标准装置	10.0	32~8000	0.33
2	成都分站	mt 法原级标准装置	0.3~6.0	0.004~5.4[①]	0.05~0.07
		次级标准装置	0.3~6.0	5~5115	0.20
		工作级标准装置	0.3~6.0	10~8000	0.33
		移动式工作级标准装置	6.3	40~8000	0.40
		天然气环道工作级标准装置	0.3~6.0	32~4000	—
3	南京分站	mt 法原级标准装置	5.5~8.0	0.1~8.0[①]	0.05
		次级标准装置	5.5~8.0	8~3160	0.165
		工作级标准装置	5.0~7.0	15~12000	0.29
4	武汉分站	HPPP 法原级标准装置	4.0~10	20~480	0.05
		工作级标准装置	2.5~9.5	20~9600	0.13~0.16
		移动式工作级标准装置	2.5~10.0	20~8000	0.33
5	广州分站	次级标准装置	5.5~9.0	7~3192	0.165
		工作级标准装置	5.0~9.0	7~15000	0.29
6	东营分站	体积管法标准装置	0~4.0	0.6~1000	0.066
7	乌鲁木齐分站	次级标准装置	5.5~9.5	14~2500	0.23
		工作级标准装置	5.0~9.5	25~10000	0.29
8	重庆分站	PVTt 法原级标准装置	0~1.2	0.5~400	0.2
		工作级标准装置	0~1.2	14~2150	0.25
9	北京分站	次级标准	4.0~8.0	8~2704	0.22
		工作级标准装置	4.0~8.0	20~8000	0.29
10	塔里木分站	工作级标准装置	3.5~7.0	25~8000	0.33
11	榆林分站	次级标准装置	4.2~5.6	10~4230	0.25
		工作级标准装置	4.2~5.6	20~8000	0.33
12	国家城镇燃气流量计量站		2.0~4.0	60~8600	0.32
13	沈阳分站	次级标准装置	2.5~9.85	8~4464	0.25
		工作级标准装置	2.5~9.85	16~30000	0.33
14	西南管道油气计量中心	次级标准装置	4~8	4~2704	优于 0.25
		工作级标准装置	4~8	8~20000	优于 0.29

① 此数据单位为 kg/s。

3.4 天然气计量检定工艺技术要求

3.4.1 基本要求

(1) 检定工艺流程可采用直排方式或环道方式，其中直排方式需依托高压管网分输站，环道方式需设置循环压缩机。

(2) 各套标准装置间、标准装置与检定台位间连接管线的管容影响量应小于装置不确定度的1/5。

(3) 标准装置区、检定台位区的温度、湿度、电磁干扰、辐射、照明及供电等环境条件应满足GB/T 18603—2014《天然气计量系统技术要求》和JJF 1069—2012《法定计量检定机构考核规范》的要求。

(4) 分期建设的站场，应考虑新、老管道施工和连接时的安全措施，站场工艺设备、阀门及管线应统筹考虑、合理布置，为后期扩建预留接口及场地。

(5) 站内公称直径不小于400mm的球阀宜设置平衡阀，公称直径小于400mm且不小于250mm，经常开启的球阀应设置平衡阀，检定台位及标准装置区各管路上游球阀应设置平衡阀。

(6) 应设置水试压用高点放空口、低点排水口，试压完毕后应用法兰盖或管帽封堵。

3.4.2 工艺要求

典型检定站功能分区主要包括：
(1) 进出站区。
(2) 过滤分离区。
(3) 压力调节区。
(4) 标准装置区。
(5) 检定台位区。
(6) 流量调节区。
(7) 氮气置换区。
(8) 放空区。
(9) 排污区。

典型检定站工艺流程如图3.5所示，国际主要高压大流量天然气标准装置能力见表3.13。

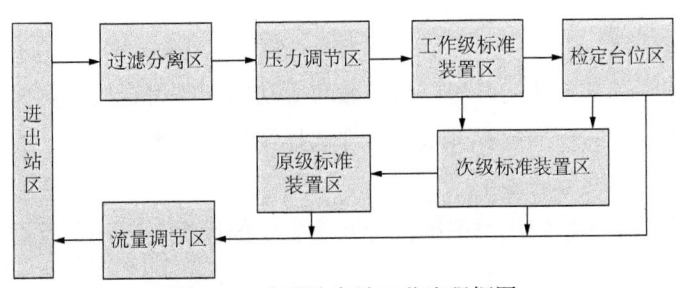

图3.5 典型检定站工艺流程框图

表 3.13 国际主要高压大流量天然气标准装置能力表

国家	检定站	所属单位	检定压力/MPa	流量上限/(m³/h)	测试管径/mm	工作标准不确定度/%
荷兰	EROLOOP	NMi	0.1~8.0	30000	900	0.22
德国	Pigsar	Ruhrgae	1.5~5.0	6500	400	0.16
英国	BisShop	Britis Gas	2.4~7.0	20000	500	0.30
挪威	K-Lab	Stato	2.0~15.6	1750	150	0.25
美国	GRI	SWRI	1.0~8.0	2400	250	0.25
美国	Iowa	CEESI	7.0	34000	900	0.23
加拿大	Winnipeg	TCC	6.5	49000	750	0.25
法国	Alfortville	Gdf	1.0~6.0	1200	150	0.25

3.4.2.1 进出站区

进出站区通常具备进出站 ESD 截断、站场放空、越站及流量调节等功能，需符合以下具体技术要求：

(1) 通常单独设置进出站 ESD 截断阀。

(2) 进出站 ESD 截断阀与工艺设备区间的距离应满足安全操作要求。

(3) 检定流程依托于长输管线的站场，设置紧急流程自动切出站场功能。在站内 ESD 系统触发后，站内流程应自动切至依托站场，并给依托站场控制系统发出 ESD 系统触发报警信号。

3.4.2.2 过滤分离区

过滤分离区通常具备天然气分离、除尘，以及分离除尘设备检维修放空、排污(液)等功能，需符合以下具体技术要求：

(1) 检定站应设置过滤分离器，过滤分离后的气质应满足要求。

(2) 天然气通过过滤分离设备的压力损失应满足设计文件要求。

(3) 分离设备上游的汇气管应设置排污。

3.4.2.3 压力调节区

压力调压区通常具备天然气调压、超压截断等功能，需符合以下具体技术要求：

(1) 应根据检定站的标准装置类型，合理选择调压阀类型、口径，将多台调节阀并联设置，以满足检定压力调节的需求。

(2) 应根据检定站的检定压力范围进行调压装置的设置，应满足管线压力、流量变化时的调压。

(3) 调压阀出口直径≥500mm 的汇管宜设置排污。

(4)具备检定低于站场设计压力的多种压力等级流量计的场站,应设置超压保护功能。超压切断设备压力控制策略宜采用三选二的方式,当压力超过一定限值时,自动切断压力源,同时打开越站或旁通流程,保证正常输气和被检流量计不会因为超压造成损坏,具体见表3.14。

表3.14 超压保护报警设置

报警级别	报警设置	报警处理
Ⅲ级报警	压力达到设定限值的80%	上位机显示低报信号
Ⅱ级报警	压力达到设定限值的90%	上位机显示高报信号
Ⅰ级报警	压力达到设定限值的100%	上位机显示高报信号,切断压力源

3.4.2.4 标准装置区

检定站的标准装置区用于安装计量标准器具及配套仪表,分为原级标准装置区、次级标准装置区和工作级标准装置区,符合以下具体技术要求:

(1)标准装置区需按照计量检定规程或计量技术规范的要求设置,应科学合理、完整齐全的配置计量标准器具及配套设备,以满足现场开展检定或校准工作的需要。

(2)配置的计量标准器具及主要配套设备的计量特性应符合计量检定规程或计量技术规范的规定,并能满足开展检定或校准工作的需要。

(3)为监测标准器的运行情况,标准装置宜设置核查标准,对标准器的计量性能进行实时核查。

(4)原级标准装置主要有HPPP法原级标准装置和mt法原级标准装置,各装置组成及工艺如下:

① HPPP法气体流量标准装置由具有恒定截面和已知容积的管段组成,活塞以自由置换或强制置换方式在其内往复运动,根据活塞通过该管段所需时间可得到气体的标准体积流量(图3.6)。

② mt法气体流量标准装置,主体由称重系统、计时系统、快速联动换向阀、液压系统、球阀和工艺管道、测试导管、压力和温度测量仪表、控制与数据采集处理系统等构成。通过称量气体质量和测量通过的时间计算出流量,主要用于校准音速喷嘴,当用于校准其他流量计时。mt法装置的质量和时间可溯源到国家的质量和时间基准。

3.4.2.5 检定台位区

检定站的检定台位区需符合以下具体技术要求:

(1)检定台位口径的设置应能满足不同口径流量计检定的需求。

(2)检定台位应能检定测试脉冲信号(频率信号)、(4~20)mA信号、RS485信号输出的各种流量计。

(3)检定台位区需按照计量检定规程或计量技术规范的要求配置直管段、整流器及配套温度、压力仪表。

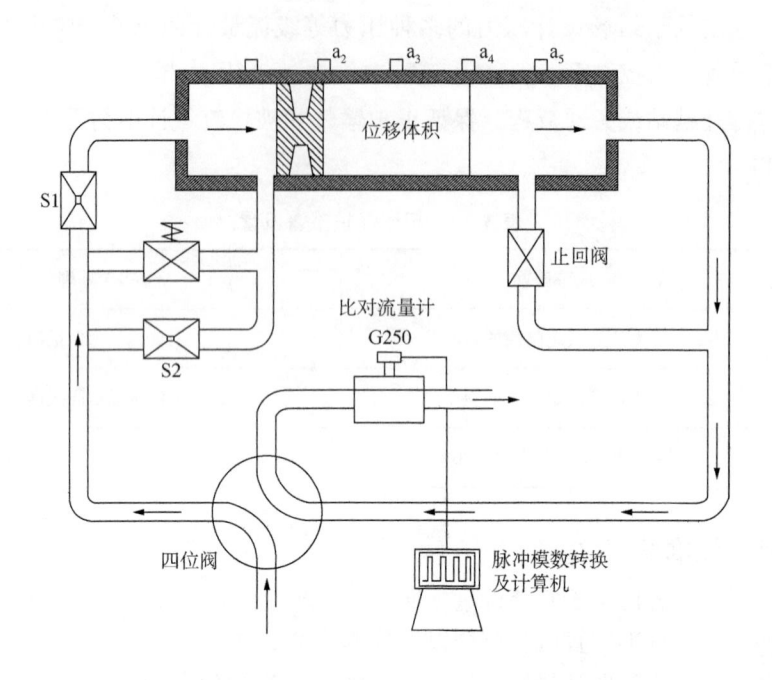

图 3.6　HPPP 法气体流量标准装置示意图

（4）检定台位区需设置流量计拆装区域，确保该区域无其他影响流量计正常拆装作业仪表及设备。

（5）检定台位区宜将常用流量计的诊断信号（以太网、485 等）传输至站控室。

（6）检定台位区可根据需要设置串联检定功能。

3.4.2.6　流量调节区

检定站的流量调节区具备流量调节功能，通常分为旁通流量调节和检定流量调节，需符合以下具体技术要求。

（1）应根据检定站的检定流量范围及口径，合理选择调节阀类型、口径，以满足检定流量调节的需求。

（2）旁通流量调节和检定流量调节可共用调节阀，也可分开设置。

（3）流量调节阀门需保证精度，流量调节偏差不超过设定值的±0.5%。

（4）超速保护：使用涡轮流量计作为标准器的标准装置应设置超速保护功能。当标准涡轮流量计流量超过一定限值时，自动将流经标准涡轮流量计的流量切断或减小，同时打开越站或旁通流程，保证正常输气，具体要求见表 3.15。

表 3.15　超速保护报警设置

报警级别	报警设置	报警处理
Ⅲ级报警	瞬时流量达到设定限值的 80%	上位机显示低报信号
Ⅱ级报警	瞬时流量达到设定限值的 100%	上位机显示高报信号
Ⅰ级报警	瞬时流量达到设定限值的 120%	上位机显示高报信号，流量切断或减小

3.4.2.7 氮气置换区

检定站的氮气置换区应具备置换检定台位区、标准装置区的功能，需符合以下具体技术要求：

(1) 检定站的氮气源可使用液氮罐、氮气瓶组或者制氮机，其容量应满足现场置换的需求。

(2) 氮气管线应设置双阀，上游宜选用球阀，下游宜选用节流截止阀门。

(3) 氮气置换系统压力等级与工艺管线压力等级不一致时，氮气置换系统宜设置超压切断保护功能。当氮气管线压力超过管线工作压力时，在高低压分界线处，保护装置应自动切断压力源。

3.4.2.8 放空区

检定站的放空区通常具备设备检修和紧急放空功能，需符合以下具体技术要求：

(1) 检定站的放空区宜与临近的分输站场采用同一放空立管，其管径大小应满足最大放空量的要求。

(2) 放空阀直径与放空管直径应相等。

(3) 应根据设备容积和工艺管道管径、长度、操作压力综合确定放空量。

(4) 高、低压放空管道宜分别设置。

(5) 站场放空立管一般不设点火功能，地方政府部门要求站场放空点火时，应按手动外传火设计点火功能，一般不设爆破片、阻火器、传火管。

(6) 手动放空管线宜选用双阀串联设计，上游宜选用球阀，下游选用具有节流功能的阀门。

3.4.2.9 排污区

排污区通常具备站内排污收集、储存、外运等功能，符合以下具体技术要求：

(1) 检定站的排污区宜与临近的分输站场采用同一排污管或排污池，其容量应满足两站的排污要求。

(2) 排污罐或排污池的选择应根据管道内天然气气质情况确定。当管道输送天然气中可能含烃液时，站场排污应选用排污罐，并由罐车将排出烃液外运。当管道输送天然气不含烃液时，站场排污宜选用排污池。

(3) 排污罐上应设置安全阀。

(4) 排污管线应设置双阀，上游宜选用球阀，下游宜选用排污阀门。

(5) 寒冷地区排污管线应设置伴热、保温。

3.4.3 工艺安装要求

3.4.3.1 一般要求

工艺安装的一般要求如下：

(1) 除放空、排污管道外，站内设备及管道宜地上安装。

(2) 站内工艺管道连接应采用焊接连接，管道与设备的连接宜采用法兰连接，管道与阀门的连接宜采用焊接或法兰连接。

(3) 分期施工和分期投产的管线，在预留端的管线上，应设截断阀。若截断阀采用焊接连接时，应在截断阀出口端预留管段上设置放空设施和压力表；若后期施工时不影响生产，可用法兰及法兰盖代替截断阀。

(4)凸台(支管座)、仪表管嘴与工艺管线焊接角接接头宜用氩弧焊打底,手工焊填充盖面,采用圆滑过渡,应符合 NB/T 47015—2011《压力容器焊接规程》的要求。

(5)对接焊接接头应进行 100%的射线检测和渗透检测,射线检测结果应符合 NB/T 47013—2011《承压设备无损检测》要求。

(6)工艺管线焊接及无损检测合格后应进行整体试压。试压应按照 GB 50540—2009《石油天然气站内工艺管道工程施工规范》的相关规定执行,试压合格后方可与输气管道连接。

3.4.3.2 工艺设备

工艺设备安装需符合以下具体技术要求:

(1)地面上不便于检修操作的设备应设置检修操作平台。

(2)分离设备的进出口管线不应从人孔(手孔)、快开盲板正前方通过,以免妨碍打开人孔(手孔)或快开盲板。

(3)过滤分离器安装时应考虑更换滤芯的空间。

(4)除下列汇气管宜埋地安装外,其余汇气管宜地上安装:

① 汇气管下游的分离器仅设置了过滤分离器;

② 调压系统下游直径≥500mm 的汇气管。

3.4.3.3 阀门

阀门安装需符合以下具体技术要求:

(1)所有阀门的安装应便于操作、维护和检修,阀门手轮中心≥1.5m 时宜设操作平台。多组阀门平行布置时可考虑设置联合操作平台。

(2)公称直径≥300mm 的阀门下方宜设支座。

(3)带电动、气动、气液联动执行机构的阀门宜水平安装。

(4)站内埋地阀门的加长杆顶部法兰宜高出地面(700~900)mm。

(5)大型阀门的安装位置应考虑能利用吊车或三脚架的场地。

(6)安全阀应铅直安装,并尽量靠近压力来源处。

3.4.3.4 工艺管线

工艺管线安装需符合以下具体技术要求:

(1)放空管线、主氮管线应从输气管线水平或上部引出,不得从底部或侧下方引出。

(2)站内平衡气管线宜在主管线侧面开口安装。

(3)地面管道入地后宜设置埋地管墩。

(4)湿陷性黄土地区的埋地管线应对地基进行处理。

(5)管线穿越站内主要道路时,宜敷设在涵洞或套管内,或采取其他防护措施。

(6)各检定管路应设置防振动措施。

3.4.4 配套仪表要求

3.4.4.1 温度检测仪表

(1)仪表选型。

温度仪表选型需符合以下具体技术要求:

① 就地指示温度检测仪表宜采用双金属温度计，准确度为1.0级；振动较大的管线上设置的双金属温度计应采用耐振型。

② 远传温度仪表宜采用Pt100铂热电阻一体化温度变送器。天然气管线温度监控的温度变送器的输出信号为(4~20)mA DC(支持HART通信协议)，标准装置及检定台位温度变送器的输出信号为数字类。

(2) 仪表安装。

温度仪表安装需符合以下具体技术要求：

① 温度仪表的外保护套管应采用整体型结构，其压力等级应不低于安装管道的压力等级。外保护套管压力等级在6.3MPa及以下宜采用螺纹连接，6.3MPa以上、12MPa以下宜采用法兰连接，超高压宜采用焊接连接。

② 管径小于300mm时，温度仪表外保护套管插入管道内长度宜为管径的1/2；管径不小于300mm时，实际插入管道内长度宜为(75~150)mm。

③ DN100mm以上的天然气管线取温宜采用直插式，DN100mm口径及以下的天然气管线取温宜采用斜插式。

3.4.4.2 压力检测仪表

(1) 仪表选型。

压力仪表选型需符合以下具体技术要求：

① 就地指示压力检测仪表宜采用弹簧管压力表，远传压力仪表应采用智能压力变送器。压力表的测量准确度不应低于1.6级，压力变送器的测量准确度不低于±0.05%。

② 天然气管线压力监控的温度变送器的输出信号为(4~20)mA DC(支持HART通信协议)，标准装置及检定台位压力变送器的输出信号为数字类。

③ 调压阀出口等振动较大管线上设置的就地指示压力表应采用耐振型。

④ 用于安全仪表系统的压力变送器应具备相应等级的SIL认证。

(2) 仪表安装。

压力仪表安装需符合以下具体技术要求：

① 压力表和压力变送器的安装应采用取压阀和仪表阀的结构。

② 干线管道上安装的压力仪表，取压阀应采用整体焊接式，并串联两只仪表截止阀。

③ 站场内安装的压力仪表，可采用单只截止阀，宜采用法兰连接形式。

④ 所有压力检测取样口应设置根部阀，根部元件禁止直接采用卡套连接；分体安装的压力检测仪表应在取源根部和仪表根部分别加装根部阀和双阀组；直接安装的压力检测仪表与根部阀之间应加装活接头(压力表采用压力表活接头，变送器采用卡套连接)。

⑤ 引压管应向上5°~12°倾斜安装。

3.4.4.3 环境温湿度检测仪表

就地指示压力检测仪表宜采用温湿度计，远传温湿度仪表应采用温湿度变送器。仪表应安装于被检表附近，用于监测检定过程中的温度、湿度。

3.4.4.4 组分分析仪

(1) 仪表选型。

组分分析仪表选型需符合以下具体技术要求：

① 宜配备两台不同厂家或不同原理的组分分析仪，用于日常天然气组分分析和相互核查。

② 在线色谱分析仪应具有 RS232/485 Modbus、TCP/IP 两种通信协议。

③ 在线色谱分析仪应分析至 C_{6+}，定量重复性优于 2%，分析周期小于 6min。

（2）仪表安装。

组分分析仪表安装需符合以下具体技术要求：

① 取样系统应符合 GB/T 13609—2017《天然气取样导则》的要求。

② 宜使用插入式取样探头取样，安装于标准装置上游处，取样管线长度应符合 GB/T 13609—2012《天然气取样导则》要求。

③ 寒冷地区取样管线、标气气瓶及气路应设置伴热、保温措施。

下篇 天然气计量检定站建设与运行

4 南京分站

4.1 机构概述

南京分站挂靠在国家石油天然气管网集团有限公司西气东输分公司。设站长 1 人，由西气东输公司主管副总经理担任，常务副站长 1 人、副站长 2 人、总工程师 1 人，下设综合科、党群科、经营与财务科、生产运行科、质量安全科、技术科、南京计量检定室、五里界计量检定室 8 个科室。

4.1.1 建站由来

2006 年，中国石油天然气集团公司受国家质量监督检验检疫总局的委托，依托西气东输管道工程，建设国家石油天然气大流量计量站南京分站。

2004 年 8 月，南京分站工程项目开工。

2006 年 11 月，南京分站移动标准完成建标。

2007 年 2 月，南京分站投产。

2008 年 4 月，南京分站取得法定计量检定机构授权。

2010 年 8 月，取得《中国合格评定国家认可委员会实验室认可证书》。

4.1.2 建站目的

随着我国西气东输天然气长输管道的建成投产，为做好"西气东输"工程输气管道高压、大流量计量仪表的检定工作，承担"西气东输"工程输气管道压力 2.5MPa 以上流量、大口径天然气贸易交接计量流量计的实流检定、校准、测试任务，以及各地方质量技术监督局委托的检定任务和企事业单位委托的校准、测试工作，原国家质量监督检验检疫总局(现国家市场监督管理总局)同意中国石油天然气集团公司依托西气东输管道工程建立国家石油天然气大流量计量站南京分站。

4.1.3 建站意义

南京分站的投运，结束了我国高压、大口径天然气流量计送国外机构检定的历史。自 2006 年以来，南京分站秉持以计量法规为依据、以科学方法为支持、以先进装置为基础、以高素质人才为核心、以顾客满意为宗旨等总体工作目标，以精细入微的工作状态提供优质服务，为中国石油、中国石化、中国海油、中亚管道、中缅管道等石油企业，以及国内众多省市燃气公司、流量计生产厂家检定校准流量计累计近 10000 余台，检定高压天然气流量计的数量占全国总量的 50%以上。

自 2015 以来，年检定、校准、测试流量计均超过 1000 台，始终以精益求精的服务态度,公平公正地维护了计量交接各方的权益,为企业生产经营提供了有力支持,为我国油气计量事业作出了重要贡献。

4.2 量值溯源传递构成

4.2.1 量值溯源传递体系

南京分站建立了完整的天然气流量量值溯源体系,流量标准装置包括原级标准、次级标准、工作标准。各级标准的设计压力均为10MPa,直接利用管道天然气为介质,在压力为(5.0~8.0)MPa的范围内对各种天然气流量计进行检定和校准,量值溯源图如图4.1所示。

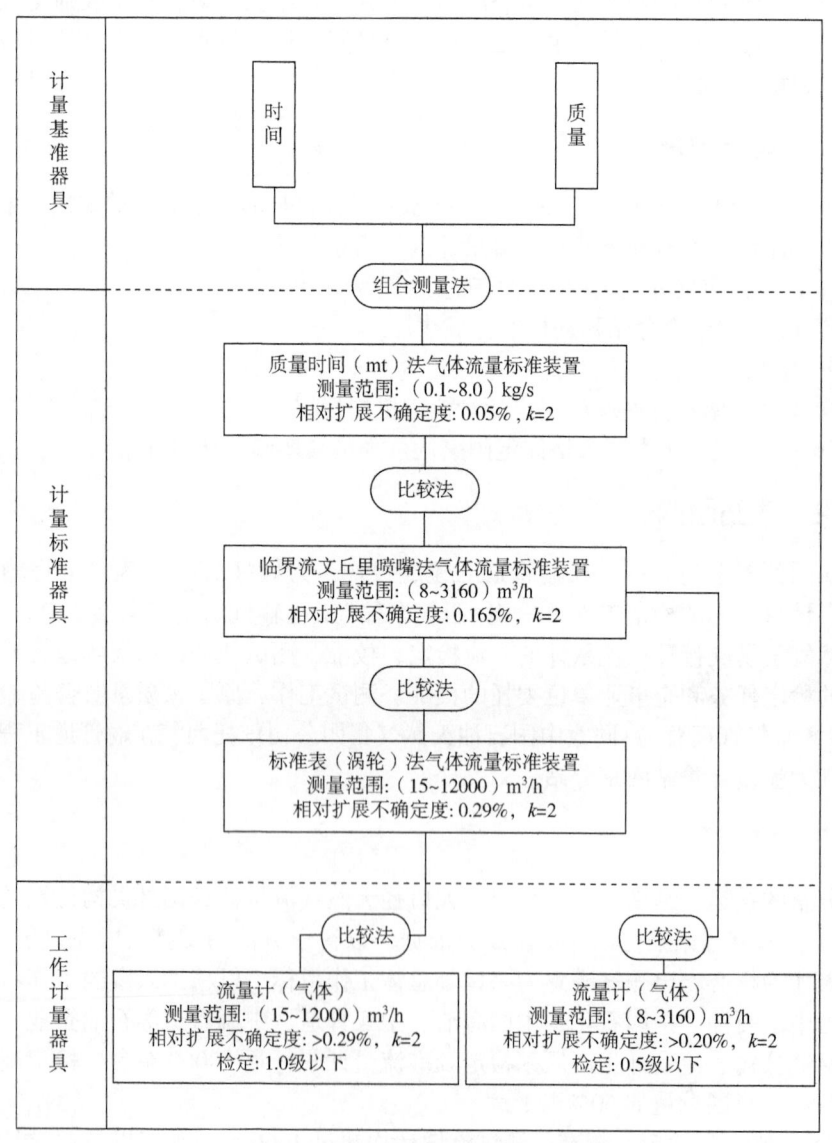

```
计量基准器具
    ┌──────────┐      ┌──────────┐
    │   时间   │      │   质量   │
    └─────┬────┘      └────┬─────┘
          └──────┬─────────┘
              (组合测量法)
──────────────────┼──────────────────
计量标准器具      │
    ┌─────────────────────────────┐
    │ 质量时间(mt)法气体流量标准装置 │
    │ 测量范围:(0.1~8.0)kg/s       │
    │ 相对扩展不确定度:0.05%,k=2   │
    └──────────────┬──────────────┘
                (比较法)
    ┌─────────────────────────────┐
    │ 临界流文丘里喷嘴法气体流量标准装置 │
    │ 测量范围:(8~3160)m³/h         │
    │ 相对扩展不确定度:0.165%,k=2   │
    └──────────────┬──────────────┘
                (比较法)
    ┌─────────────────────────────┐
    │ 标准表(涡轮)法气体流量标准装置 │
    │ 测量范围:(15~12000)m³/h       │
    │ 相对扩展不确定度:0.29%,k=2    │
    └──────────────┬──────────────┘
──────────────────┼──────────────────
工作计量器具   (比较法)        (比较法)
    ┌──────────────┐    ┌──────────────┐
    │  流量计(气体) │    │  流量计(气体) │
    │ 测量范围:     │    │ 测量范围:     │
    │(15~12000)m³/h │    │ (8~3160)m³/h  │
    │相对扩展不确定度│    │相对扩展不确定度│
    │ >0.29%,k=2   │    │ >0.20%,k=2   │
    │ 检定:1.0级以下 │    │ 检定:0.5级以下│
    └──────────────┘    └──────────────┘
```

图4.1 南京分站气体流量标准装置量值溯源图

4.2.2 原级标准装置

(1) 组成及工作原理。

南京分站质量时间(mt)法气体流量标准装置用于复现高压天然气的质量流量量值,对次级标准中的临界流文丘里喷嘴进行校准,该装置主要由称重系统、球罐、计时系统、联动快速切换阀、液压系统、工艺阀门和管道、喷嘴检定台位、压力和温度测量仪表、在线色谱仪及数据采集处理和控制系统等组成,如图4.2所示。

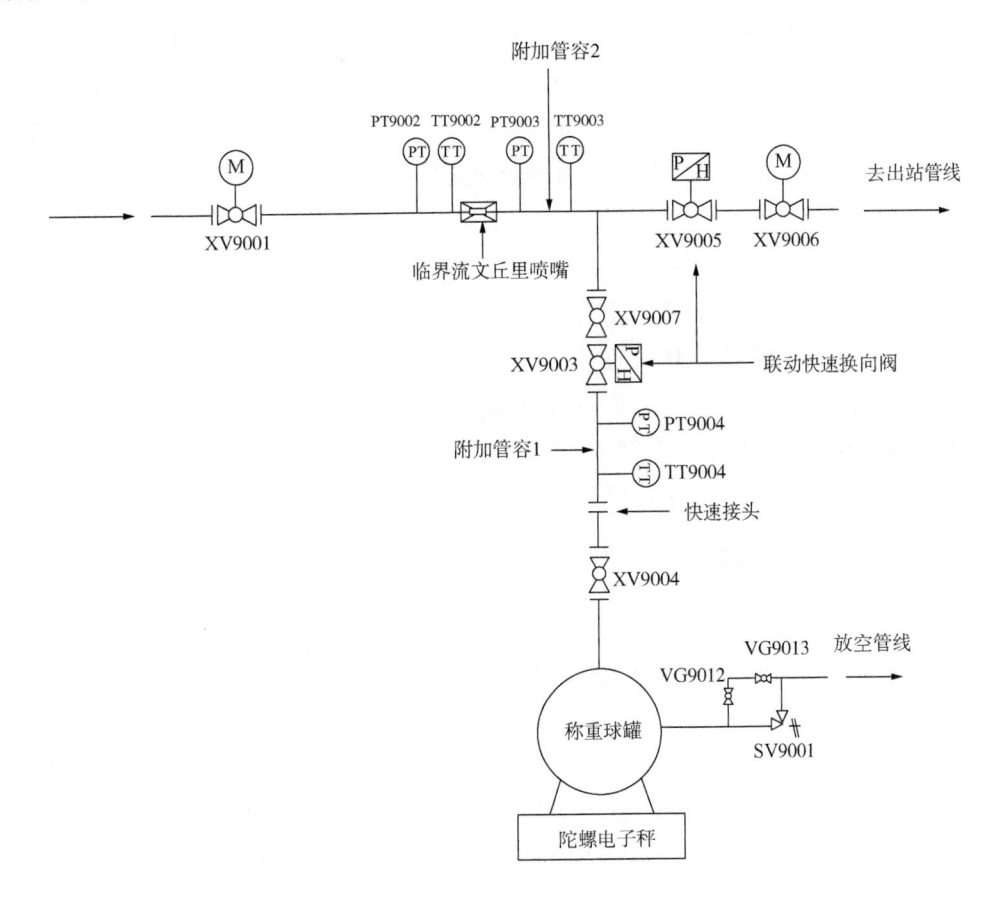

图4.2 南京分站原级标准装置结构简图

测试开始前,快速切换阀XV9003关闭,XV9005全开,天然气流经测试管路里的被测流量计后进入低压旁通管线,待流动状态稳定后,采集附加管容1的压力和温度值,点击开始测试,快速切换阀XV9005关闭,XV9003打开,同时开始计时,使天然气充入球罐内,开始测试;到达预置的测试时间后,快速切换阀再次切换,XV9003关闭,XV9005打开,同时停止计时,将天然气切换到旁通管线。测试过程中,附加管容2的压力和温度值由系统在开始测试和结束测试瞬间自动采集,关闭XV9004后,采集附加管容1的压力和温度值,对附加管容1氮气置换后,打开快速接头,使球罐和管线脱开,待陀螺电子秤称量值稳定后,获取球罐周围环境温度、压力和湿度等参数,并读取陀螺电子秤的读数,利用测试时间内球罐内天然气质量的变化量,即可计算出天然气的质量流量。

(2) 主要技术指标。

质量时间(mt)法气体流量标准装置所使用陀螺电子秤属于Ⅱ等电子天平,其最大称量10t,分辨率为5g,有效称量范围(0.1~1000)kg,具有自检、置零、过载显示等功能。装置所用快速换向阀为一对联动快速切换阀,由电控液压快速开/关控制,即一个打开时,另一个关闭。快速切换阀的阀体是口径为100mm的CAMERON Super G旋塞阀,阀门具有响应快、阀芯可抽出便于维修等特点。其单向切换行程时间为50ms,双向切换的行程时间差为5ms,联动时间差为5ms。装置计时系统中配置了三台Agilent 5313A型频率计数器,分别用于测量装置的测试时间,以及两个快速切换阀的行程时间,其测量不确定度为$U=1\times10^{-4}$s,$k=2$。整体技术指标如下:

① 检定/校准介质:天然气;
② 检定/校准压力:(5.5~8.0)MPa;
③ 检定/校准介质温度:(0~30)℃;
④ 检定/校准工况流量范围:(0.1~8.0)kg/s;
⑤ 质量流量不确定度:$U=0.05\%$,$k=2$;
⑥ 检定临界流文丘里喷嘴准确度等级:0.2级及以下。

4.2.3 次级标准装置

(1) 组成及工作原理。

次级标准装置为橇装结构,由12个并联安装的临界流喷嘴组件、前后汇管、强制密封球阀和液压膨胀短节、数据采集处理控制系统及计算控制系统等组成。每个临界流喷嘴组件由前后直管段、强制密封球阀、伸缩器、临界流文丘里喷嘴、压力变送器和温度变送器构成,其中安装在喷嘴上游的温度变送器、压力变送器用于测量状态转换所需的压力、温度值,安装在喷嘴下游的压力变送器用于监控喷嘴喉部是否达到临界流状态。次级标准在南京分站的量值传递体系中起着承上启下的关键作用,主要用于校准南京分站工作级标准涡轮流量计和客户送检的高精度流量计。次级标准装置结构图见图4.3所示。

喷嘴形状是一个喇叭口,喉径为(3.3503~24.9199)mm,标准工况流量为(8~440)m³/h。根据音速喷嘴的临界流特性,当气体通过临界流喷嘴时,在喷嘴上、下游气流压力比达到某一特定数值的条件下,喷嘴喉部形成临界状态,气流达到最大速度(当地音速)。此时流过喷嘴的气体质量流量也达到最大,最大流量只与喷嘴入口处的滞止压力和滞止温度有关,而不受其下游状态变化的影响。南京分站喷嘴规格参数见表4.1。

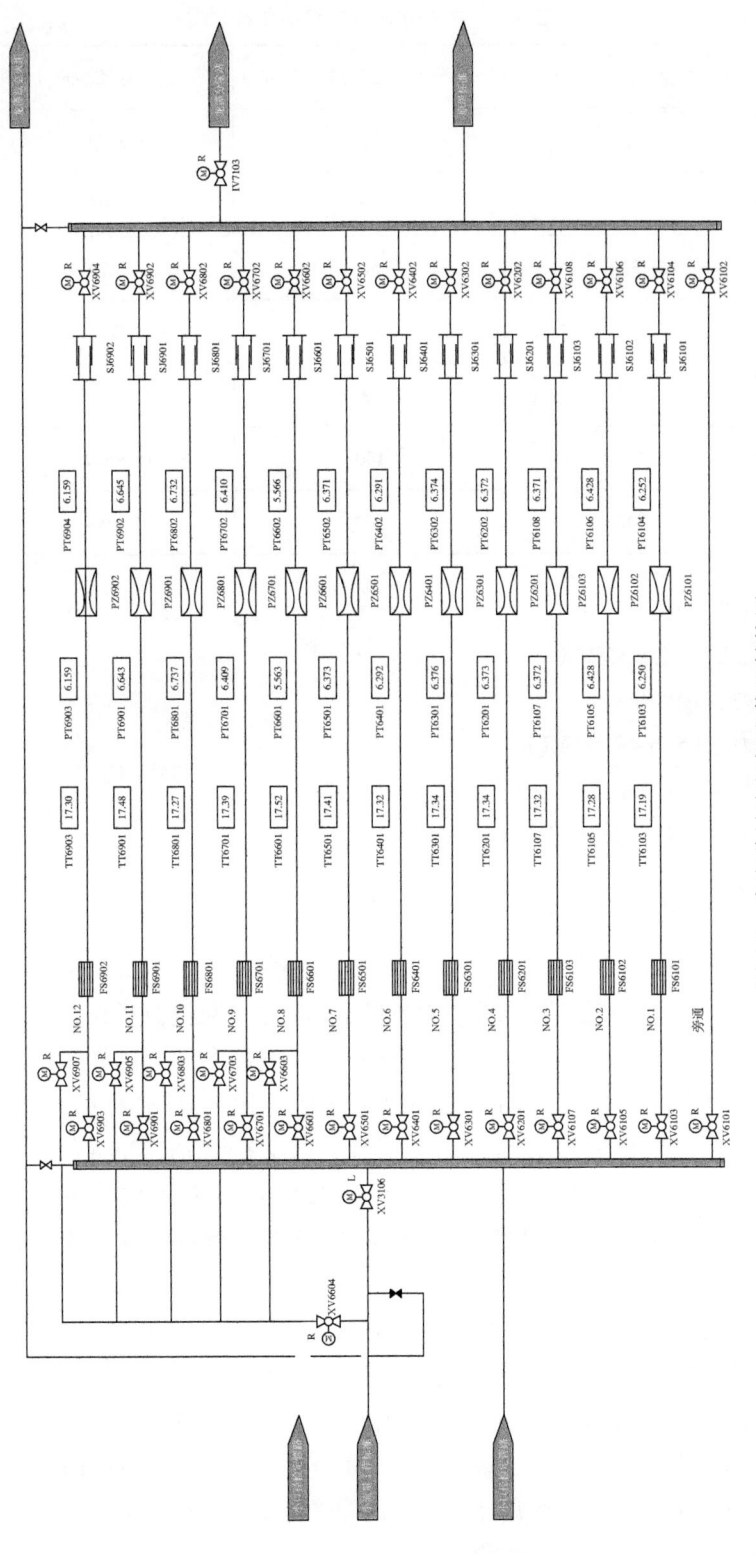

图 4.3 南京分站次级标准装置结构图

表 4.1　南京分站喷嘴规格参数

序号	标准工况流量/(m³/h)	上游管段公称通径/mm	喉部直径/mm	喷嘴数量
1	8	50	3.3503	1
2	16	50	4.7396	1
3	32	50	6.7005	1
4	64	50	9.4793	1
5	128	100	13.4112	1
6	256	100	18.9509	1
7	440	100	24.9199	6

（2）主要技术指标。

① 检定/校准介质：天然气；

② 设计压力：10MPa；

③ 检定压力：(5.5~8.0)MPa；

④ 检定工况流量：(8~3160)m³/h；

⑤ 体积流量的测量不确定度：0.165%($k=2$)。

4.2.4　工作级标准装置

（1）组成及工作原理。

工作级标准装置由小流量工作标准、大流量工作标准、色谱分析仪、压力变送器、温度变送器、数据采集处理和控制系统及辅助的整流器，直管段及阀门等工艺设备和工艺管路组成，配备有 DN50mm~DN400mm 的 8 条检定管路。小流量工作标准由 1 台 DN50mm、1 台 DN80mm 和 1 台 DN150mm 的标准涡轮流量计，以及 1 台 DN100mm 的核查超声流量计组成；大工作标准由 1 台 DN100mm、7 台 DN200mm 标准涡轮流量计，以及 1 台 DN150mm、1 台 DN400mm 的核查超声流量计组成；工作级标准装置以及检定管路结构图如图 4.4 至图 4.7 所示。

标准表法气体流量标准装置由高准度涡轮流量计作为流量标准器，被检流量计串联在其下游，检定系统将先后流经标准涡轮流量计和被检流量计的天然气换算至相同工况条件，比较标准涡轮流量计和被检流量计测得的流量值，从而判断被检流量计的计量性能。为监测标准器的运行情况，装置还配备了超声流量计作为不同流量范围的核查标准，串联在标准装置的上游，对标准涡轮流量计的计量性能进行实时核查，本流量标准装置为定点使用，位于小检定厂房工作级标准实验室。

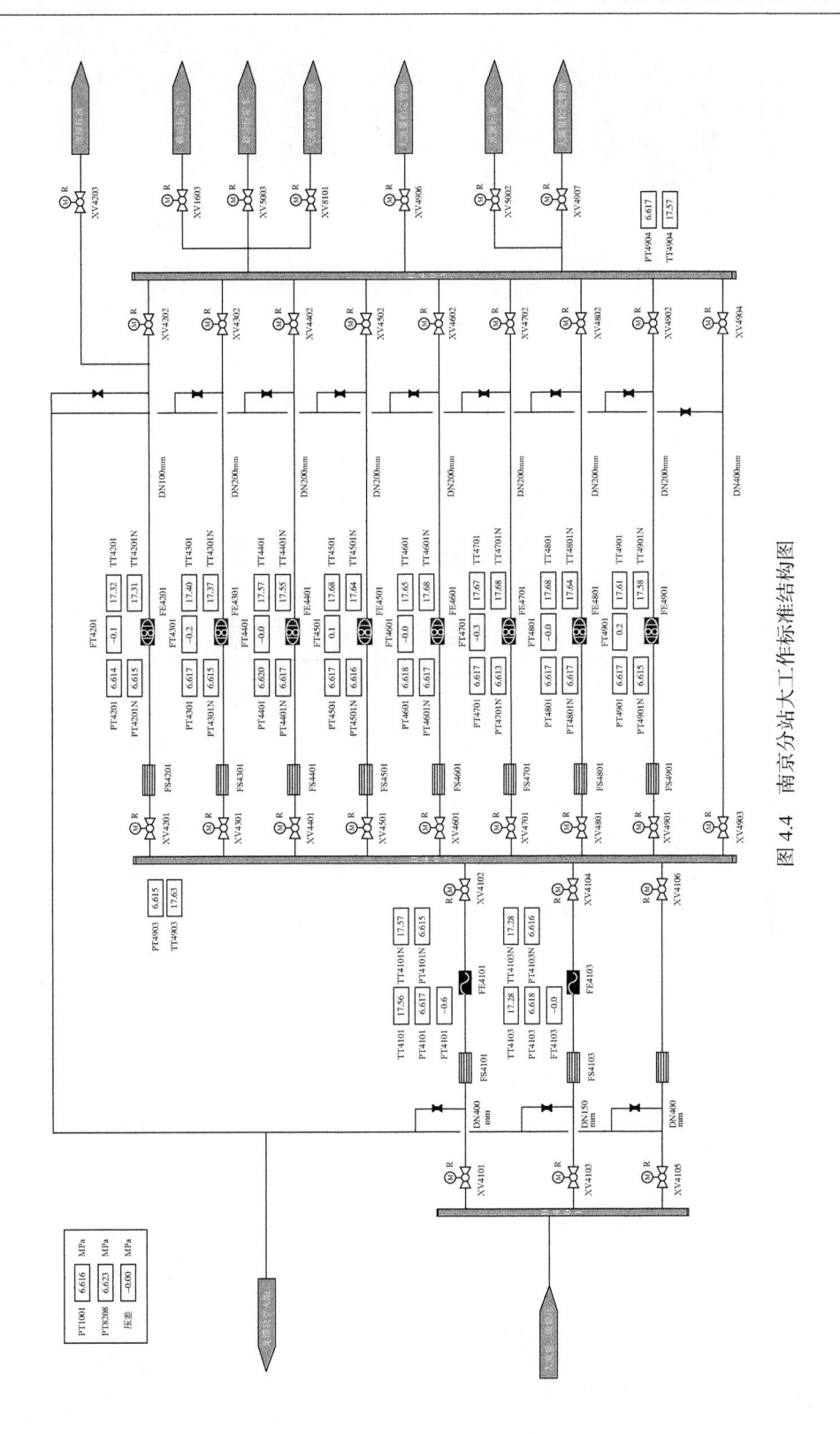

图 4.4 南京分站大工作标准结构图

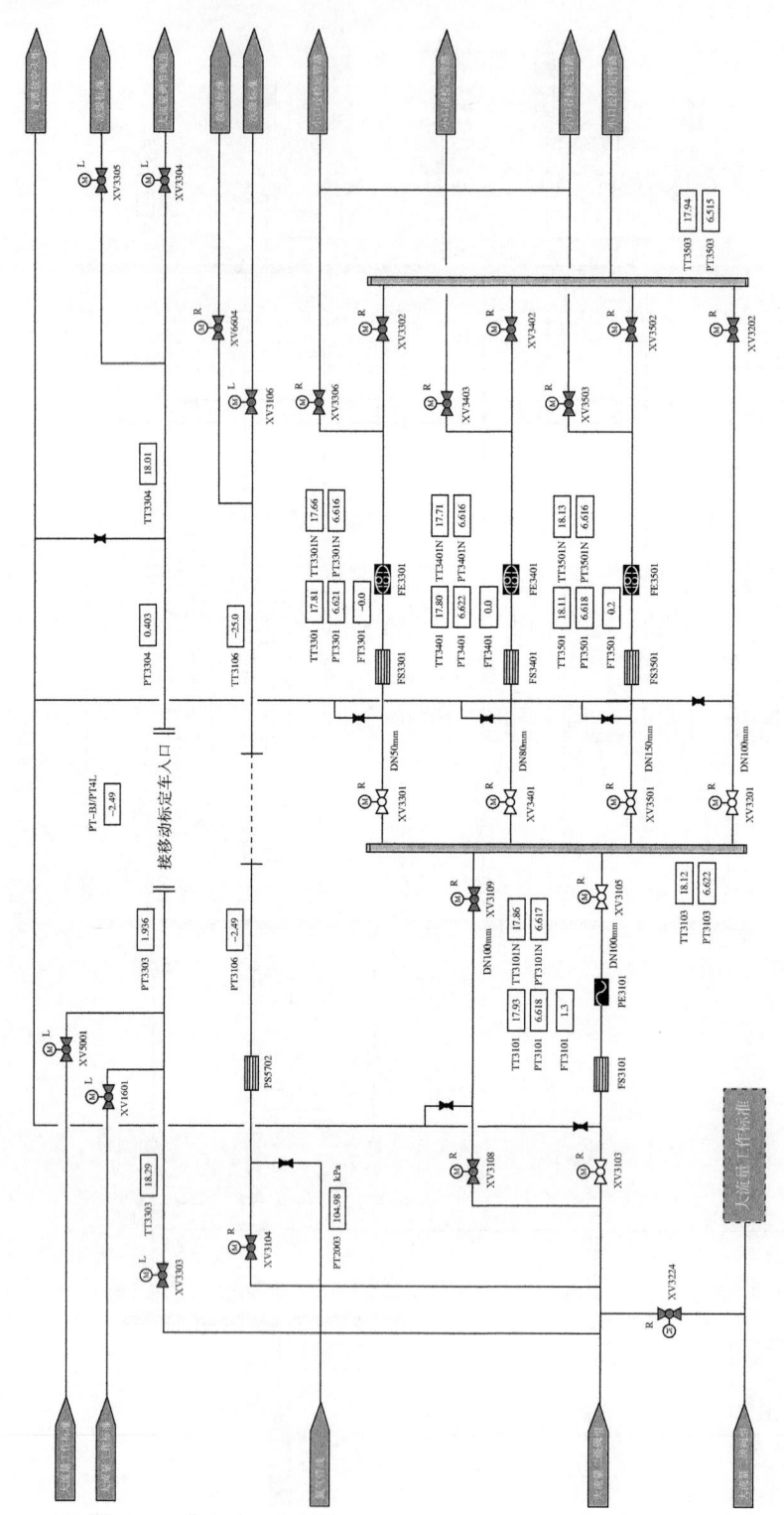

图 4.5 南京分站小工作标准结构图

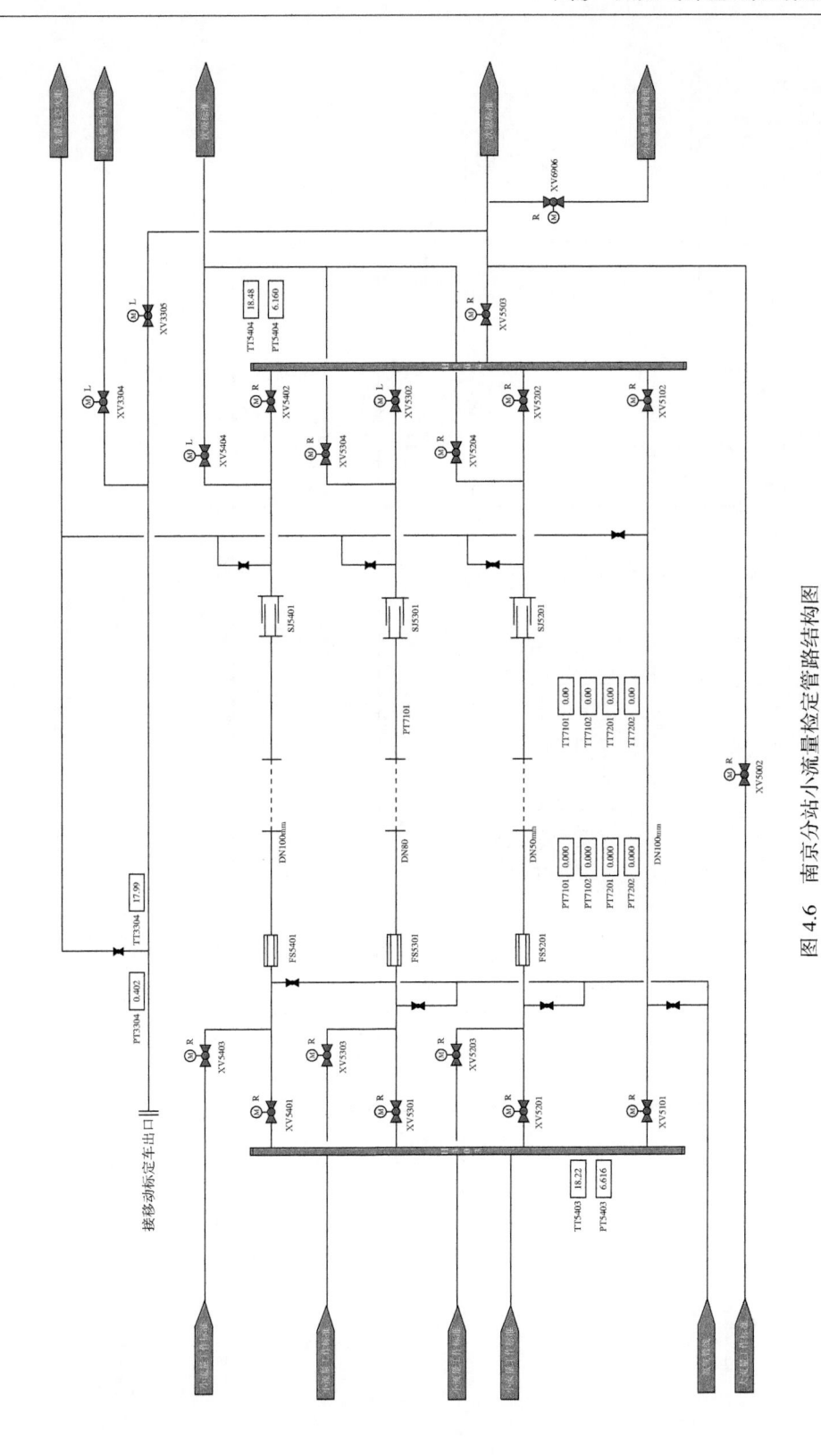

图 4.6 南京分站小流量检定管路路结构图

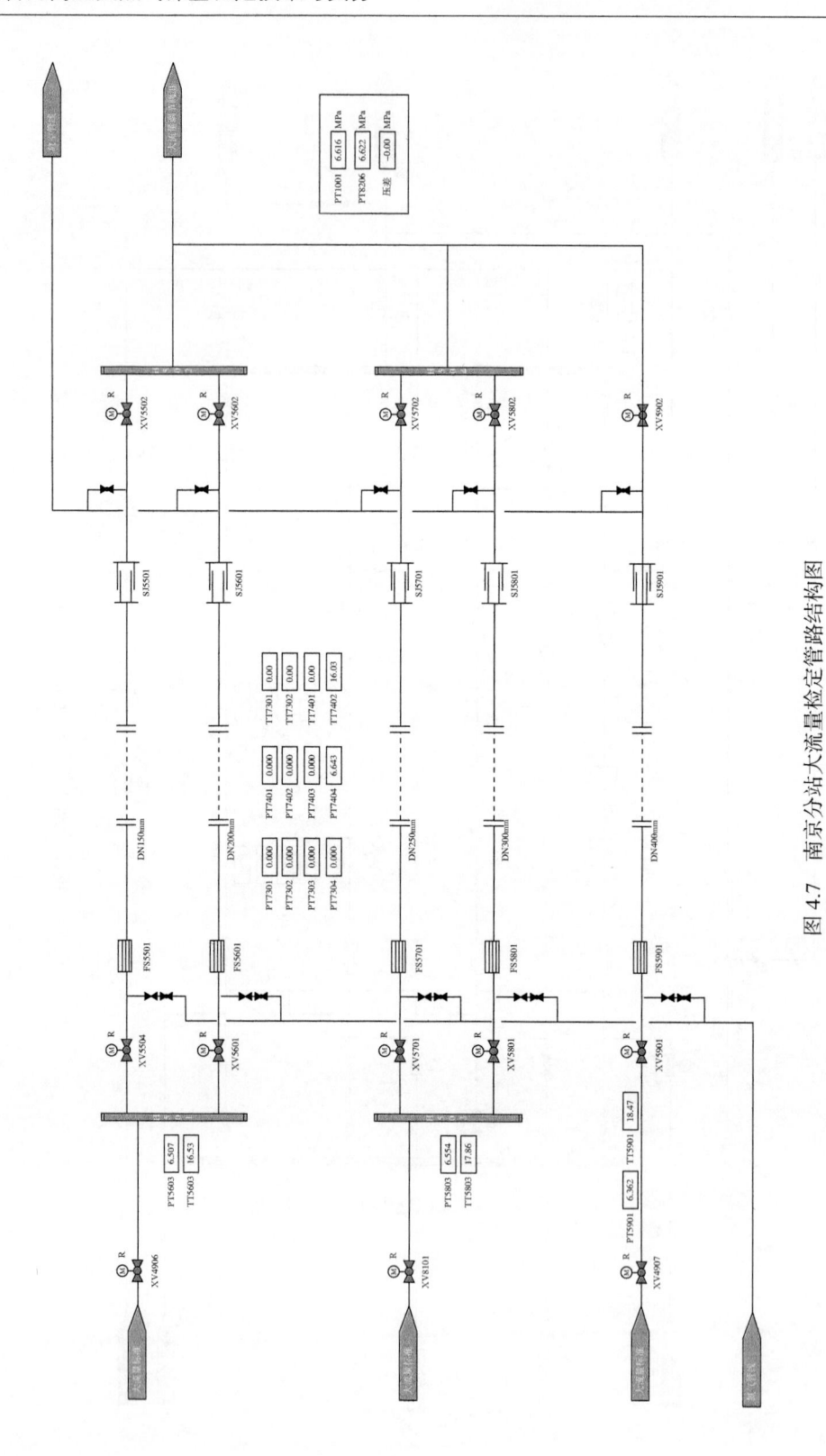

图 4.7 南京分站大流量检定管路结构图

(2) 主要技术指标。

① 检定介质：天然气；

② 检定流量：(15~12000)m³/h；

③ 介质压力：(5.0~7.0)MPa；

④ 介质温度：(-10~50)℃；

⑤ 体积流量测量扩展不确定度：0.29%($k=2$)。

4.2.5 检定能力

南京分站天然气流量量值溯源能力见表4.2。

表4.2 南京分站天然气流量量值溯源能力情况统计

标准装置类型		不确定度/%	最大口径/mm	流量范围/m³/h	压力范围/MPa	建标时间	挂靠单位	年检定能力/台	取得资质
原级	mt法	0.05	100	0.10~8.00①	5.5~8.0	2011年	西气东输公司	400	社会公用计量标准、CNAS认可
次级	临界流文丘里喷嘴法	0.165	250	8.00~3160.00	5.5~8.0	2008年	西气东输公司		
工作级	标准表法	0.29	400	15.00~12000.00	5.0~7.0	2008年	西气东输公司		

① 此数据单位为kg/s。

4.3 工艺流程

南京分站工艺流程分为：主干线流程、主干线挂南芜支线流程、南芜支线流程。其中主干线流程和主干线挂南芜支线流程，不进行压力调节；南芜支线流程通过压力调节区和背压调节区对压力进行调节，保证站内压力满足标准装置使用要求，并确保出站压力满足要求。

ESD系统由进出站阀、紧急放空阀及控制系统构成。当ESD系统启动时，进出站阀门关闭，站内旁通打开，然后紧急放空阀打开对全站进行放空，同时断开市电，并把ESD触发信号传送给龙潭分输站。

工作级标准装置检定或校准：可以使用主干线流程、主干线挂南芜支线流程或南芜支线流程。流程通过龙潭分输站从西一线干线取气，依次流经过滤分离区、压力调节区、工作级标准装置区、检定台位、流量调节区、背压调节区，最后返回龙潭分输站。

次级标准装置进行检定或校准：使用南芜支线流程。流程通过龙潭分输站从西一线干线取气，依次流经过滤分离区、压力调节区、检定台位、次级标准装置区、背压调节区，最后返回龙潭分输站，可以通过压力调节区和背压调节区对压力进行调节。

原级标准装置进行校准和测试：使用南芜支线流程。流程通过龙潭分输站从西一线干线取气，依次流经过滤分离区、压力调节区、工作级旁通、次级旁通、原级台位、背压调节区，最后返回龙潭分输站，可以通过压力调节区和背压调节区对压力进行调节。

4.3.1 进出站流程

通过进出站阀门的开关动作,可以完成与龙潭分输站的流程切换,能够分别利用西气东输一线主干线和南芜支线开展流量计的检定、校准及测试。

主干线流程和主干线挂南芜支线流程:打开进站阀 XV1003,将西气东输一线干线流程从龙潭分输站导入站内,经过检定流程后,干线气流通过出站阀 XV8201 返回龙潭分输站。

南芜支线流程:打开进站阀 XV1001,将南芜支线流程从龙潭分输站导入站内,经过压力调节和检定流程后,支线气流通过出站阀 XV8202、XV8105 返回龙潭分输站。

进出站流程如图 4.8 所示。

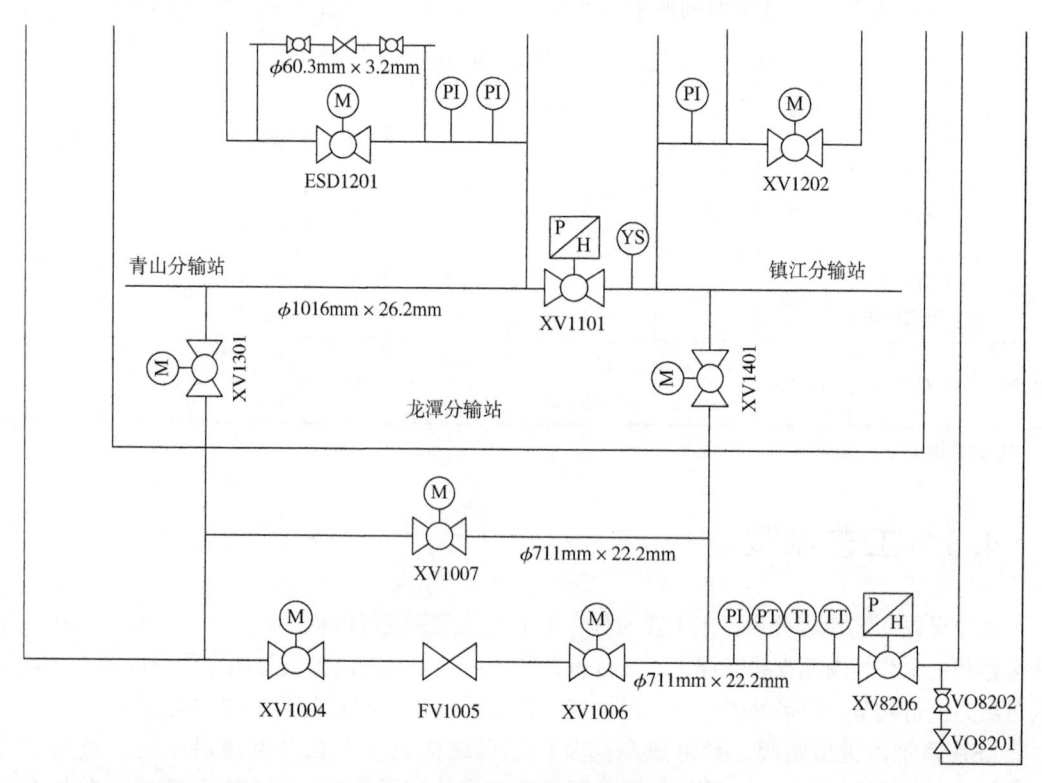

图 4.8 南京分站进出站流程图

4.3.2 压力调节

南京分站压力调节区,根据功能可分为大压差调节、一级稳压和二级稳压三块区域,主要由 26 台 Grove 截止阀、13 台 Mokveld 调节阀及工艺管道构成,其主要作用是对流量计检定过程中的天然气压力进行调节和保持,确保在检定过程中每次测试的 60s 时间内天然气温度的变化不超过±0.5℃,流程压力的变化不超过±0.5%。

4.3.3 流量调节

南京分站的流量调节区,根据功能可分为大流量调节和小流量调节两块区域,流量调节区的主要设备由24台Grove截止阀、8台Mokveld调节阀及工艺管道构成，其主要作用是对天然气检定流程进行流量调节和保持，确保在流量计检定过程中每次测试的60s时间内流量的变化不超过检定流量点的±5%。

4.3.4 辅助系统工艺流程

（1）排污。

南京分站工艺管线通过排污阀和排污管线连通至排污池，根据公司相关要求定期对工艺管线进行排污。

（2）放空。

南京分站未单独设置放空火炬，其放空管线接入龙潭分输站放空汇管，通过龙潭分输站放空火炬进行放空。

（3）消防。

南京分站消防系统由消防水池、消防泵、消防给水管网和消防控制系统构成。当消防管网水压低于0.2MPa时，消防泵自动启动补充管网压力，当管网压力高于0.38MPa时，消防泵停止补水，确保消防管网水压在（0.2~0.38）MPa范围内，消防水池液位高于2.5m。

（4）氮气置换。

南京分站氮气置换系统配有2个液氮罐、1台蒸发器和配套的管线构成。在流量计拆装过程中，通过氮气置换系统对管线进行氮气吹扫，以满足南京分站频繁的管线打开作业需求。

（5）阀门泄漏检测。

南京分站工作级标准装置、次级标准装置下游阀门选用orbit强制密封阀，建有阀门内漏检测系统。系统由检漏阀、检漏管线，以及压力变送器和压力表组成。检漏作业时，打开检漏阀，观察检漏管线压力，从而判断标准装置阀门是否存在泄漏。

4.4 检定控制系统

4.4.1 南京分站站控系统

南京分站站控系统主要由计算机网络系统、过程控制单元、操作员工作站数据通信接口设备等构成。过程控制单元采用可编程序逻辑控制器（PLC，Programmable Logical Controller），作为人机界面的操作员工作站采用微型计算机。站控系统中的所有监控设备采用局域网（LAN，Local，Area，Network）的形式连接。

可编程序逻辑控制器（PLC）主要由处理器CPU、I/O模块、网络通信系统、电源、安装附件等构成。为保证系统的可靠性，PLC的处理器、电源、LAN等按热备冗余设计。

操作员工作站采用虚拟服务器进行搭建。操作员通过它可详细了解站内工艺及其他系统运行情况，并可下达操作控制命令，从而完成对所处站场的监控和管理。

利用PLC搭建站控系统，将新、旧工作级，次级标准系统进行整合，满足站控、检定管理需求，系统架构如图4.9所示。

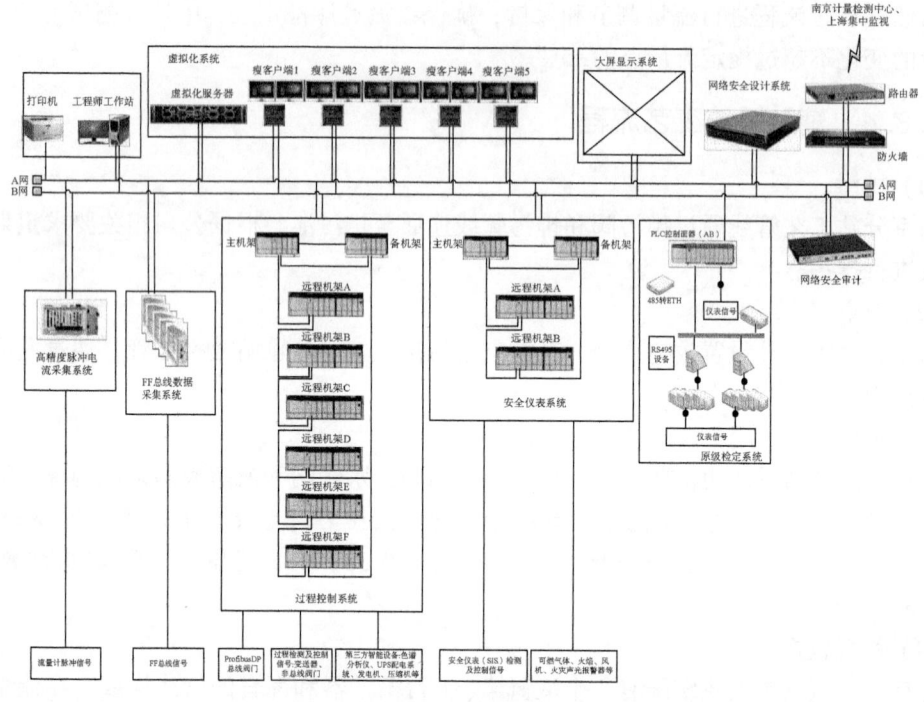

图4.9 南京分站站控系统框图

4.4.1.1 过程控制系统

过程控制系统实现过程变量的巡回检测和数据处理，并将集中监视相关数据上传至西气东输公司上海调度中心；具备工艺站场的运行状态、工艺流程、动态数据的画面或图形显示，报警、存储、记录和打印功能；可以对压力和流量进行精准控制；实时监视配电系统、发电机、压缩机、UPS、色谱分析仪、液氮罐、污水池、火灾、天然气泄漏检测等系统运行状态；过程控制数据保留不少于6个月，报警数据和检定数据保留不少于12个月。

4.4.1.2 安全仪表系统

安全仪表系统主要由检测仪表、控制器和执行元件三部分组成，主要功能用于使工艺过程从危险的状态转为安全的状态。保障南京分站在紧急的状态下安全地停运，同时使系统安全地与外界截断不至于导致故障和危险的扩散，主要功能包括：ESD功能、安全联锁功能、紧急放空功能。

4.4.1.3 紧急关断系统

南京分站ESD紧急关断逻辑执行过程：当按下南京分站ESD按钮或龙潭分输站ESD系统触发时，南京分站进出站阀门关闭，站内旁通打开，然后紧急放空阀打开对全站进行放空。

4.4.1.4 可燃气体报警系统

南京分站可燃气体报警系统由61个可燃气体探测器、1套5704气体报警控制器、1块电源盘和2块蓄电池组成。61个可燃气体探测器，全部为红外吸收型。

4.4.2 检定系统

南京分站已将工作级标准系统和次级标准系统整合，因此拥有两份检定系统，分别是工作标准、次级标准系统和原级标准系统。

工作标准、次级标准系统：采用C#为主要开发语言，并结合C++进行的系统开发，基于Visual Studio 2017环境开发完成，可以实现多种流量计检定功能。根据检定规程等文件要求，采集现场标准装置区、核查装置区和被检装置区的温度、压力及流量信号，完成压缩因子、瞬时流量、累积流量等参数的计算，通过标准装置和被检装置示值的对比，完成流量计的检定、校准工作。支持超声、涡轮、质量、喷嘴等多种流量计的实流检定及校准工作。

原级标准系统：该系统由控制系统和数据采集处理系统两个子系统构成，由工控计算机、控制器、数字量输入/输出模块、模拟量输入/输出模块、编码器、存储器、通信模块、电源模块、浪涌保护器等有关配套硬件组成，能实现自动的数据采集、计算处理、存储打印，以及电动阀门的开关和调节控制，实现流程切换和实时界面显示等功能，具有防雷、防静电、保护和工作接地措施。

检定系统能够通过键盘输入或从管理系统数据库载入被检表的基本信息，设置检定参数。能对气体超声流量计、气体涡轮流量计、容积式流量计、涡街流量计和质量流量计进行检定，显示被检流量计不同流量点的重复性、示值误差、流量计系数等参数。

检定系统通过数据库管理维护，将每个工作标准流量计、核查标准流量计、被检流量计和温度、压力、差压变送器及在线色谱分析仪等设备的检定实时数据和计算结果进行长期保存和备份。每次检定的结果都能自动存储在数据库中，以保证检定数据的可追溯性。

4.4.2.1 原级标准系统

原级标准系统的主要功能如下：

（1）控制功能：对标准装置上的快速换向阀和电动球阀自动控制。

（2）状态检测功能：对标准装置上的快速换向阀和电动球阀状态进行检测。

（3）工作参数自动采集功能：在检定/校准时，同时采集电子陀螺秤、计时器、标准装置的温度变送器、压力变送器、色谱分析仪等的输出信号。

（4）数据计算处理功能：可根据天然气组分数据计算天然气的物性参数。根据检定/校准过程中采集到的电子秤的质量值、计时器的时间值和原级计量橇上的温度、压力测量值，依据检定规程和相关标准，完成被检定/校准的音速喷嘴的流出系数 Cd 和重复性等参数的计算。

（5）信息显示、打印、存储功能：可方便地显示检定/校准过程参数、阀门等设备状态、报警信息、故障信息、工艺流程等，具有较好的人机界面。

（6）数据库管理功能：可将每次检定/校准测试过程中的温度、压力和最终数据信息等进行长期保存和备份。

4.4.2.2 工作、次级标准系统

工作标准部分控制方案：利用PLC将现场数据进行采集和汇总，其中电流、485/232信号直接采至PLC，FF总线信号通过总线模块采集后通信至PLC，脉冲信号通过频率/脉

冲/时间采集模块采集后通信至 PLC 进行汇总。

次级标准部分控制方案：利用 PLC 将次级系统数据进行采集和汇总，非总线阀门、过程检测和控制信号等均直接采集至站控 PLC，DP 总线阀门信号接至 PLC 的总线模块，脉冲信号通过频率/脉冲/时间采集模块采集后通信至 PLC 进行汇总。

自控功能及控制指标如下。

(1) 瞬时频率输出：测量通道的瞬时测量频率实时更新，更新周期为不低于 1s，在频率/脉冲/时间测量模块中设置独立的 Modbus 地址表用于读取所有通道的瞬时频率测量值。

(2) 测量精度：频率/脉冲/时间测量模块的内存变量位数应优于 32 位，为了保证长期测试的稳定性，计数器的位数应为 64 位，时钟精度优于 0.000001%，任意一通道的测量精度优于 0.001%。

(3) 通道数量：南京分站标准表和核查表的总数量为 14 台，被检台位的数量为 10 个（小口径 3 个、高精度 1 个、大口径 5 个、移动车 1 个），由于时间检定需要独立通道，因此现场需要的通道数量为 19 个。

4.4.3 智能检定系统

为实现高压天然气流量计智慧检定，提高检定的准确性，降低人工操作风险，南京分站结合计量检定流量精确调节和质量管控的实际需求，将数字孪生技术、人工智能、大数据分析技术与天然气检定技术相结合，打造了适用于多气源工况条件下的中高压天然气智能检定系统，实现了现场工艺流程及检定作业全过程的自主控制。智能检定系统由智能控制器、数字孪生体和安全联锁逻辑等组成。

智能控制器是整个检定数字化的核心，它以 454 万组数据进行模型训练，以 227 万组数据进行模型验证和测试，实现了流量计检定全工况的自动适应、自主调整，流量覆盖 $(8\sim15000)\,m^3/h$，压力覆盖 $(4.5\sim9.8)\,MPa$，口径覆盖 $(50\sim450)\,mm$ 九种，且在不同工况条件下，流量调节精度均能达到 96% 以上，高于流量计检定规程要求。

数字孪生体是根据检定站工艺管线布局、设备技术参数和运行工况数据，在虚拟空间中构建与实际检定站精准映射、行为一致的数字实体，可对智能控制器给出的控制策略进行仿真和迭代运算，同时将运算结果反馈给智能控制器，智能控制器根据反馈结果自适应调整，实现控制精度的持续优化，目前数字孪生体运算结果与现场参数比较精度已经达到 99.3% 以上。

为确保智能检定系统的稳定运行和风险受控，在"智能检定"模式下设置了超限保护、流量超速保护、超压保护、流量调节保护、阀门互锁、阀门控制、压差及防流程中断等系列安全联锁逻辑，相较传统的人工检定模式，智能检定系统增加了检定过程的安全控制策略，具有更高可靠性，有力保障了智能检定过程工艺系统的安全平稳运行。

为提高检定过程数据的有效性，保障检定质量，将检定规程的判断准则增加到检定数字化应用当中，实现检定过程中温度、压力、流量等参数的自动核验，检定结果的自动判断，由"人工决策"转换为"系统智能判断"，实现检定全过程的质量监控，确保每次检定结果的准确可靠。

4.4.4 远程检定系统

南京计量研究中心为中俄、中亚、中缅、香港支线等跨国跨境企业、国内众多管道企业、燃气公司、流量计生产厂家检定校准流量计累计13000余台。自2007年投产第一套标准装置以来，共运行维护6套标准装置，且国内大部分天然气计量技术机构流量量值均溯源至南京分站，为归集积累的计量检定、工艺流程数据，对数据进行深度挖掘应用，南京计量研究中心建立了远程检定及计量仪表测试评价数据中心，数据中心由虚拟化平台、数据库系统、大数据分析系统、可视化系统和网络安全设备等构成，连接南京、广州、武汉三地检定室（点）检定系统，通过架设OPC客户端、组态系统等，实现南京、广州、武汉三地站控系统、检定系统的数据对接、交互，完成原始数据的积累，并通过数据中心归集，实现了远程检定、大数据分析及计量仪器仪表的全生命周期管理功能。

对站场生产基础数据、运行操作数据、事件处置等调控数据进行应用和分析，实现对站场正常工况及非正常工况分类操作的精确数据统计，实现对站场运行数据分析和工况操作识别统计，为站场运行分析提供数据支持，为及时有效地监控和调整运行工况提供决策依据。

以大数据分析思想，从计量检定角度思考，建立了流量计性能、计量标准完整性、检定人员评价、检定业务管理评价等多维评价机制。通过多维评价，实现对7种品牌、20余种型号流量计全生命周期运行状况分析、评价，通过标准表性能的变化趋势，为标准装置完整性管理提供数据支持，为视情维护提供科学决策依据，提高标准装置管理水平，同时可对评价流量计操作是否有效、检定人员检定操作能力如何，减小人为操作影响因素，提升流量计检定可靠性，提高用户可信度。

借助数据中心数据归集功能，重构检定作业模式，利用虚拟化平台，构建了一套企业级数据中心服务系统，现场检定数据采集并传输至远程检定和仪表评价测试中心，在远程检定和仪表评价测试中心设置检定终端，实现三地检定室（点）同时开展流量计检定作业。

4.5 设计、施工及运行经验

4.5.1 设计经验

4.5.1.1 温度套管设计选型

温度套管受高压大流量天然气冲击发生谐振，产生噪声，造成温度套管和相邻管道振动，密封性能受损，导致出现天然气泄漏，建议：

（1）温度套管在设计选型时应充分考虑天然气冲击及谐振等因素，对于可能产生谐振情况的位置，需选用强度较高的锥形套管。

（2）安装时温度套管的插入深度不宜过长，对于大于300mm口径的直管段，温度套管插入深度宜小于125mm。

4.5.1.2 工况条件确认

检定站在后续运行过程中，受工况条件影响较大，导致无法正常开展检定作业，例如压力、流量、气质等，建议：

（1）设计阶段要考虑检定站所需的工况条件，包括压力、流量、气质情况等。

（2）压力条件主要应考虑下游分输是否允许压力条件、压力降幅及压降速率。

(3) 流量条件应考虑分输最大流量是否满足要求，工况流量随季节的变化及日常工况流量波动幅度等。

(4) 气质条件应考虑上游来气脏污情况及气质组分波动情况，如上游来气未经过滤或过滤精度不足，则应在站内设计过分离器以满足要求。检定站宜设置在组分波动较小的管线。

4.5.1.3 标准表与被检表间管容

使用计量体积的标准装置开展流量计检定过程中，标准表台位和被检表台位之间管容内天然气会受环境条件等多方面影响，造成物性参数变化，对量值传递的结果有着必然的影响，并且管容越大，其中天然气物性参数变化对检定结果的影响越大，建议在设计初期考虑优化工艺流程，减少标准表与被检表间管容，减少标准装置受外界条件的影响，进一步提高装置不确定度。

4.5.1.4 检定台位多台流量计同时检定功能

随着我国天然气事业的蓬勃发展，高压天然气贸易交接流量计剧增，为提高检定效率，建议在建站设计时，具备多台流量计同时检定功能。

4.5.1.5 高精度台位功能设计

对于具备次级标准装置的检定站，如果厂区加大，为减少使用次级检定/校准检定台位流量计的管容，建议设置高精度台位，用于使用次级直接检定/校准高精度流量计。

4.5.1.6 厂区排水

检定站内机房、厂房等精密仪器设备众多，潮湿的状态对站场中控室机房及厂区的运行环境安全带来很大的隐患，设计时应充分考虑排水问题，避免降雨量较大时机房及厂区内渗水。

4.5.1.7 过滤分离器差压监控

过滤分离器通过差压表监控差压，判断过滤器滤芯是否堵塞，存在由于压力表刻度值较大且进气时设备有震动，存在分辨率低、无远传功能等问题，不能实时监控，以至于无法第一时间判断过滤分离器是否堵塞，建议过滤分离器设置压差变送器，实现对过滤分离器的有效监控。

4.5.1.8 流量计收发

随着每年流量计检定需求的不断增加，加上客户无法按期取走已检定流量计，导致收发棚内堆积流量计较多，建议将流量计库房内设置货架，增加流量计存储量。

4.5.1.9 风机联动

检定站厂房、天然气压缩机室和分析小屋均属于易燃易爆场所，存在天然气泄漏的可能，而且均属于密闭空间，一旦天然气泄漏没有采取有效措施，有可能发生爆炸等安全事故，建议设计时增加风机联动逻辑，当可燃气体探测器检测到天然气浓度达到某一设定值，可以自动开启相应区域内的风机，以降低风险。

4.5.1.10 色谱分析仪报警

在流量计检定校准过程中，天然气组分数据作为一个重要的参数，应该时时加以关注,在检定过程如无法看到色谱报警信息,无法及时判断色谱数据是否准确,如果存在色谱报警导致检测的色谱组分存在问题,就会导致检定校准结果的偏离,对流量计计量准确性造成较大的影响,可能导致贸易纠纷,建议设计时将现场色谱报警信息加入控制系统,同时引入色谱控制信号线,方便对现场色谱仪进行相应的控制,及时消除报警等影响色谱分析结果的因素,确保检定校准过程的准确可靠。

4.5.1.11 检定台位作业空间

检定台位区需进行流量计拆装作业,同时设置配套的仪表箱将被检流量计信号上传至控制室,建议:

(1) 设计时将配套仪表箱位置放置于远离拆装作业的区域。

(2) 拆装区需设置吊运通道,方便流量计吊运。

4.5.1.12 电力负荷

检定作业涉及的电力负荷较大,尤其是配置了空压机、电加热器的场站,同时考虑到后续新增设备的用电需求,建议在设计时预留足够余量,保证现场的用电需求。

4.5.2 施工经验

4.5.2.1 国外压力容器安装

国外进口的压力容器与国内焊接工艺及检测标准存差异,加上运输过程的影响,其焊缝在国内检测时易出现不满足要求的情况,建议国外进口的压力容器需重点关注其焊缝工艺及质量是否满足国内标准的要求,压力容器到达现场后,应第一时间开展检测。

4.5.2.2 工艺管线安装

工艺管线安装过程中,异物进入管线,例如焊渣、石子及雨水等,均会对后续管线运行产生影响,建议:

(1) 站内管线安装时应避免杂物进入管线内部,对于焊渣等应及时清理,对裸露的管线应做好防护。

(2) 管线安装完成后应及时进行吹扫、干燥,如站内管线短期无法完成投产,则应注氮封存,在正式投产再次进场吹扫和干燥。

4.5.2.3 球阀排污

球阀的排污阀通常位于阀门的底部,施工过程中应考虑排污的便捷性,预留足够的空间,方便在日后进行阀门排污作业,如阀门底部排污空间不足,建议增加排污管线,将排污管线引出。

4.5.2.4 地下管线穿墙

地下管线穿墙封堵不严易导致厂区地下水土流失,从而导致地面塌陷、埋地管线悬空受到应力,建议:

(1) 在施工过程中对地下管线穿墙处进行封堵严实。

(2) 定期对管线穿墙处进行检查确认。

4.5.2.5 脉冲采集

超声流量计 K 系数较大时，易造成脉冲输出电压不稳，导致脉冲采集回路产生的上拉和下拉电平失效，脉冲采集板卡接收不到稳定的脉冲数，建议在施工阶段确认脉冲采集回路中电阻设置情况，并在施工结束后及时进行脉冲采集测试。

4.5.3 运行经验

4.5.3.1 管线内部脏污

管线内部的脏污积杂质，会对现场精密仪器的性能及阀门的密封面产生影响，建议：

（1）在开展实流测试前，需对管线内部的情况进行再次确认，尤其是埋地管线内部是否存在脏污情况，如存在脏污则应拆卸管线上精密仪器及阀门，进行吹扫和干燥。

（2）加工制作过滤网，在标准涡轮流量计前安装过滤网，对标准涡轮流量计进行保护。

（3）加强上游站场的沟通，时刻关注气质情况，上游管线有清管、内检测作业时，将站内流程切出，作业结束后，将流程切至旁通流程进行吹扫，监控过滤分离器压差及汇管、阀门排污情况，确认具备条件后，再开展检定测试作业。

（4）标准装置区阀门注脂应根据实际情况进行确认，尽量减少注脂量，避免油脂流入标准涡轮流量计对其性能产生影响，如因阀门故障需大量注脂，则应拆卸标准表，并进行充分吹扫。

4.5.3.2 标准气体使用与保存

标准气体的采购周期较长，易受低温影响，且标准气体的有效性直接影响计量结果，建议：

（1）检定站存有 1~2 瓶备用标准气体。

（2）刚从库房领取的标准气体，如果库房温度比实验室温度低，并且在标准气体的烃露点温度以下，使用前必须放置在实验室，必要时加温，使其均匀后方可使用。

（3）标准气体使用前必须进行有效性确认，确认内容有效期、钢瓶中压力和环境温度（在标准气体的烃露点温度以上）。

（4）对于在线色谱仪使用的标准气体，每天巡检时，必须进行有效性确认，确认无效时应该及时更换标准气体。

4.5.3.3 站内流量计运输

客户送检流量计运输箱不尽相同，且部分客户只送检裸表，在站内运输过程中易造成流量计损坏，建议针对不同厂家、不同规格的流量计设计流量计外包装箱，规范站内运输及存储。

4.5.3.4 检定台位地面破损

由于检定台位区经常进行流量计及直管段拆装，导致检定台位区环氧地坪漆出现破损，建议对拆装作业区域铺设绝缘橡胶垫，可有效防止因频繁拆装作业损坏防环氧地坪漆。

4.5.3.5 检定流量计通信

在检定校准流量计过程中,需要电脑与现场流量计之间进行通信,读取流量计组态等相关参数,来回去现场连接耽误时间,导致工作效率下降,同时也无法对现场在检流量计状态时时进行监控,此外检定厂房内属于防爆区域,现场操作使用电子设备存在安全风险,建议增加流量计远程通信功能,可在控制室实现被检流量计通信,在检定校准过程中能实时监控现场流量计的状态及状态参数的置入,提高流量计的检定效率,更快更好完成流量计检定任务。

4.5.3.6 过滤分离器及汇管

传统的离线排污需对站内管线进行全面放空,存在耗时长、浪费大等缺点,且会影响现在检定作业,建议采用高压在线排污,可使排污操作变得更加安全、简单、快速,且大大降低天然气的放空量。

4.5.3.7 拆装工器具配置

传统的敲击扳手及气动扳手存在噪声大、劳动强度大、安全风险高等缺点,建议检定站配置液压扳手、无冲击气动扳手,可很好地降低现场劳动强度、现在作业噪声及作业过程中的风险。

4.5.3.8 伸缩器外漏

伸缩器主要靠密封圈进行密封,检定台位日常使用伸缩器较多,导致其密封件容易出现老化、破损,导致泄漏,建议每五年对伸缩器密封圈进行全面检查及更换。

4.5.3.9 强制密封阀安装方向

检定台位进行拆装需对管线内的天然气进行放空,导致检定台位上下游阀门处于单侧承压的状态,如果阀门安装方向不对,易出现阀门内漏的情况,建议检定台位上游阀门正向安装,下游阀门反向安装。

5 广州分站

5.1 机构概述

广州分站挂靠在国家石油天然气管网集团有限公司西气东输分公司。设站长1人，由西气东输公司主管副总经理担任，常务副站长1人、副站长2人、总工程师1人，下设综合科、党群科、经营与财务科、生产运行科、质量安全科、技术科、广州计量检定室7个科室。

5.1.1 建站由来

广州分站依据国质检量函〔2011〕138号文《关于同意筹建国家石油天然气大流量计量站广州、乌鲁木齐天然气流量分站和北京、武汉、塔里木检定点的通知》建站。

2011年11月，西气东输公司召开广州分站项目建设启动会。

2012年8月，广州分站开工建设。

2014年11月，广州分站建成投产。

2016年1月，广州分站完成了次级标准和工作级标准完成建标。

2016年7月，广州分站取得法定计量检定机构授权。

2019年3月，取得《中国合格评定国家认可委员会实验室认可证书》。

5.1.2 建站目的

随着国内天然气工业的快速发展，为了满足国内天然气流量计检定数量快速增加的需要，解决华南地区高压、大流量天然气流量计的检定需求，国家市场监督管理总局(国家质量监督检验检疫总局)同意中国石油天然气集团公司在西气东输二线管道上建立国家石油天然气大流量计量站广州分站。

5.1.3 建站意义

广州分站的投运，有效满足了华南地区乃至全国快速增长的天然气流量计检定需求。自建站以来，广州分站认真履行国家法定计量检定机构职责，完善管理体系，强化计量管理，加强科研工作，注重风险管控，夯实发展基础，业务能力和服务水平持续提升，为中国石油、中国石化、中国海油、中亚管道、中缅管道等石油企业，以及国内众多省市燃气公司、流量计生产厂家开展流量计检定校准服务，多次承担国家技术监督部门委托的天然气流量计进口检定及型式评价测试任务，计量服务得到顾客的一致好评。

自2016年以来，年检定、校准、测试流量计均超过500台，为华南地区乃至全国的天然气管道事业发展提供了有力支持，为我国油气计量事业作出了重要贡献。

5.2 量值溯源传递构成

5.2.1 量值溯源传递体系

广州分站建有临界流文丘里喷嘴法气体流量标准装置和标准表法气体流量标准装置。临界流文丘里喷嘴法气体流量标准流量量值溯源至南京分站 mt 法原级标准；标准表法气体流量标准流量溯源至广州分站临界流文丘里喷嘴法气体流量标准；广州分站编制了计量标准量值传递和溯源框图，每年由计量管理员编制计量标准周期检定和校准计划，选择已授权的省级或国家法定计量检定机构进行检定或校准，量值溯源图如图 5.1 所示。

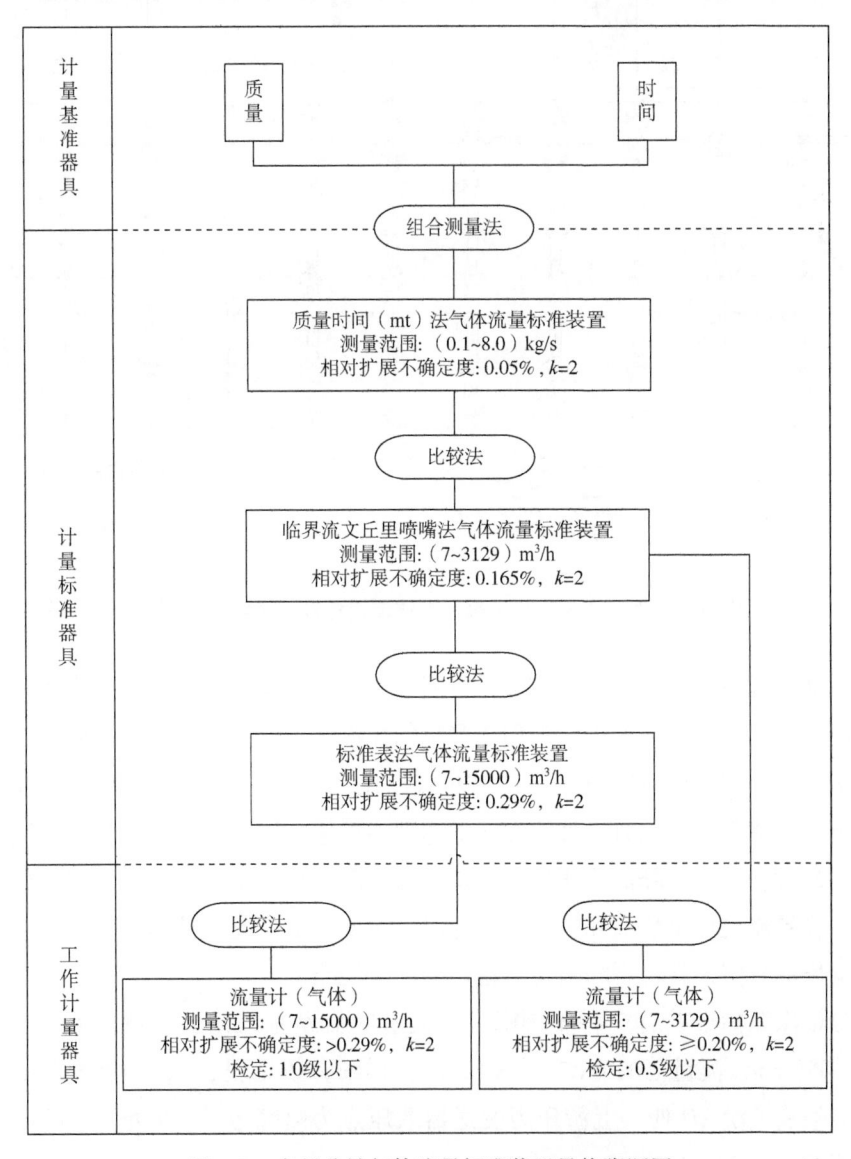

图 5.1 广州分站气体流量标准装置量值溯源图

5.2.2 次级标准装置

(1) 组成及工作原理。

广州分站临界流文丘里喷嘴法气体流量标准装置是本站最高计量标准,由12个并联安装的临界流文丘里喷嘴组件、前后汇管等组成。每个临界流喷嘴组件由前后直管段、管束整流器、临界流文丘里喷嘴、压力变送器、温度变送器和伸缩器构成,如图5.2所示。

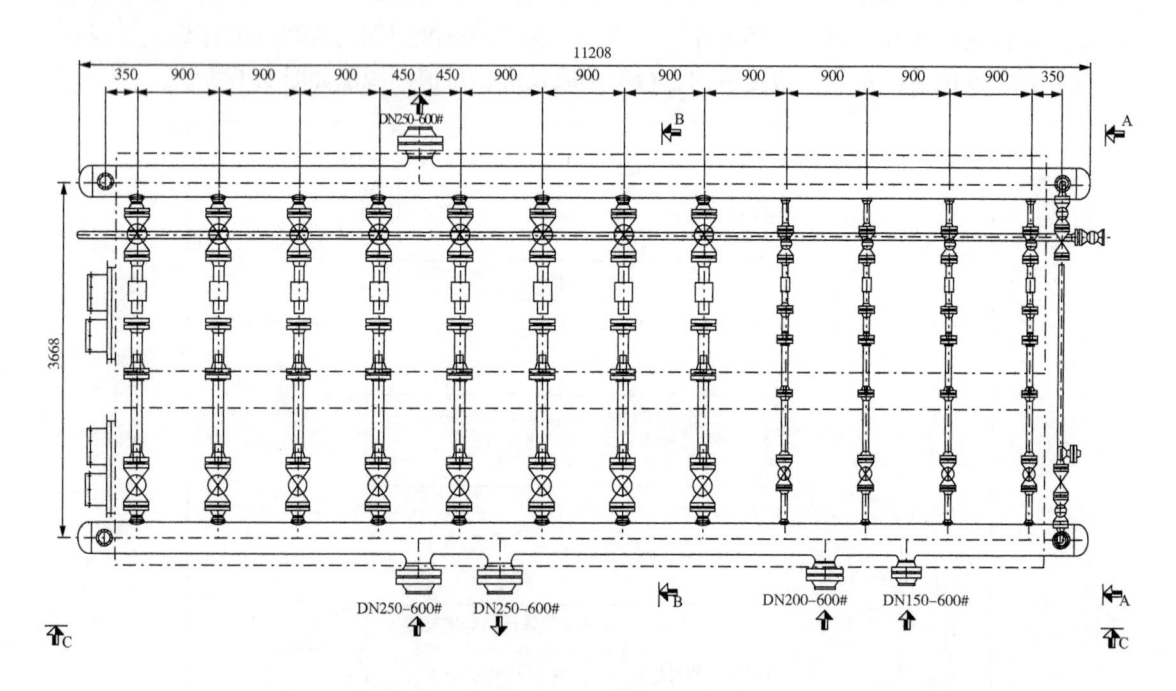

图5.2 广州分站临界流文丘里喷嘴法气体流量标准装置结构简图(单位:mm)

次级标准装置主标准器为临界流文丘里喷嘴,临界流文丘里喷嘴是一个入口孔径逐渐减小到喉部,经过喉部又逐渐扩大的用于测量气体流量的测量管。当上游滞止压力 p_0 保持不变,逐渐减小喷嘴的出口压力 p_2,即减小背压比(p_2/p_0),通过喷嘴的气体流量先是不断增加,当达到临界压力比时,气体在喉部达到临界速度即当地音速,流过喷嘴的气体质量流量达到最大,进一步降低背压比,流量将保持不变。基于上述原理,当天然气流经临界状态下的临界流文丘里喷嘴和被检流量计时,在统一了工况条件后,比较同一时间间隔内两者的输出流量值,就可判断被检流量计的计量性能。

广州分站次级标准共有7种不同喉径、流量的临界流文丘里喷嘴,喉部直径范围为(3.26~26.05)mm,流量范围为(7~448)m³/h,详细参数见表5.1,喷嘴配套的温度变送器取温点为喷嘴上游2D处,上游压力变送器取压点为喷嘴上游1D处,下游压力变送器取压点为喷嘴下游3D处。

表 5.1 广州分站次级标准喷嘴规格参数表

序号	标准工况流量/(m³/h)	上游管段公称通径/mm	喉部直径/mm	喷嘴数量
1	7	50	3.26	1
2	14	50	4.61	1
3	28	50	6.52	1
4	56	50	9.22	1
5	112	100	13.03	1
6	224	100	18.43	1
7	448	100	26.05	6

(2) 主要技术指标。
① 检定/校准介质：天然气；
② 设计压力：10MPa；
③ 压力范围：(5.5~9.0)MPa；
④ 流量范围：(7~3129)m³/h；
⑤ 测量不确定度：0.165%($k=2$)。

5.2.3 工作级标准装置

(1) 组成及工作原理。

广州分站工作级由 8 台并联安装的涡轮标准流量计、前后汇管、色谱分析仪、数据采集及处理系统、控制系统等组成。每条标准装置台位由前后直管段、整流器、伸缩器、涡轮流量计、超声流量计、压力变送器和温度变送器构成，结构简图如图 5.3 所示。

工作级标准装置的主标准器为涡轮流量计，涡轮流量计是一种流量测量仪表，流动流体的动力驱使涡轮叶片旋转，其旋转速度与体积流量近似成比例。通过流量计的流体体积示值是以涡轮叶轮转数为基准的。基于上述原理，当天然气流经涡轮流量计和被检流量计时，在统一了工况条件后，比较同一时间间隔内两者的输出流量值，就可判断被检流量计的计量性能。

为监测标准器的运行情况，工作级标准装置在每一台标准涡轮流量计上游配备了一台同口径的核查超声流量计，对标准涡轮流量计的计量性能进行一对一实时核查。

(2) 主要技术指标。
① 检定/校准介质：天然气；
② 设计压力：10MPa；
③ 压力范围：(5.0~9.0)MPa；
④ 流量范围：(7~15000)m³/h；
⑤ 测量不确定度：0.29%($k=2$)。

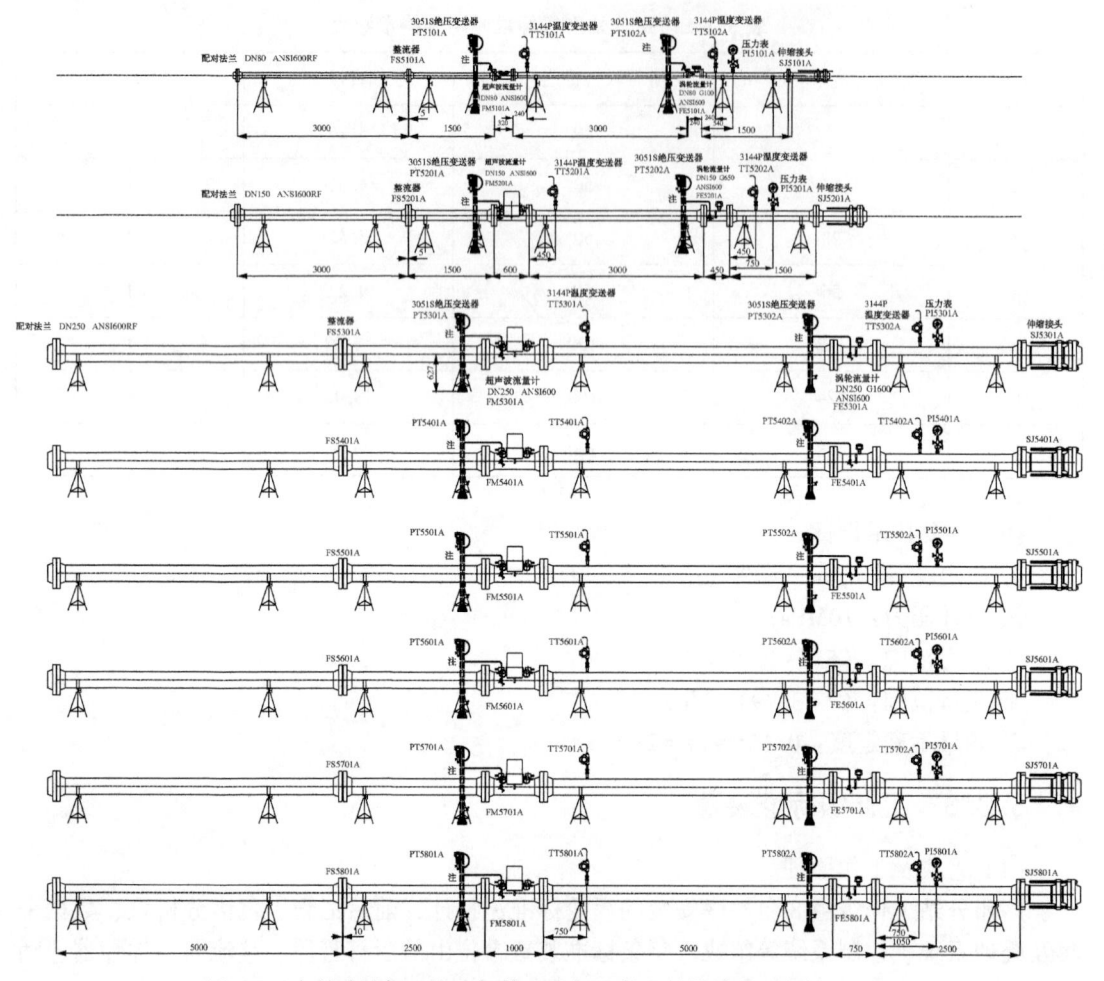

图5.3 广州分站标准表法气体流量标准装置结构简图(单位:mm)

5.2.4 检定能力

广州分站天然气流量量值溯源能力见表5.2。

表5.2 广州分站天然气流量量值溯源能力情况统计

标准装置类型		不确定度/%	最大口径/mm	流量范围/(m³/h)	压力范围/MPa	建标时间	挂靠单位	年检定能力/台	取得资质
次级	临界流文丘里喷嘴法	0.165	250	7.00~3129.00	5.5~9.0	2016年	西气东输公司	400	社会公用计量标准、CNAS认可
工作级	标准表法	0.29	450	7.00~15000.00	5.0~9.0	2016年	西气东输公司		

5.3 工艺流程

广州分站依托西气东输二线管道建设，上游来气为广深支干线流程和广州城市燃气流程。主要工艺系统包括高压调节区、中低压调节区、过滤分离区、工作级标准装置区、次级标准装置区、检定台位、流量调节区，全站流程简图如图5.4所示。

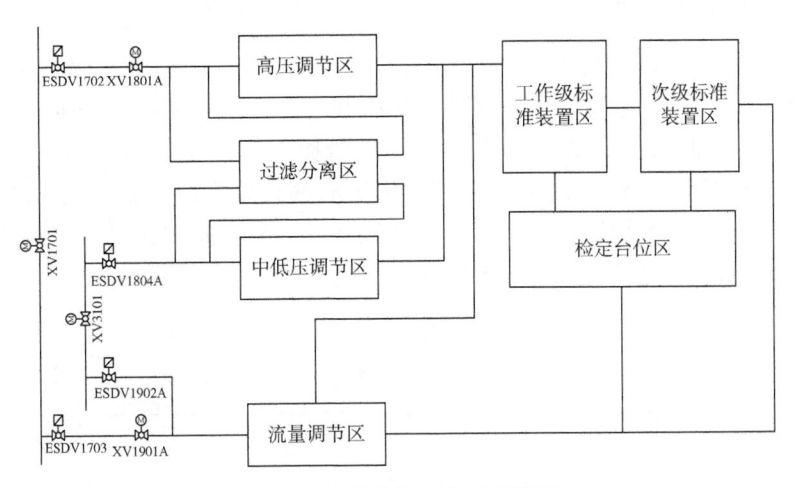

图5.4 广州分站工艺流程简图

本站的主要流程有工作级检定被检流量计、次级检定被检流量计、次级校准工作级。

工作级检定被检流量计：广深支干线来气经高压调节区后分为两路，一路经分流区到达流量调节区，另一路经工作级标准到被检台位，再到流量调节区，两路在流量调节区汇总后进入广深支干线。

次级检定被检流量计：广州城市燃气流程来气经压力保护及调节区分为两路，一路经分流区到达流量调节区，另一路经工作级旁通到达被检台位，再经次级到达流量调节区，两路在流量调节区汇总后进入广州城市燃气流程。

次级校准工作级：广州城市燃气流程来气经压力保护及调节区分为两路，一路经分流区到达流量调节区，另一路经工作级旁通到达次级，两路在流量调节区汇总后进入广州城市燃气流程。

5.3.1 进出站流程

广深支干线流程：由广州分输压气站广深支干线阀门XV1701前取气，经广州分输压气站阀门ESDV1702进入广州分站经检定流程后，由广州分输压气站阀门ESDV1703返回广州分输压气站阀门XV1701后。

广州城市燃气流程：由广州分输压气站向广州城市燃气分输计量撬上游阀门XV3101前取气，经广州分站阀门ESDV1804A进入广州分站经检定流程后，由广州分站阀门ESDV1902A返回广州分输压气站阀门XV3101后。

过滤分离装置：广深支干线和广州城市燃气流程进站后先经过滤分离装置，过滤分离装置由2套组合式过滤分离器组成，每套组合式过滤分离器由1台旋风分离器、1台卧式过滤分离器组成，2套过滤分离器在工艺流程上可实现并联使用和串联使用，可以将天然气中99.9%的5μm以上的颗粒、99%的(1~5)μm的颗粒，以及95%的1μm以下的颗粒去除，有效提升天然气的洁净度，消除颗粒物对计量器具的影响，保证各套标准装置测量准确。

5.3.2 压力调节流程

广州分站压力调节区由高压调节区和压力保护及调节区组成，用以对广深支干线和广州城市燃气流程来气压力进行调节和保持。高压调节区由DN200mm、DN600mm共两条调节管路组成，可以根据检定流量大小选择不同管路；压力保护及调节区由DN200mm、DN400mm共两条调节管路组成，每条管路上配置有两台莫克威尔德安全切断阀和一台调节阀，在检定class300流量计时，可以实现超压切断，以保护检定台位处的被检流量计。广州分站压力调节区工艺流程如图5.5所示。

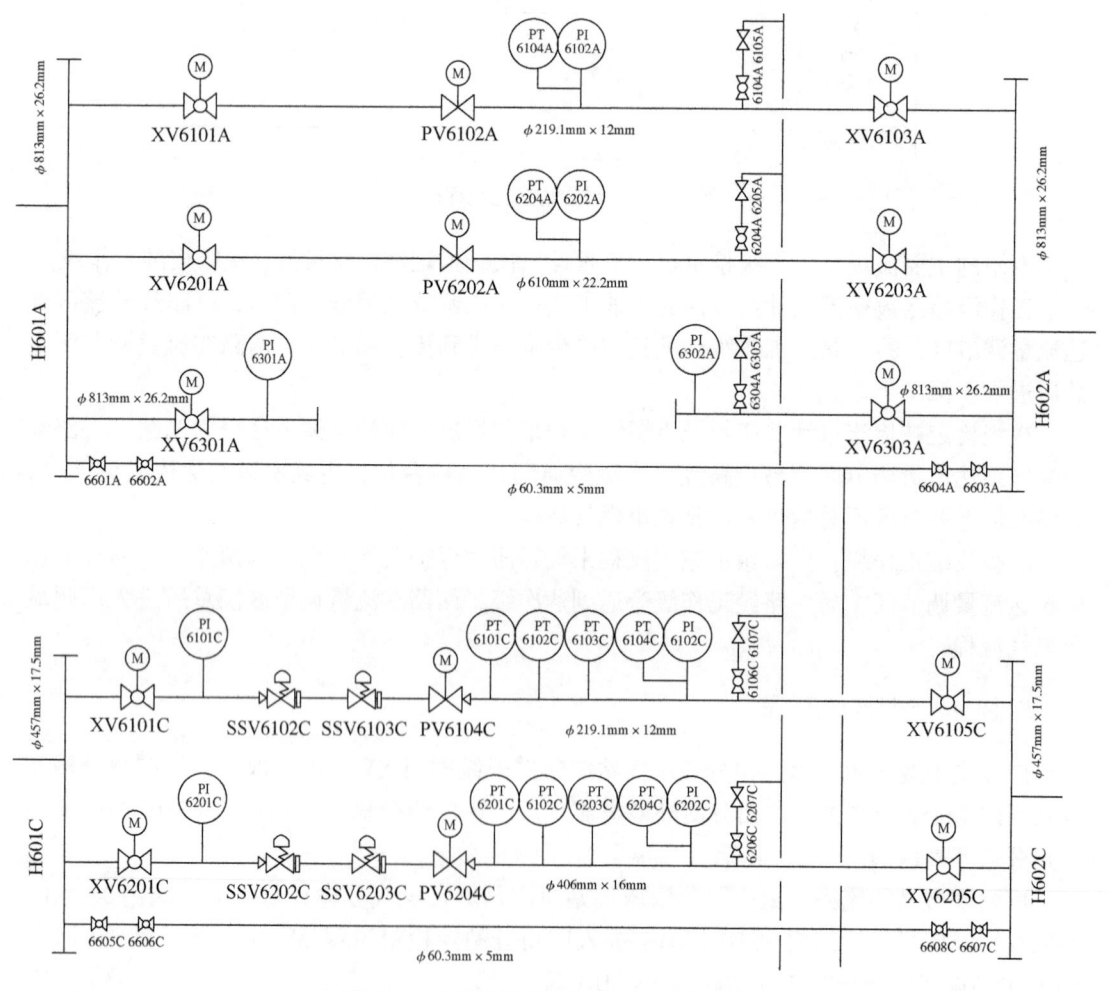

图5.5 广州分站压力调节区工艺流程图

5.3.3 流量调节流程

广州分站流量调节区用以对天然气检定流程进行流量调节和保持，流量调节区由DN50mm、DN150mm、DN300mm和DN600mm共四条管路组成，每条管路上游设计有两个气路，一个气路引至检定厂房、一个气路引至压力调节区，下游管路共用，可以根据检定流量大小选择不同管径的调节管路，实现检定分流功能。广州分站流量调节工艺流程如图5.6所示。

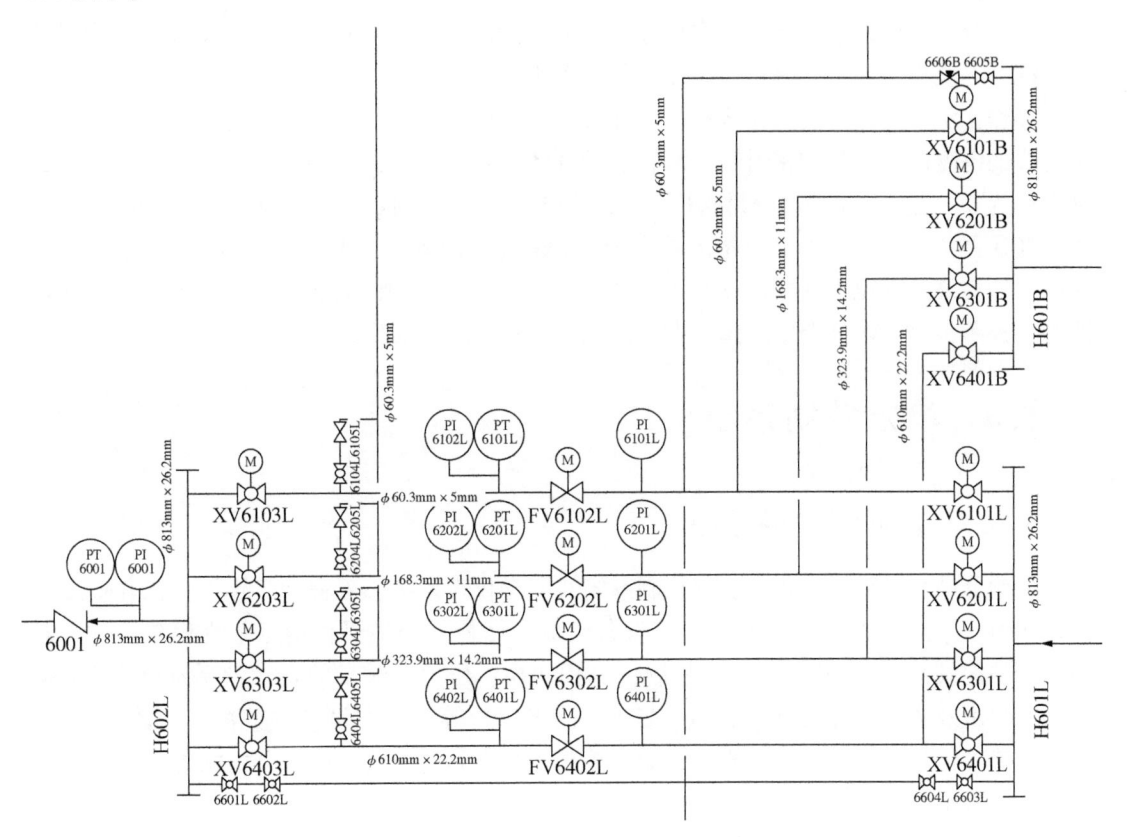

图 5.6　广州分站流量调节工艺流程图

5.3.4 辅助系统工艺流程

（1）排污、放空。

广州分站在所有汇管和过滤分离区设有排污管线；在进出站区、高压调节区、压力保护及调节区、过滤分离区、工作级标准装置区、次级标准装置区、检定台位、流量调节区设有放空管线。广州分站未单独设置放空火炬和排污罐，广州分站的排污管线与广州分输压气站排污管线相连，通过广州分输压气站站内排污罐进行排污；广州分站的放空管线与广州分输压气站放空管线相连，通过广州分输压气站放空火炬进行放空。

（2）消防。

广州分站与广州分输压气站毗邻而建，站场等级与广州分输压气站站场等级一致，站内消防给水依托广州分输压气站。

(3) 氮气置换。

广州分站空压制氮系统由 2 台微油螺杆型空压机、1 台变压吸附(PSA)制氮机、1 个 10m³ 空气储气罐和 2 个 10m³ 氮气储气罐组成。空压机、制氮机的出口压力设置为 0.8MPa，空压机的排气量为 7m³/min，制氮机产量为 100m³/h。主要为流量计拆装作业提供高压空气动力源，以及氮气置换作业所需氮气，以满足每日检定需求。

(4) 阀门泄漏检测。

广州分站工作级标准装置、次级标准装置下游阀门选用强制密封阀，建有阀门内漏检测系统。系统由检漏电磁阀、检漏压力变送器组成。

操作方法：首先关闭工作级和次级标准管路上的所有强制密封阀，打开强制密封阀检漏管线的电磁阀，对强制密封阀检漏管线的气体进行排空，密封阀检漏管线压力变送器的读数应为 0。此时关闭强制密封阀检漏管线的电磁阀等待预定时间(150s，可设置)，检测压力变送器读数，若压力变送器读数小于 100kPa(可设置)，则判断为所有被检强制密封阀密封性良好，如压力变送器读数大于 100kPa(可设置)，则判定为某个强制密封阀存在泄漏，提示报警。若某个密封阀存在泄漏则需要逐个排查操作。

5.4 检定控制系统

5.4.1 广州分站站控系统

广州分站站控系统主要由过程控制系统、安全仪表系统、工程师工作站、操作员工作站、OPC/历史服务器，以及网络通信设备组成。站控系统主要负责工艺流程参数的实时显示；检定站阀门手动/自动远程控制；流程切换；压力、流量的自动和手动调节；ESD 的状态显示及紧急停车控制；火气、UPS、阴极保护等第三方设备的监控；故障、报警、历史趋势等信息的显示；并完成与分输站控制系统之间的通信。广州分站站控系统配置图如图 5.7 所示。

5.4.1.1 过程控制系统

过程控制单元主要负责数据采集和处理、调节控制、逻辑控制、提供数据、接收并执行控制命令等，是站控系统的基础。

广州分站选用艾默生公司 DeltaV DCS 系统完成过程控制，控制器为 DeltaV BPCS 控制器，采用冗余配置，用于管理所有在线 I/O 子系统、控制策略的执行及通信网络的维护。CPU 模块、电源模块、通信模块具有冗余热备特性，每块模块具有自诊断功能，可带电插拔。

I/O 模块选用模块化的 DeltaV BPCS I/O 子系统，可即插即用、自动识别、带电插拔。I/O 卡件安装灵活方便，所有 I/O 卡件均为模块化设计；无论是普通 I/O 卡件，或是现场总线接口卡件，均可任意混合使用；并且可安装在离物理设备很近的现场；I/O 配备了功能和现场接线保护键，以确保 I/O 卡件能正确地插入到对应接线板上。

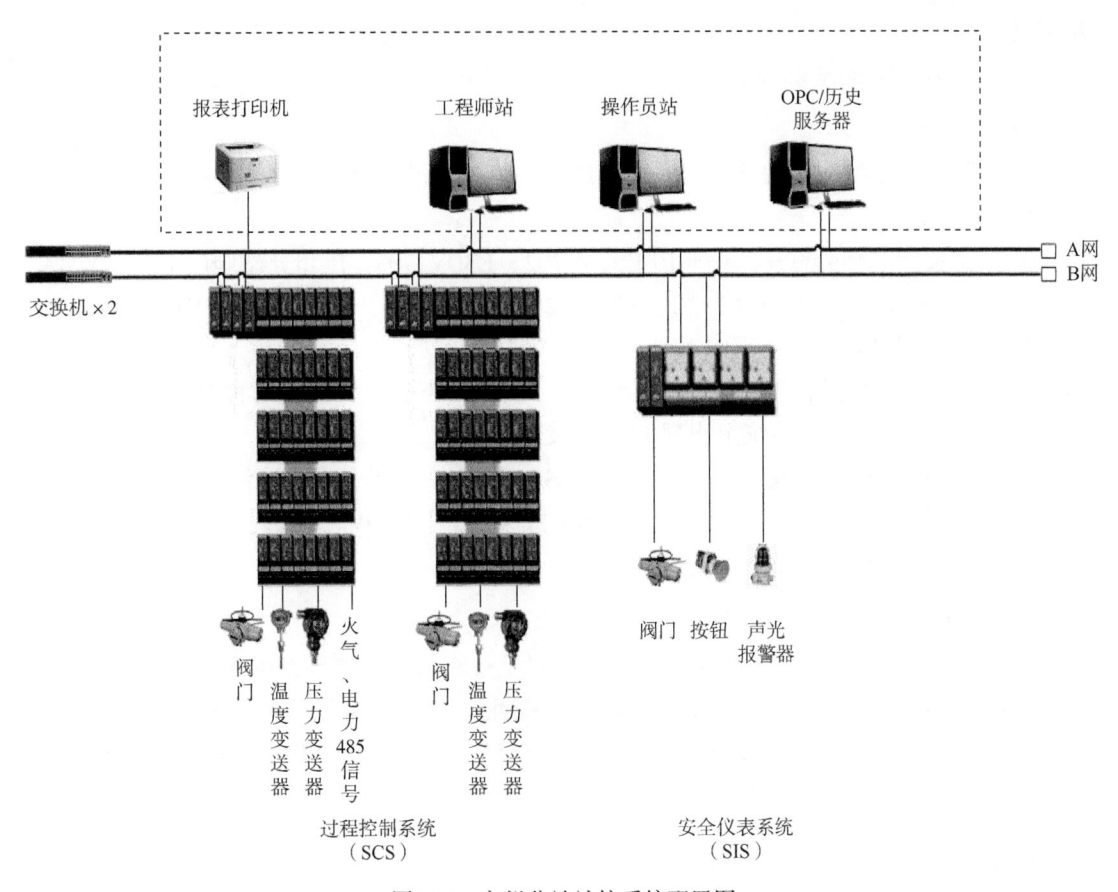

图 5.7　广州分站站控系统配置图

5.4.1.2　安全仪表系统

安全仪表系统主要用于使工艺过程从危险的状态转为安全的状态。保障输气管道能够在紧急的状态下安全的停输，同时使系统安全地与外界截断不至于导致故障和危险的扩散。安全仪表系统应具备回路诊断功能和顺序记录（SOE）功能。

安全仪表系统主要由检测仪表、控制器和执行元件三部分组成。安全仪表系统按照 SIL2 等级进行设计。通常，各部分均应采用具有相应 SIL 认证的设备。广州分站选用艾默生公司 DeltaV SIS 系统完成安全仪表功能。

检测仪表：现场压力、温度、火灾、可燃气体浓度等传感器，其设置与过程控制系统的仪表分开。

控制器：采用冗余的逻辑控制器，控制器模块并列插在底板上，通过冗余的端子连接现场信号。DeltaV SIS 经过 TÜV 认证机构认证，单个的 DeltaV SIS 逻辑控制器即可适用于最高到 SIL3 等级的安全应用场合。

执行元件：执行必要的动作，使工艺过程处于安全状态的设备，如 ESD 阀门、安全切断阀等设备。安全仪表系统的所有电驱动设备均由 UPS 供电。

广州分站在总控室、机柜间、检定厂房四周、生产区门等处共设置了 9 个 ESD 手动报警按钮。

5.4.1.3 紧急关断系统

（1）触发条件。

广州分站 ESD 按钮被按下，广州分输压气站 ESD 触发命令。

（2）执行逻辑。

① 紧急关闭广州分输压气站阀门 ESDV1702、ESDV1703，广州分站阀门 ESDV1804A、ESDV1902A、SSV6102C、SSV6103C、SSV6202C、SSV6203C、SSV1010、SSV1011。

② 打开广州分输压气站阀门 XV1701 和 XV3101。

③ 发出 ESD 报警信号，总控室、待班室、生产区声光报警器发出报警信号，广州分站、广州分输压气站站控系统上出现 ESD 触发报警信号。

④ 广州分输压气站阀门 ESDV1702、ESDV1703，广州分站阀门 ESDV1804A、ESDV1902A 关闭到位后，打开广州分站 ESD 放空阀门 ESDV 1807A、ESDV1809A、ESDV1907A、ESDV1909A，放空站内天然气。

5.4.1.4 可燃气体报警系统

在广州分站检定厂房、分析小屋及厨房设置了可燃气体探测器，可燃气体探测器选用固定点式，检测原理为红外补偿型。可燃气体探测器对报警信号的检测及显示精度优于 ±0.1%。报警信号上传至检定控制系统中。当检定厂房、分析小屋及厨房内发生异常时，可以实现自动报警，并自动联锁启动风机。

5.4.2 广州分站检定系统

广州分站检定系统主要由数据采集系统、工业计算机、服务器、网络设备、电源、打印机等硬件，以及专业检定软件组成，能够完成次级临界流喷嘴、工作标准涡轮流量计、核查超声流量计、温度变送器、压力变送器、在线色谱分析仪，以及被检流量计的流量、温度、压力等现场测量信号的采集、处理。同时对检定数据进行计算、量值确认、报表及检定证书打印等。能够监视检定过程中主要运行参数和设备状态。广州分站检定系统配置图如图 5.8 所示。

检定系统能够通过键盘输入或从管理系统数据库载入被检表的基本信息，设置检定参数。能对气体超声流量计、气体涡轮流量计、容积式流量计、涡街流量计和质量流量计进行检定，显示被检流量计不同流量点的重复性、示值误差、流量计系数等参数。

检定系统通过数据库管理维护，将每个工作标准流量计、核查标准流量计、被检流量计、次级喷嘴和温度、压力、差压变送器及在线色谱分析仪等设备的检定实时数据和计算结果进行长期保存和备份。每次检定的结果都能自动存储在数据库中，以保证检定数据的可追溯性。

检定系统采集的温度、压力信号采用 FF 总线模式，流量信号采集采用脉冲方式和模拟量信号，流量计、色谱分析仪的通信和诊断采用 RS485/以太网方式，数据流向图如图 5.9 所示。

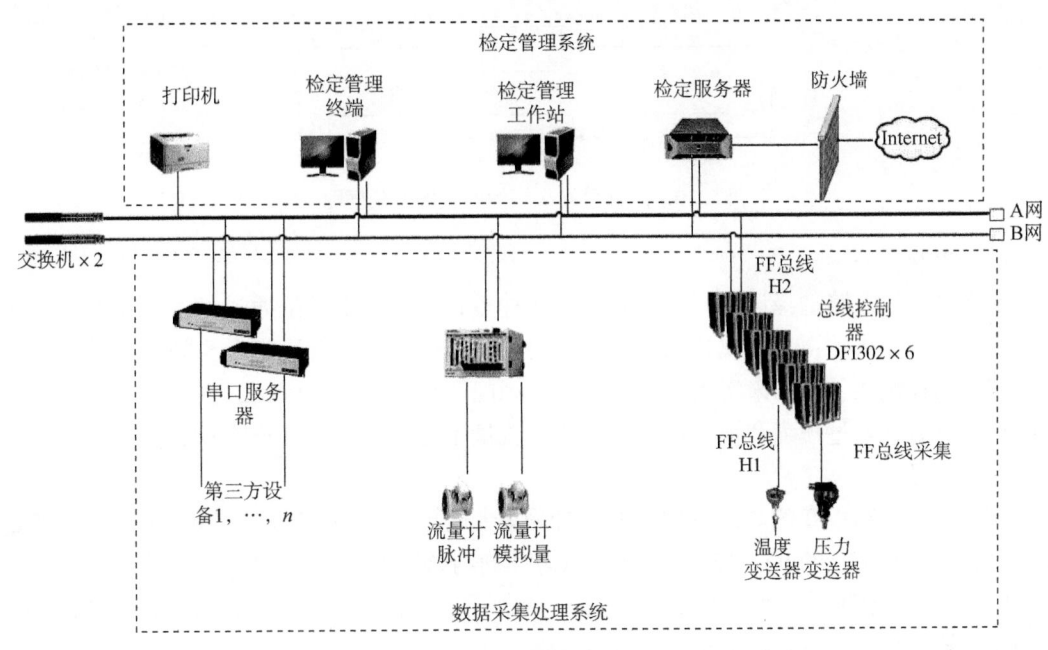

图 5.8　广州分站检定系统配置图

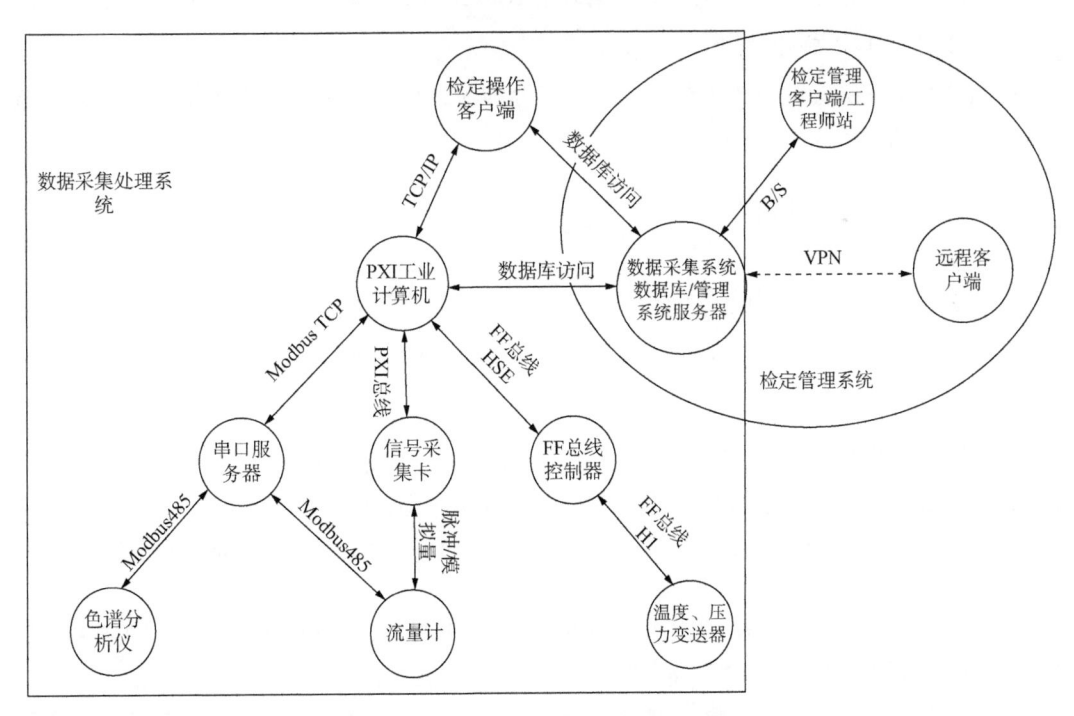

图 5.9　广州分站检定系统数据流向图

5.4.2.1　次级标准系统

广州分站次级标准系统主要完成次级标准流量计算,实现次级检定校准工作级标准涡轮流量计、核查超声流量计和被检流量计等,工艺框图如图 5.10 所示。

图 5.10　广州分站次级标准装置工艺框图

（1）控制。

次级喷嘴的流路选择设置有手动和自动两种模式，手动模式是通过站控系统控制相关阀门的开关来完成的；自动模式是由检定系统自动推送喷嘴的管路组合至站控系统，由站控系统自动控制相关阀门来实现，再通过分流阀门调整喷嘴的背压比，当达到喷嘴的临界背压比要求后，通过喷嘴和被检流量计的质量流量不再变化，即可开始检定。

（2）信号。

流量信号：选用 NI 的 PXI-6624 高速脉冲采集卡进行超声、涡轮、质量和容积式被检流量计脉冲采集，选用 NI 的 PXI-6238 高速电流采集卡进行差压式流量计的电流信号采集。

压力、温度信号：次级喷嘴、被检流量计的压力和温度信号 SMAR 公司的 DFI 302 现场总线控制系统进行数据采集。

组分信号：在线色谱分析仪的组分数据通过 TCP/IP 协议实时传送给检定系统和站控系统。

5.4.2.2　工作标准系统

广州分站工作级标准系统主要完成工作级标准流量计算，实现工作级检定校准被检流量计，工艺框图如图 5.11 所示。

图 5.11　广州分站工作级标准装置工艺框图

（1）控制。

工作级的管路选择设置有手动和一键检定两种模式，手动模式是通过站控系统控制相关阀门的开关来完成的；一键检定模式是由检定系统自动推送标准表的管路组合至站控系统，由站控系统自动控制相关阀门来实现，再通过分流阀门调整流量满足要求后，即可自动检定。

（2）信号。

流量信号：选用 NI 的 PXI-6624 高速脉冲采集卡进行超声、涡轮、质量和容积式被检流量计脉冲采集，选用 NI 的 PXI-6238 高速电流采集卡进行差压式流量计的电流信号采集。

压力、温度信号：次级喷嘴、被检流量计的压力和温度信号 SMAR 公司的 DFI 302 现场总线控制系统进行数据采集。

组分信号：在线色谱分析仪的组分数据通过 TCP/IP 协议实时传送给检定系统和站控系统。

超声流量计通信及诊断：核查超声流量计和被检超声流量计通过以太网/RS485 信号向监控计算机传输诊断信息。

5.4.2.3 自控功能及控制指标

（1）脉冲采集周期为 500ms，时钟同步在 100ns 以内。

（2）可同时采集 15 路脉冲信号，最大频率不低于 10kHz。

（3）压力、温度信号采集周期为 500ms。

5.4.3 智能检定

广州分站智能检定系统由 Smart Calibration、智能控制器、数字孪生体、智能检定客户端和 DCS 安全连锁逻辑 5 大部分组成。广州分站智能检定系统界面设置有手动和一键检定两种模式，手动模式是通过站控系统控制相关阀门的开关来完成的；一键检定模式是由智能控制器给出智能精准控制决策下发站控系统智能控制相关阀门来实现，自动调节分流阀门调整流量满足要求后，自动完成检定。

Smart Calibration 作为智能检定系统数据的枢纽交互中心，打破了原检定过程工控和数据处理系统之间的通信障碍，实现多系统数据与指令的融合互联、实时交互。

智能控制器作为智能检定系统的决策中心，通过建立检定工艺输入、输出参数的复杂智能控制器模型，应用神经元网络、专家经验、模糊控制等多种智能算法，给出智能精准控制决策。

数字孪生体是根据站场工艺流程、实时工况建立的水力仿真模型，是智能控制器模型策略模拟运行与辅助优化的重要工具。控制器给出的控制策略首先下达至数字孪生体进行模拟仿真验证，智能控制器进一步开展迭代优化运算至最优解。

智能检定客户端作为系统的操作站，通过有效性核查功能在检定开始前对标准装置的计量性能进行智能识别，检定过程中对温度、压力和流量进行实时监控，并通过期间核查功能对检定过程进行有效质量管控，确保检定结果准确、可靠。

DCS 安全连锁逻辑作为智能检定系统的安全保障，部署了超限保护、超速保护、流量调节保护、管路平压超压保护、进出站阀门互锁逻辑保护、压差及防断气保护等系列安全连锁逻辑，确保了系统运行的本质安全。

5.4.4 远程检定

广州分站在现场开展检定的基础上，能够通过流量仪表性能评价测试中心开展远程检定。流量仪表性能评价测试中心由虚拟化平台、数据库系统、大数据分析系统、可视化系统和网络安全设备等组成，连接南京、广州、武汉三地工控网络，归集计量检定和工艺流程数据，实现远程检定、数据分析和完整性管理等功能。

广州分站站控及检定系统通过生产网进行互相连接。站控系统具有独立的工程师站和操作员站，能够实现工艺流程控制；检定系统通过数据采集系统采集现场流量计数据，实现流量点设定、数据采集、流量计检定等过程。远程检定时现场按计划安装流量计升压检漏无问题后，广州分站的检定员和核验员在高创办公楼操作站控系统操作员站完成流量调节等工作，操作检定系统开展远程检定，若现场突发紧急情况，则退出远程检定模式，由现场站控系统工程师站接管工艺流程操作。远程检定功能的实现，提高了日常工作效率，解放了现场部分人力资源，使中心人员调配更加灵活，让现场作业人员能够投入更多的精力用于安全生产和科技创新工作。

5.5 设计、施工及运行经验

5.5.1 设计经验

5.5.1.1 系统集成

广州分站流量计检定主要涉及次级校准工作级、次级检定被检流量计、工作级检定被检流量计等三种方式，每种方式包括设备控制和检定数据采集及处理，如果每种系统单独开发，造成资源重复及不便于操作和维护，因此将广州分站站控系统、次级系统、工作级系统、流量计检定管理系统集成，使得系统统一开发、结构完整、兼容性及稳定性强，避免采用多种系统运行的不便，易于操作及维护维修，实现数据共享。

5.5.1.2 变送器选型及配置

广州分站检定厂房与控制室之间距离超过150m，存在信号传输衰减问题；次级、工作级和检定台位上温度和压力变送器多达114台，若采用(4~20)mA模拟量通信，变送器信号线至少有114对，信号传输可能存在干扰等问题，影响测量精度；若采用Hart通信，因其为模拟量和数字量过渡技术，可选择的信号采集设备很少，且信号刷新周期较长，不能满足信号刷新周期在500ms以内的检定技术要求；若采用FF总线通信，尽管FF通信具有纯数字信号、抗干扰能力强、每条总线能挂载多台变送器等优点，但是存在在保证计量精度要求前提下通信距离问题，经过与ELSTER、EMERSON、NI、罗斯蒙特、东方华智、丹东蓝信等国内外公司技术人员进行交流，确定可以采取有效措施解决信号传输距离远问题。同时为保证计量检定要求，对FF通信配置也确定了技术要求，每条总线上最多挂载5台变送器，能满足刷新周期小于500ms的技术要求。

5.5.1.3 温度变送器插入深度

广州分站设计阶段，温度变送器插入深度为管道内径的1/2，在流速较高的情况下产生振动，对于安全生产有较大影响，经技术咨询和调研，提出铂电阻插入深度符合GB/T 18604—2014《用气体超声流量计测量天然气流量》要求，管外护管统一为40mm，以保证温度测量准确可靠。

5.5.1.4 标准表与被检表间管容

使用次级和工作级标准开展流量计检定过程中，标准表台位和被检表台位之间管容内天然气会受环境条件等多方面影响，产生物性参数变化，会对量值传递的结果造成影响，管容越大，造成的影响就越大，建议通过工艺设计使标准表下游和被检表上游共用汇管，减少了标准表与被检表间管容，减少标准装置受外界条件的影响，进一步提高装置不确定度。

5.5.1.5 管线振动

广州分站投产后，由于检定厂房管路结构比较紧凑，弯头和三通较多，检定台位管线较长，管道内气体流速过快，易于形成涡流和产生管线共振。当流体大流量经过汇管形成涡流时，三通处的涡流可能会激发支管内流体的声学共振，流体声学共振发生后，在管道的弯头、盲端等位置产生激振力，从而导致管道振动。工作级标准装置经汇管 H502A 到次级标准装置的工艺管线，当流量达到 $(1700\sim2500)\,m^3/h$ 时，振动现象较为严重，同时由于汇管 H502A 口径仅为 200mm，设计人员只考虑按照设计规范满足输气量要求而没有考虑管线振动问题，若该汇管口径为 300mm，汇管内流速较低则运行过程中振动情况将明显改善。管线振动会造成增大管道系统材料、腐蚀、焊接等缺陷与振动耦合导致失效的风险，增加振动区域内流量计、阀门、压力表、压力变送器、温度变送器等设备的故障率，建议：

（1）在工艺设计阶段综合考虑管线振动问题，合理设计工艺管网及管道弯头、盲端的管道口径，防止流速过快加剧管线共振。

（2）针对已经存在的管线振动现象，可以通过调节管线高度、增加锁紧螺母、加密活动支撑，以及调整设备运行方式使工艺管线振动情况得到有效改善。

5.5.1.6 色谱分析仪和被检流量计通信

超声流量计、质量流量计和在线色谱分析仪等设备采用以太网方式进行通信，可以有效地解决 RS485 信号速率低、RS232 信号传输距离短等问题，能实现在控制室对现场仪表进行诊断，开展质量流量计检定期间的置零、组态查看、修正因子植入，超声流量计检定过程中的组态查看、声速核查、修正因子植入，以及色谱分析仪的配置等工作，提高检定效率。

5.5.1.7 氮气置换

在流量计拆装过程中会使用氮气对管线进行吹扫，如果使用液氮罐储存液氮再汽化为氮气，液氮存储和气化存在风险，维护维修困难，长期采购成本较高。建议采用空压制氮机，既提供仪表风，又能制作氮气，空气压缩机还互为备用，有效保障生产。

5.5.1.8 过滤分离器配置

站场来气的过滤分离可以依托上游站场的情况下，建议配置单独的过滤分离器，原因有以下两点：

（1）上游站场开展互联互通等形式的更新改造后，往往会造成输气流程变化，反输等流程可能会使用未经过滤分离的天然气流经站内。

（2）上游站场到本站的管道施工和吹扫阶段可能会有脏污积杂质，若未经过滤分离在运行阶段将随流量波动进入标准装置区域，对现场精密仪器的性能及阀门的密封面产生影响。

5.5.1.9 ESD 系统 UPS 电源配置

站控系统由 UPS 直接供电，现场进出站关键阀门和安全切断阀使用失电关逻辑。当现有 UPS 出现故障时，站控系统和 ESD 系统将出现供电失效，进出站关键阀门和安全切断阀将关闭，若此时流程在站内时，将可能出现流程被切断的情况，为提高系统运行可靠性，确保系统在站控系统供电失效的情况下仍能正常工作一定时间，以便用户能够及时采取有效措施对工艺状况进行处置，建议对 ESD 系统需单独设置后备 UPS 电源。

5.5.1.10 整流器配置

超声流量计上游安装的整流器需符合流量计制造厂家的要求，而各流量计厂家所采用的整流器规格型号各不相同，建议根据常见品牌流量计配置各种规格整流器，满足客户检定需求。

5.5.1.11 拆装工具配置

为提高现场拆装作业的安全可靠性，建议现场配置防爆电动液压扳手或防爆气动液压扳手，防爆电动液压扳手和防爆气动液压扳手具有低噪声，可靠性高，移动方便等特点。建议现场配置有2套液压扳手，一用一备，既可以提高现场工作效率，也保障两台液压扳手按期维保，保证现场安全生产。

5.5.2 施工经验

5.5.2.1 工艺管线焊接及重点工艺设备制造

在施工监管中，需要对管道钻孔、焊接的施工严加管控，避免焊渣等残留在管道内。对于重点工艺设备生产，驻厂监造应加强监造力度，防止出现质量问题。

5.5.2.2 管道水压试验

在管道水压试验过程中，使用短节替换涡轮流量计、超声流量计、临界流文丘里喷嘴等标准装置主标准器，防止计量器具性能受到影响。

5.5.3 运行经验

5.5.3.1 工作级标准定期维护

（1）流量计和变送器的维护：每季度对涡轮流量计进行注油维护；每周检查压力变送器引压管是否堵塞，对引压管进行排污，并进行压力平衡对比测试；每季度检查温度变送器套管内变压器油是否充足，否则补充，每周进行温度平衡测试。

（2）阀门检查：每月组织对工作级标准装置法兰连接、变送器卡套连接、伸缩器、阀门等所有位置进行一次外漏检查；每月对下游强制密封阀进行一次内漏检查；结合球阀入冬前排污进行内漏检查。

（3）标准装置参数确认：每季度对工作级标准主要参数进行确认，包括流量范围、出厂编号、口径、内径、K系数、规格型号、校准数据和日期、修正因子等。

5.5.3.2 次级标准定期维护

（1）喷嘴常规性维护：每年抽检3只喷嘴进行拆卸检查清洗，以保证在一个检定周期内12只喷嘴全部完成拆卸、检查、清洗。

（2）阀门检查：每月组织对次级标准装置法兰连接、变送器卡套连接、伸缩器、阀门等所有位置进一次外漏检查；每月对下游强制密封阀进行一次内漏检查；结合球阀入冬前排污进行内漏检查。

（3）标准装置参数确认：每季度对次级标准主要参数进行确认，包括口径、喉部直径、校准日期、修正因子等。

5.5.3.3 物性参数比对测试

（1）次级标准：每日进行气质组分比对，每周进行一次物性参数检查，对次级标准温度变送器和压力变送器进行测试，操作步骤如下：周五晚完成检定后打开次级标准装置管路上的阀门，关闭次级标准装置上下游阀门，静置8h。第二日早记录环境压力、环境温湿度、标准装置各路温度和压力，并对标准装置温度变送器、压力变送器核查记录内的数据进行比较分析，出现异常情况及时处理。

（2）工作级标准：每日进行气质组分比对，每周进行一次物性参数检查，对工作级标准温度变送器和压力变送器进行测试，操作步骤如下：工作级标准装置及检定台位压力变送器压力平衡后，压力变送器压力值差值不应超过7kPa；工作级标准装置温度变送器及检定台位温度变送器与二等铂电阻进行比对，被测设备温度值与标准值最大差值不应超过0.14℃；若压力变送器出现不合格，则使用压力实验室设备对其进行测试，验证测试结果；对于压力变送器、温度变送器确认为不合格的，办理维修或更换申请，并更新设备和装置资料。

5.5.3.4　气质脏污

上游站场开展互联互通等形式的更新改造后，往往会造成输气流程变化，当管道由正输变为反输的过程中，气质可能会发生变化，下游管网管道粉末杂质会随输气流程变化进入站内，会对现场精密仪器的性能及阀门的密封面产生影响，建议：

（1）定期组织对上游站场工艺流程开展分析，及时掌握历年的新增的设备管线及流程变化，结合本站全年流量计检定流量需求和气质需求，提出工作方案，保证量值传递准确可靠。

（2）加强生产调度和上游站场的沟通，当输气流程变化不确定来气气质是否存在脏污时，或管道有清管、内检测作业的情况，暂停检定作业，将站内流程切出，采取措施对来气气质进行验证，确认具备条件后，再开展检定测试作业，防止管道粉末杂质进入站内工艺管线。

（3）在标准涡轮流量计前安装过滤网或Y型过滤器，过滤网可根据气质情况，综合考虑过气能力、过滤效果，使用双层过滤网或更高目数滤网，对标准涡轮流量计进行保护。

（4）加强对次级喷嘴的检查和清理频次，在开展工作级校准前，抽查一定比例的喷嘴，对前端、喉部及后端，以及整流器进行拆卸检查，再开展校准，避免喷嘴脏污对校准结果造成影响。

5.5.3.5　小流量涡轮标准表保护

工作级标准使用小流量涡轮标准表开展检定期间，若上游站场或站内发生工艺流程误操作导致管道压力陡升或陡降，很有可能会造成小流量涡轮标准表流量突然增大，流速过快可能导致涡轮标准表整流器断裂或叶轮及转子卡死，建议：

（1）与上游站场签订安全生产管理协议，明确双方工作界面，加强沟通确认，了解掌握依托站场每日生产动态。

（2）在站控系统上部署工作级管路超限保护逻辑，当标准涡轮管路的流量超出设定的上限值的100%（可设定）时，站控系统自动关闭检定回路出站调节阀（出站调节阀设定为手动，同时给定0%阀位），给定旁通回路100%的开度（旁通管路上的调节阀设定为手动，同时给定100%阀位）。

（3）在站控系统中部署了进出站阀门互锁逻辑保护逻辑：进出站压差超过0.5MPa时，对进出站阀门进行逻辑锁定，防止误操作，避免干线阀门误操作造成涡轮流量计损坏。

6 武汉分站

6.1 机构概述

武汉分站挂靠在国家石油天然气管网集团有限公司西气东输分公司。设站长1人，由西气东输公司主管副总经理担任，常务副站长1人、副站长3人，下设综合科、党群科、经营与财务科、生产运行科、质量安全科、技术科、武汉计量检定室7个科室。

6.1.1 建站由来

2010年11月，国家质量监督检验检疫总局下达了《关于筹建国家石油天然气大流量计量站武汉分站的通知》，中国石化受国家质量监督检验检疫总局的委托依托川气东送管道工程建设国家石油天然气大流量计量站武汉分站。

2011年5月，中国石化下达《关于建设国家石油天然气大流量计量站武汉分站可行性研究报告》。

2012年10月，武汉分站移动式工作级标准完成建标。

2013年3月，武汉分站取得法定计量检定机构授权。

2013年6月，武汉分站工程项目开工。

2015年3月，取得《中国合格评定国家认可委员会实验室认可证书》。

2016年7月，武汉分站投产。

2017年1月，武汉分站工作级标准完成建标。

2017年2月，原级标准完成建标。

6.1.2 建站目的

世界上主要的工业化国家相继建成了具有高准确度水平的天然气流量标准装置，并确立了相应的天然气流量量值溯源和传递体系。北美以美国为代表，天然气原级标准装置主要采用了质量时间法(mt法)，将天然气量值溯源至质量和时间基准，对应的工作标准流量计主要为喷嘴；欧洲各国逐步统一了天然气体积流量量值，采用了高压活塞体积管法(HPPP法)原级标准装置，将天然气量值溯源至长度和时间基准，对应的工作标准流量计主要为涡轮流量计。我国天然气已建成了高压天然气原级标准装置为质量时间法(mt法)一种，为建立多种原理的国家天然气流量标准装置，完善我国天然气流量量值溯源和传递体系，进一步提高天然气计量的准确度和满足多种计量方式的量值溯源需要，2013年6月启动了武汉分站工程建设，2016年7月建成投产。

6.1.3 建站意义

武汉分站位于湖北省武汉市江夏区安山街道，占地约32亩，由生活区、检定厂房、工艺流程区三部分组成,是原国家质量监督检验检疫总局授权建立的法制计量检定机构,行政挂靠在国家管网集团西气东输公司武汉计量研究中心,可在全国范围内开展压力范围(2.5~10)MPa,准确度等级 0.5 级及以下,口径(50~500)mm 的天然气流量计实流检定/校准工作,年检定能力 770 台。武汉分站建有完整的天然气流量量值溯源与传递体系,设有 HPPP 原级标准装置、工作级标准装置、移动式天然气计量标准装置,其中 HPPP 原级标准装置不确定度为 0.05%($k=2$),工作级标准装置不确定度为 0.13%~0.16%($k=2$),移动式天然气计量标准装置不确定度为 0.33%($k=2$)。

武汉分站的建成,建立了以 HPPP 法原级标准装置为源头的天然气流量量值溯源与传递体系,满足了国内天然气工业发展的需要,有效缓解了全国天然气流量计检定资源供不应求的难题,可有效维护国家利益。同时,为开展国际国内的天然气流量量值比对及相关的研究工作提供了基础,促进国内天然气计量水平的进步,增进国际交流,提升我国在国际天然气计量技术领域的话语权。

6.2 量值溯源传递构成

6.2.1 量值溯源传递体系

武汉分站量值溯源传递体系包括 HPPP 原级标准装置、工作级标准装置、移动式天然气计量标准装置,HPPP 原级标准装置量值溯源至国家长度和时间基准,通过 HPPP 原级标准装置合成的天然气流量量值传递至两台 G250 传递涡轮流量计,利用传递涡轮对工作级标准装置进行量值传递,实现流量上限量程的拓展,使用此 G250 涡轮流量计对工作级标准装置上并联安装 4 台相同流量范围的 G250 标准涡轮流量计逐台进行量值传递,再将此 4 台标准涡轮流量计并联使用对 1 台 G1000 标准涡轮流量计进行量值传递,最后利用 G1000 标准涡轮流量计对 6 台 G1000 标准涡轮流量计逐台进行量值传递,完成工作级标准装置 11 台标准涡轮流量计的量值传递。使用中,通过标准涡轮流量计组合最终实现(20~9600)m³/h 检定流量范围,如图 6.1 所示。

通过对 HPPP 原级标准装置各量值的研究,建立了原级标准装置量值溯源和传递体系。HPPP 原级标准装置及配套计量器具周期进行量值溯源和开展量值传递工作。通过对工作级标准装置各量值的研究,建立了工作级标准装置量值溯源和传递体系。按照体系对工作级标准装置及配套计量器具周期进行量值溯源和开展量值传递工作。标准装置配套的压力、温度量值溯源至中国计量科学研究院压力和温度计量标准;气体组分溯源至国家二级标准物质,武汉分站量值溯源传递框图如图 6.2 所示。

6.2.2 原级标准装置

(1)组成及工作原理。

武汉分站 HPPP 法原级标准装置采用体积—时间法工作原理。通过准确测量标准体积管长度和直径计算得到体积管测量段标准体积 ΔV。测量过程中,活塞匀速通过体积管测量段,将测量段气体匀速推出,通过记录活塞通过测量段的时间 Δt,用式(6.1)计算得到天然气体积流量。

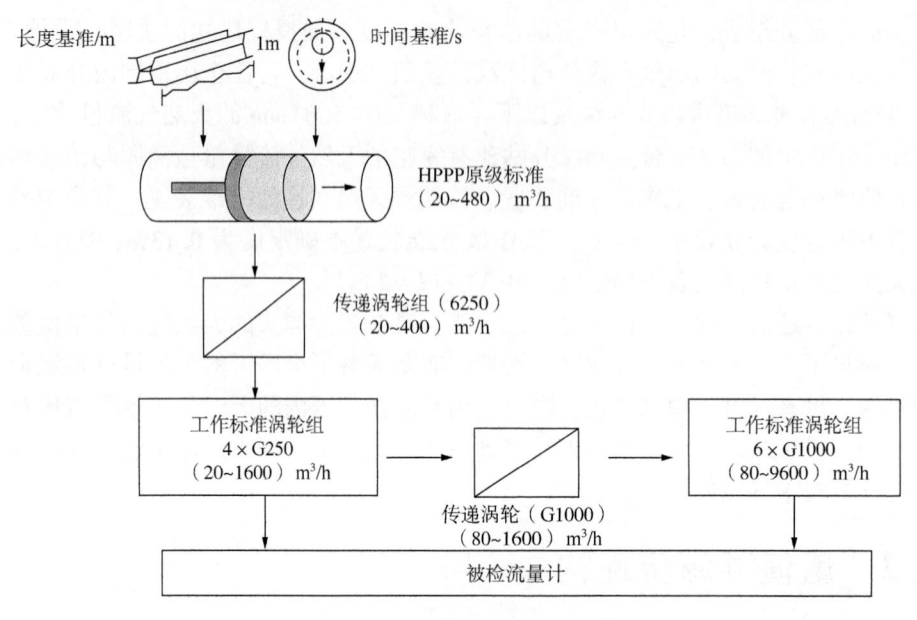

图 6.1 武汉分站天然气流量量值传递示意图

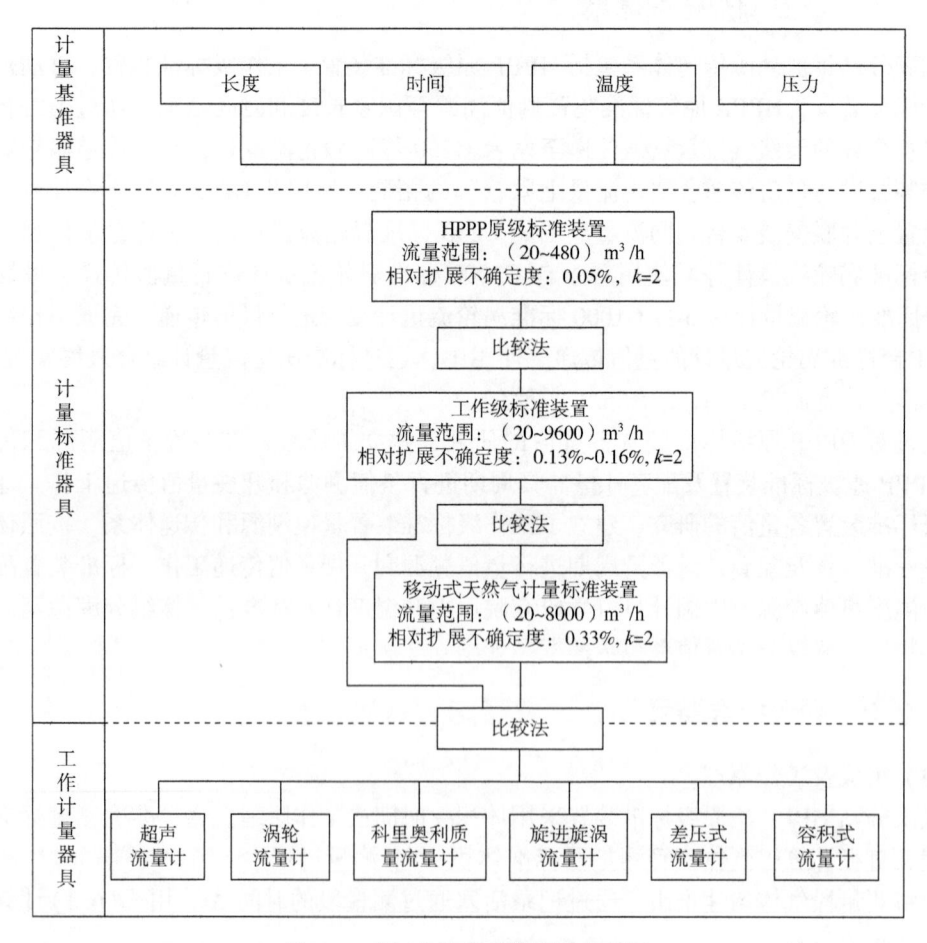

图 6.2 武汉分站量值溯源传递框图

$$q_V = \frac{\Delta V}{\Delta t} \tag{6.1}$$

式中　q_V——HPPP 测量的体积流量，m^3/s；

　　　ΔV——体积管标准段的容积，m^3；

　　　Δt——活塞通过体积管标准段的时间，s。

HPPP 法原级标准装置具体工作流程分为 3 个阶段，其工作原理示意图如图 6.3 所示。

① 准备阶段：工艺流程导通，天然气依次流过四通阀组、体积管、传递标准涡轮流量计和限流喷嘴组装置。系统进行稳压、稳流和温度平衡。此时活塞在体积管起始位置不运动，检测开关 a1 触发，如图 6.3(a)所示。

② 测量阶段：系统稳定后，通过四通阀组切换，天然气推动活塞从体积管一端开始加速运动。通过检测开关 a2 时，加速运动完成，进入匀速运动，触发计时器开始计时；通过检测开关 a3 时，到达测量段中间位置；通过检测开关 a4 时停止计时，测量结束；通过检测开关 a5 时，活塞到达体积管另一端，停止运动。用测量管段容积除以活塞通过测量管段的时间即可计算 HPPP 法原级标准装置复现的天然气体积流量。测量段中间位置检测开关 a3 用于判断活塞在测量段中是否处于匀速运动，如图 6.3(b)所示。

③ 复位阶段：通过四通阀组再次切换，改变体积管内天然气流向，将活塞推回至起始位置，如图 6.3(c)所示。

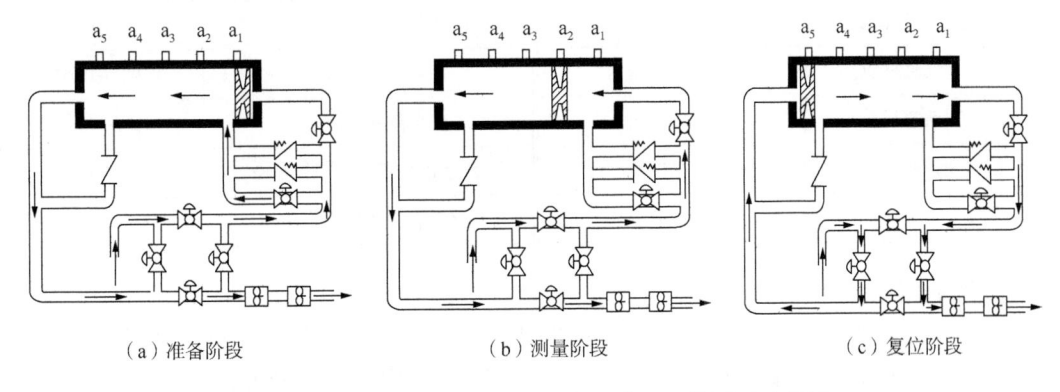

(a) 准备阶段　　　　　　(b) 测量阶段　　　　　　(c) 复位阶段

图 6.3　武汉分站 HPPP 法原级标准装置工作原理示意图

(2) 工艺流程。

HPPP 法原级标准装置成撬供货，主要由高压体积管、四通阀组、传递标准涡轮流量计、限流喷嘴组、几何测量系统等设备构成，其工艺原理如图 6.4 所示。

(3) 设备组成。

① 高压体积管。

高压体积管气缸主体由一根长度为 6m 的不锈钢圆柱体加工而成，活塞为铝制，其他管件和组件(如弯头、阀门等)材质为碳钢，其技术指标见表 6.1。

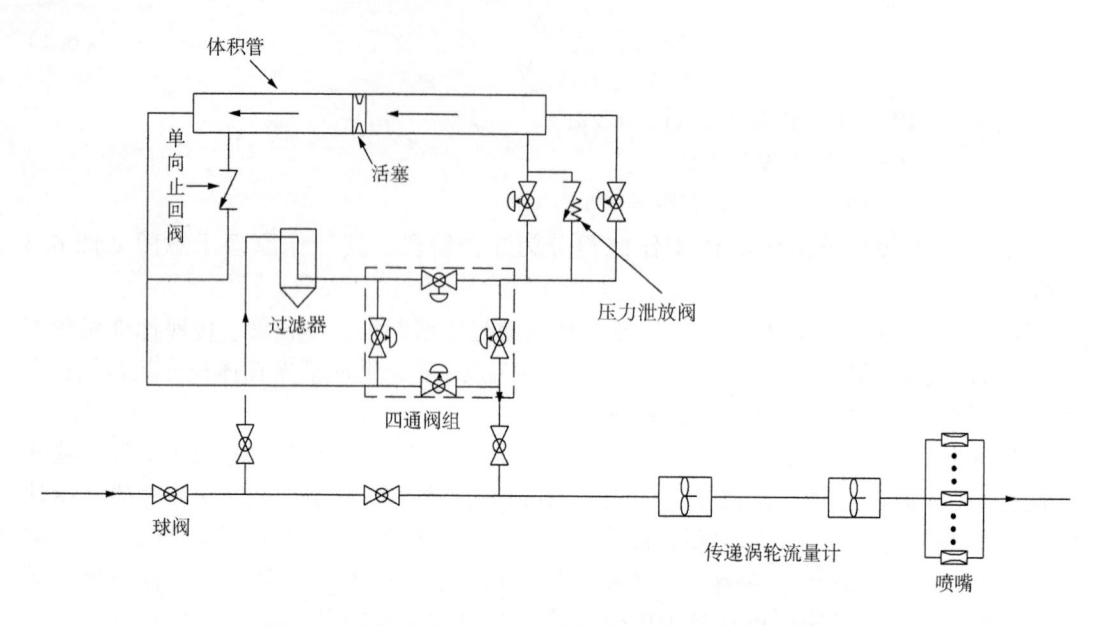

图 6.4 武汉分站 HPPP 法原级标准装置工艺流程示意图

表 6.1 武汉分站高压体积管技术指标

技术指标	参数	技术指标	参数
气缸长度/m	6	用于检定的置换体积/m³	0.148
测定部分长度/m	3	允许最大压力/MPa	10
气缸材质	不锈钢	活塞前后差压/MPa	0.007~0.011
活塞材质	铝	流量范围/(m³/h)	20~480
活塞支持和密封圈材料	聚四氟乙烯	几何法检定体积不确定性($k=2$)/%	≤0.02
气缸直径/m	0.250	体积流量不确定度/%	≤0.05

② 四通阀组。

四通阀组由 4 台口径为 100mm 的气动球阀(型号：FAF42)组成，同时配套自动验漏系统，可在阀门关闭时对阀门状态进行确认，确保阀门零内漏。驱动方式为气动/手动；公称压力为 ANSI Class600；生产厂家是 Böhmer/AMG。四通阀组用于组合开关动作，切换工艺流程，控制活塞的运动方向。

③ 传递涡轮流量计。

流量量值由 HPPP 标准装置传递至传递涡轮流量计后，采用标准表法流量测量原理，将量值传递至工作标准表。

本装置选用了两组传递涡轮流量计，一组为 2 个 G250 涡轮流量计，另一组为 2 个 G100 涡轮流量计。每组中的流量计均为两家供货商：RMG 和 Elster。两组涡轮流量计交替使用，技术指标见表 6.2。

表 6.2　武汉分站传递涡轮流量计技术指标

规格	尺寸/mm	流量范围/(m³/h)	量程比	数量/台	重复性	稳定性
G250	DN100	20~400	1:20	2	优于0.02%	0.05%/年
G100	DN80	8~160		2	优于0.02%	0.05%/年

④ 限流喷嘴组。

HPPP 对流速的稳定性要求很高，因此通过在 HPPP 标准装置下游安装喷嘴来确保流量稳定性，并可用于开展小流量量值传递。本装置配置了两组限流喷嘴，其技术指标见表 6.3。

表 6.3　武汉分站限流喷嘴组技术指标

喷嘴组合	流量/(m³/h)	喷嘴数量
第一组	400	1
	250	1
	160	1
	100	1
第二组	65	1
	40	1
	25	1
	16	1

⑤ 几何量测量系统。

针对 HPPP 标准装置设计制造了专用的几何量测量系统，包括长度测量系统和直径测量系统。

长度测量系统用于测量所述高压活塞体积管内的位置开关之间的距离。该系统包括两个基本组件。一个是在德国计量机构 PTB(Physikalisch-Technische Bundesanstalt)校准的线性致动器，另一个是线性台。为了测量长度，将活塞放置在管段内，并通过适配杆连接到线性台上滑动。首先，线性轴必须被固定在管段上并对准到高压管的凸缘。线性轴应平行于管段。在垂直和水平方向上都要保持准确。线性致动器被安装在管道的另一端，然后将绳子与活塞连接，所有相关的位置开关传感器的连接点都可以通过移动活塞的位置进行测量。

由测量长度 6m 的伺服传送台，传送台电动机控制系统(含力测量系统)、与活塞连接的传送轴及配套的软件系统组成，其主要技术指标如下：

a. 测量范围：7.5m；

b. 不确定度：50μm；

c. 重复性：20μm；

d. 工作环境要求：室温20℃±2℃，湿度(10%~90%)RH。

直径测量系统使用两个相对的传感器测量高压活塞体积管的直径。测量传感器被安装在管段内,通过绕着管段的轴线旋转,可以测量到旋转圆周上的任何一个点。因为该测量的升降范围只有900mm,所以必须多次改变装置位置,以测量管道的所有或选定区域。用一个德国的认可机构DAkks(Deutsche Akkreditierungsstelle)标准来校准测量传感器,DAkks标准被安装在测量头上,每一个测量行程开始之前,它都会对传感器进行校准,测量点数量的不同将影响测量时间的长短。

直径测量系统包括测量系统、传送器和配套软件系统,主要技术指标如下:

a. 测量范围:250mm;

b. 不确定度:10μm;

c. 重复性:1μm;

d. 工作环境要求:室温20℃±2℃,湿度(10%~90%)RH。

(4)主要技术指标。

① 测量介质:天然气;

② 工作压力:(4.0~10.0)MPa;

③ 测量范围:(20~480)m³/h;

④ 测量结果的不确定度:$U=0.05\%(k=2)$;

⑤ 测量重复性优于:0.03%。

6.2.3 工作级标准装置

(1)组成及工作原理。

标准表法天然气流量标准装置主要由涡轮流量计、超声流量计、温度变送器、压力变送器、在线气相色谱仪和数据采集处理系统等组成。采用涡轮流量计做标准表,用超声流量计做核查表。为了减小附加管容,通常将标准表法标准装置采用分区域设置,分为小流量检定系统和大流量检定系统。在高压天然气流量量值传递体系中,标准表法天然气流量标准装置通常作为工作级标准装置使用,用于对现场使用的天然气流量计进行检定或校准。

武汉分站工作标准装置采用标准表法工作原理,利用流体流动的连续性原理,将标准表和被检表串联,将标准涡轮流量计与被检流量计所测量的流量值相比较,经压力、温度、组分补偿换算至同一工况条件下,计算得到被检流量计的流量测量误差,确定被检流量计的技术指标。当检定流量在单台标准涡轮流量计工作范围内时,选用指定的单台标准流量计作为流量标准器;当检定流量超过单台标准涡轮流量计工作范围时,选用多台标准涡轮流量计并联作为流量标准器。

(2)工艺流程。

为减小管容对检定结果的影响,武汉分站的工作标准采用了分区域设置,由小流量检定系统、大流量检定系统及检定台位组成,如图6.5所示。

① 小流量检定系统。

小流量检定系统由5台准确度等级为0.2级的标准涡轮流量计组成(包括4台DN100mm和1台DN80mm),通过标准涡轮流量计的组合达到(20~1600)m³/h检定流量范围。标准涡轮流量计上游1对1安装了5台口径为100mm的超声流量计作为核查标准,

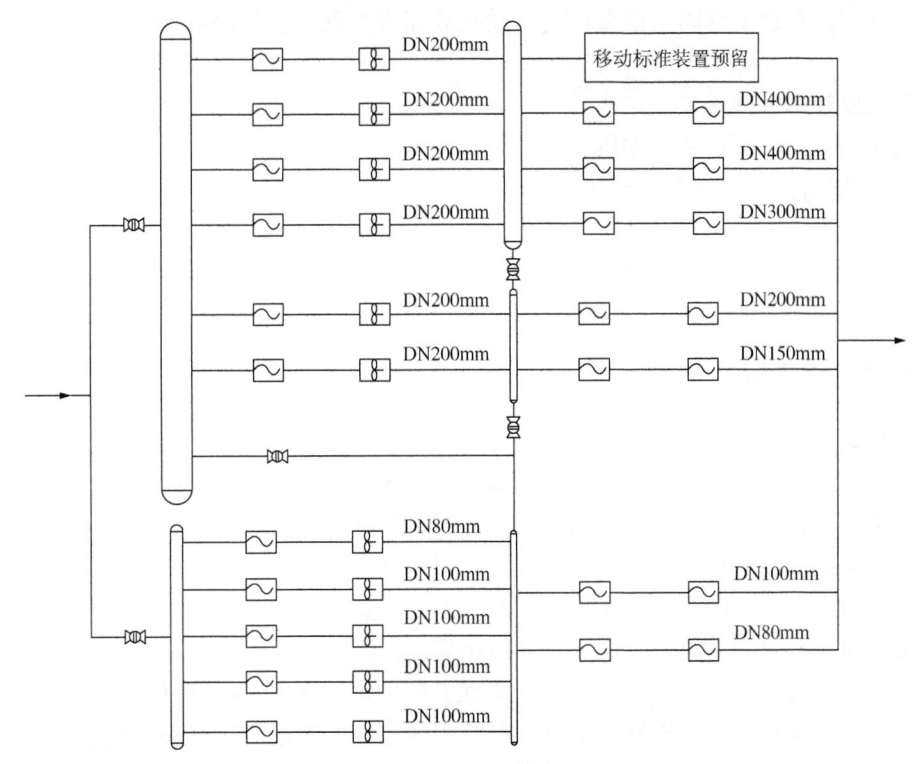

图6.5 武汉分站工作级标准装置工艺流程图

用于实时监测标准涡轮流量计的工作状态。

② 大流量检定系统。

大流量检定系统由6台准确度等级为0.2级的DN200mm标准涡轮流量计组成。通过标准涡轮流量计的组合达到(80~9600)m³/h检定流量范围。标准涡轮流量计上游1对1安装了6台DN200mm超声流量计作为核查标准,用于实时监测标准涡轮流量计的工作状态。

③ 检定台位。

小流量检定系统和大流量检定系统下游设计了7路检定台位,分别为DN80mm、DN100mm、DN150mm、DN200mm、DN300mm和DN400mm(2路),通过变径短节可以安装DN50mm~DN500mm的被检天然气流量计,每个检定台位可以同时串联安装2台被检流量计。另外,还设计了1对DN300mm的移动标准装置检定接口。

在每个检定台管路上设置一台液动伸缩器,便于被检流量计拆卸。设置1个防爆仪表接线箱,以便将被检流量计的流量信号、温度信号、压力信号接入控制系统中完成数据采集、计算。另外,还需要防爆仪表接线箱给被检台位处流量计、温度变送器、压力变送器提供直流电源供电(24V DC)。

④ 移动标准检定台位。

武汉分站工作标准装置上设置了一对DN300mm法兰预留接口,以便用工作标准对车载移动式标准装置上的标准流量计进行校准。根据检定流量,需要打开大、小流量核查标准表和大、小流量工作标准表,检定用气进入检定管路对车载移动式标准装置上的标准流量计进行校准。在检定管路上设置两台液动夹表器将车载连接管路和站场的检定管路紧密连接。

(3) 主要技术指标。
① 工作压力：(2.5~9.5)MPa；
② 流量范围：(20~9600)m³/h；
③ 扩展不确定度：$U \leqslant 0.16\% (k=2)$；
④ 测量重复性优于：0.04%；
⑤ 被检流量计口径：(50~500)mm。

6.2.4 移动标准装置

(1) 组成及工作原理。

移动标准装置采用标准表法流量测量原理，将整套标准装置安装在一个厢式卡车上。在检定流量计时，把移动标准装置运输到天然气分输计量站，与天然气计量系统上预留的在线检定接头连接，通过工艺管线切换，实现对计量系统（计量橇）上的各路天然气流量计的在线实流检定。移动标准装置主要用于对天然气计量站内的天然气流量计进行在线实流检定或配合检定台位工艺流程开展离线实流检定。

移动标准装置采用标准表法流量测量原理，在检定过程中，把移动标准装置运输到天然气计量站内，与天然气计量站内的计量系统串联安装，通过工艺管线切换，对计量系统（计量橇）上的各路天然气流量计进行在线实流检定。检定过程中，将标准涡轮流量计与被检流量计所测量的标准流量值相比较，经压力、温度、组分换算，计算得到被检流量计的流量测量误差。移动标准装置主要用于对天然气计量站内的天然气流量计进行在线实流检定或配合检定台位工艺流程开展离线实流检定。

(2) 工艺流程。

根据检定工况流量(20~8000)m³/h，选用3台不同口径的涡轮流量计并联组合组成工作标准，选用1台DN300mm超声流量计作为核查标准，外加调节阀、强制密封阀、平衡阀、整流器、直管段和汇气管等设备，组成了1台超声流量计与3台并联的涡轮流量计相串联的工艺流程。天然气先从DN300mm入口流经整流器、直管段、超声流量计进行总量核查，通过汇气管、强制密封阀、整流器、直管段，再流经其中的一路涡轮流量计进行流量计量，最后经流量调节阀后流出DN300mm出口。根据流量大小，选用不同口径的涡轮流量计，检定时3台并联的涡轮流量计只使用1路，用电动球阀进行流程切换。武汉分站移动标准装置的工艺流程图如图6.6所示。

(3) 主要技术指标。
① 工作压力范围：(2.5~10.0)MPa；
② 流量测量范围：(20~8000)m³/h；
③ 测量结果的不确定度：$U=0.33\% (k=2)$；
④ 测量重复性优于：0.04%；
⑤ 检定流量计口径：(50~300)mm。

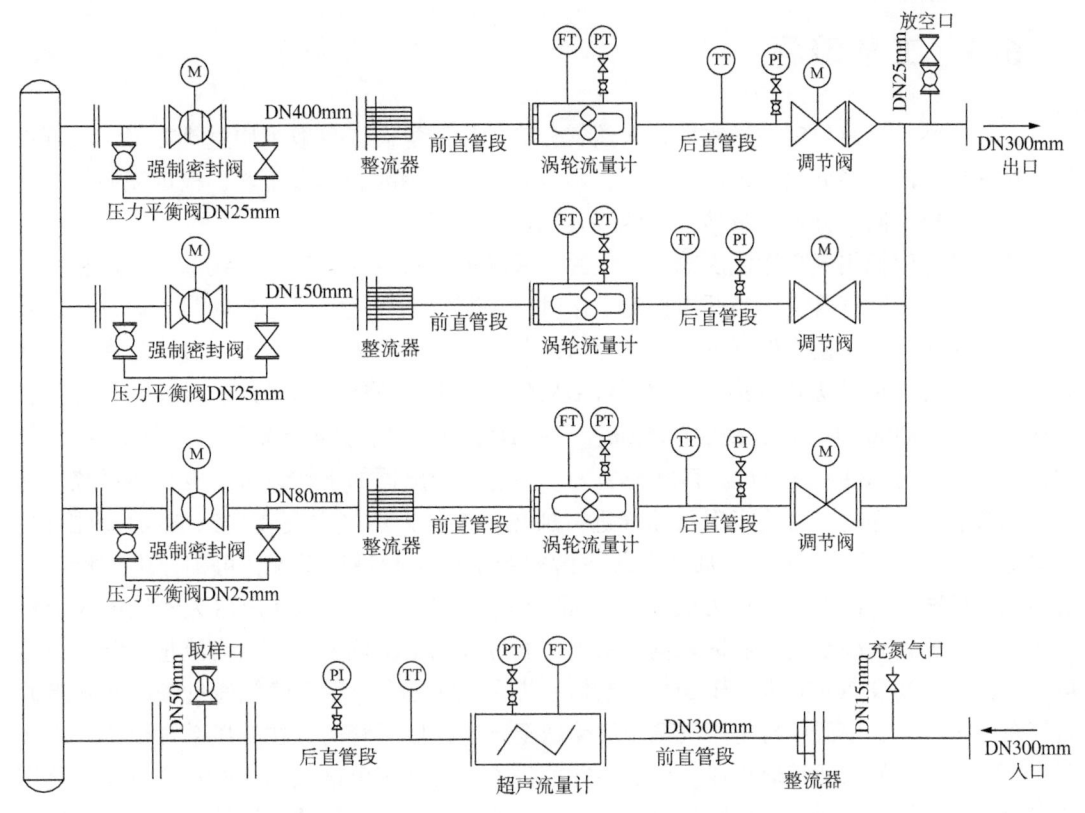

图 6.6 武汉分站移动标准装置工艺流程图

6.2.5 检定能力

武汉分站可开展 DN50mm~DN500mm，准确度等级为 0.5 级及以下，设计压力为 2.5MPa 以上的天然气超声流量计、涡轮流量计、质量流量计、速度式流量计、容积式流量计实流检定/校准工作，年检定能力 770 台，详见表 6.4。

表 6.4 武汉分站天然气流量量值溯源能力情况统计

标准装置类型		不确定度/%	最大口径/mm	流量范围/(m³/h)	压力范围/MPa	建标时间	挂靠单位	年检定能力/台	取得资质
原级	HPPP	0.05	100	20.00~480.00	4.0~10.0	2021年	西气东输公司	770	社会公用计量标准、CNAS 认可
工作级	标准表法	0.13	200	20.00~1600.00	4.5~9.5	2019年	西气东输公司		
		0.16	500	80.00~9600.00	4.5~9.5	2019年	西气东输公司		
		0.29	500	20.00~9600.00	2.5~4.5	2019年	西气东输公司		
移动式工作级	标准表法	0.33	300	20.00~8000.00	2.5~10.0	2013年	西气东输公司		

6.3 工艺流程

高压天然气计量检定站通常依托天然气分输计量站建设，一般采用直排方案，从分输计量站来的天然气经分流、过滤、调压、调流后，流经标准表和被检表，检定完用气根据检定压力等级返回至分输计量站主干线或其他低压管网。

武汉分站依托川气东送武汉输气站气源，武汉输气站内拥有高压干线输气管道和去城市燃气的中低压输气管道。当开展检定工作时，关断主干线或支线上的阀门，通过切换武汉分站进出站阀门，使天然气进入武汉分站工艺管道，然后天然气再进入过滤分离器，武汉分站共设有 3 台过滤分离器，其中两台 DN1000mm 的过滤分离器为工作标准配套使用，过滤能力为 9600m^3/h，过滤精度为 5μm；一台 DN400mm 的过滤分离器为原级标准配套使用，过滤能力为 480m^3/h，过滤精度为 2μm。在过滤分离器的下游设置了电加热系统，在原级标准装置工作时，对检定用天然气进行加热，控制天然气温度在(12~25)℃范围内，1h 内温度波动小于±0.5℃。在加热系统下游安装了调压和稳压系统，可确保进入检定厂房内流量标准装置的天然气压力波动在 30min 内小于 0.5%。调压完成后天然气进入天然气流量标准装置和检定台位后进入调流系统，通过调流系统调节检定所需流量，调流系统可控制流量波动在 30min 内小于 5%。调流完成后，高压检定用天然气通过进出站阀组回川气东送主干线，中低压检定用气调压后输送至下游的低压管网。在调压系统出口处设置了一个分析小屋的天然气取样口，分析小屋配备了在线气相色谱仪和在线水露点仪。色谱仪实时分析的气质组分用于检定过程中不同工况条件天然气体积的转换计算；水露点仪实时分析天然气的水露点，监视检定用天然气气质是否满足要求。检定站工艺中还配备了一台压缩机，用于对检定台位放空天然气进行回收，通过压缩可排至下游低压管网，减少天然气的浪费，保护环境。武汉分站的工艺流程如图 6.7 所示。

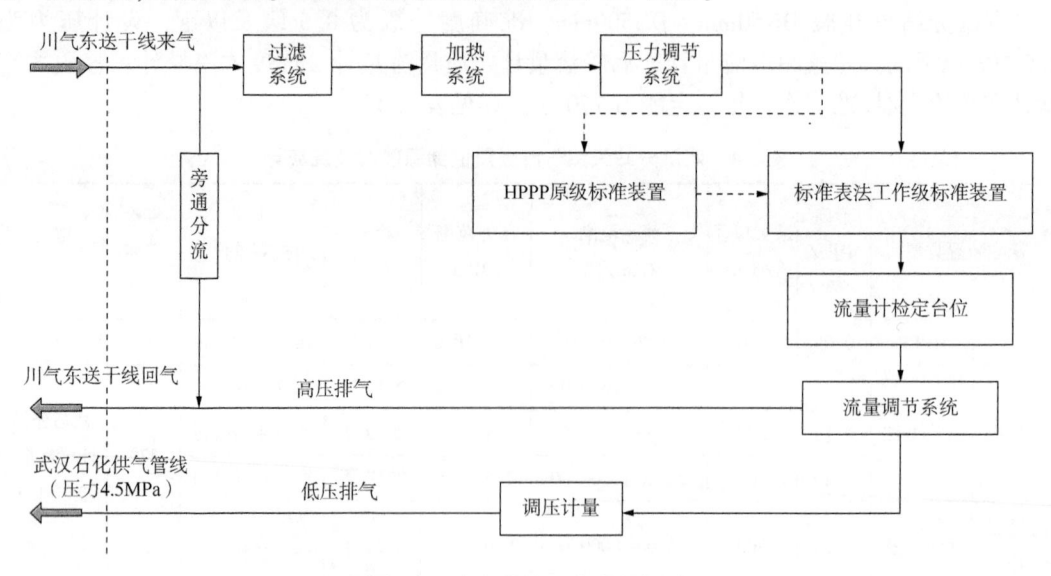

图 6.7 武汉分站工艺流程框图

武汉分站标准装置工作流程有如下四个模式：

(1) 原级标准装置工作流程。

用原级标准装置校准工作级标准装置中 G250 传递涡轮流量计工艺流程为：

分输站来气→进站调流→加热→调压→稳压→HPPP 原级标准装置→G250 传递涡轮流量计→调流→武汉石化低压管道排气。

(2) 用 G250 传递涡轮流量计量值传递给小流量工作标准工作流程为：

分输站来气→进站调流→调压→稳压→小流量工作标准涡轮流量计→G250 传递涡轮流量计→调流→川气东送干线或武汉石化低压管道排气。

(3) 小流量工作级标准量值传递大流量工作级标准工作流程为：

分输站来气→进站调流→调压→稳压→小流量工作标准涡轮流量计→大流量工作标准涡轮流量计→调流→川气东送干线。

(4) 工作级标准量值传递被检流量计工作流程为：

分输站来气→进站调流→调压→稳压→核查标准→工作级标准装置→被检流量计→调流→川气东送干线或武汉石化低压管道排气。

6.3.1 进出站流程

进出站流程主要包括 1 路进站、1 路出站、1 路越站、1 路流量旁通，该单元具有流程切换、天然气越站及调节进站流量的作用。主要通过回气旁通调节检定所需气量，不开展检定工作时天然气通过越站旁通返回主干线，如图 6.8 所示。

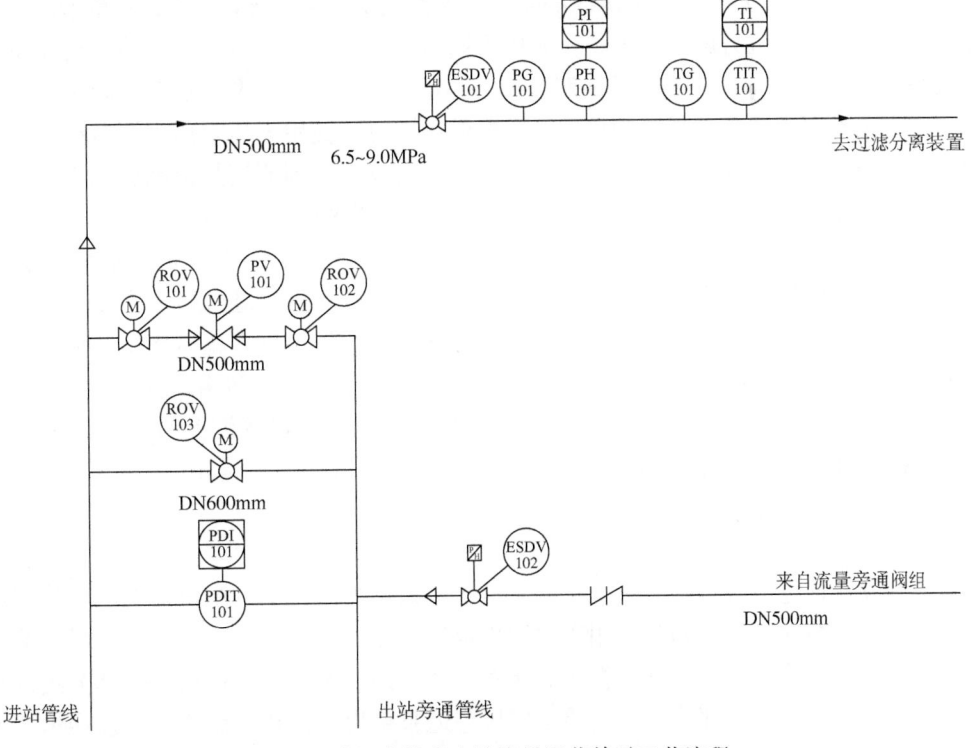

图 6.8 武汉分站进出站流量调节单元工艺流程

进出站单元与武汉分站最大流量匹配,满足工况流量为9600m³/h(在9.0MPa下),标况流量为864000m³/h。各参数设定如下:

(1) 控制参数:武汉分站进出口压差,连续调节;
(2) 电动执行机构全开到全关用时:不超过90s;
(3) 安装管径:DN600mm/PN100/ANSI Class600;
(4) 最大噪声级别:不超过85dB;
(5) 流量:Q_{max} = 1080000m³/h(压力9.0MPa,流量12000m³/h);
(6) 入口压力:$p_{min,in}$ = 6.5MPa,$p_{max,in}$ = 8.9MPa;
(7) 出口压力:$p_{min,out}$ = 6.2MPa,$p_{max,out}$ = 8.6MPa;
(8) 前后压差:Δp_{max} = 1.0MPa,Δp_{max} = 0.2~0.3MPa。

将天然气从输气站切换至武汉分站的具体操作流程如下:打开武汉输气站通向武汉分站的进出口手动球阀ROV001、ROV003和武汉分站越站旁通上的电动球阀ROV103,关闭武汉输气站越站旁通上的气液联动截断阀,将川气东送干线天然气引入武汉分站,这时检定用气量由武汉分站调控。当计量站用气要从主干线分流时,打开ROV101、ROV102球阀和PV101流量调节阀,关闭ROV103电动球阀,这时武汉分站检定流量的大小由PV101流量调节阀控制。

6.3.2 压力调节流程

压力调节系统包括大压差调节系统、稳压系统,其中大压差调节系统由1条DN400mm、1条DN100mm调压支路及1条DN500mm旁通支路组成,稳压系统由1条DN500mm、1条DN150mm、1条DN50mm调压支路及1条DN500mm旁通支路组成。在检定过程中通过大压差压力调节系统将介质压力调节至所需压力附近,然后通过稳压系统进行二次调压稳压,利用PID压力反馈调节技术,消除压力波动。调节逻辑如图7.23所示。

(1) 大压差压力调节控制:当检定需要降低压力时,使用大压差压力调节控制,大压差调节阀组分两路,分别是DN100mm、DN400mm调节阀,调节流量范围分别是(8~280)m³/h、(250~1800)m³/h,根据需求的最大流量选择相应的调节管路,每一路上的调节阀与出管汇上的压力变送器PIT-201构成调节回路。压力可在4.5~9MPa范围内任意调节。当检定压力为来气压力时,经过大压差压力调节阀组的旁路直接进入稳压装置。

(2) 稳压装置控制:经大压差压力调节或旁路后的天然气进入稳压阀组,稳压阀组设置了DN80mm、DN200mm和DN500mm三路稳压阀,调节流量范围分别是(8~280)m³/h、(250~1800)m³/h、(1700~9600)m³/h,每路上的稳压阀与出口管汇上的压力变送器PIT-202构成稳压回路,压力稳定精度为0.5%,如图6.9所示。

6.3.3 流量调节流程

流量调节系统包括流量调节区及流量旁通区,采用被检台位下游流量调节与检定区流量旁通联锁调流技术,流量调节区用于控制检定用天然气流量,旁通区用于及时分流多余流量,进一步保证检定流量点流量恒定。天然气经过滤、调压、稳压后,一部分进入检定区域用于流量计检定,一部分可通过检定区域旁通直接出站,在控制进出站差压恒定的前提下,由于干线流量增加或压力波动,进站流量增加,为保证检定用气量恒定,可从检定

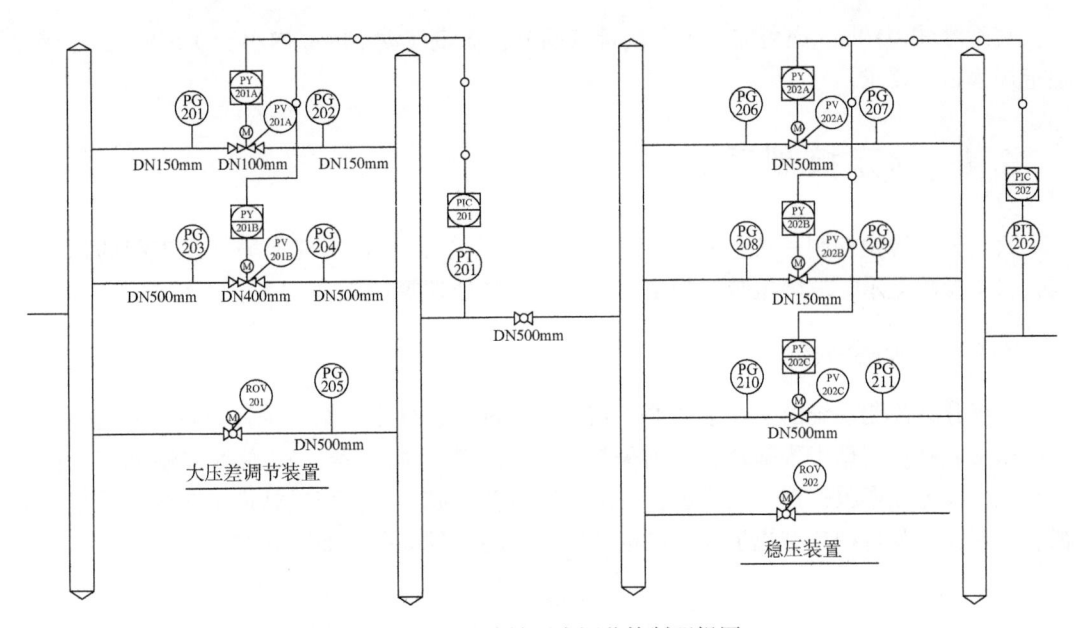

图 6.9 武汉分站压力调节控制逻辑图

区域旁通分流，联合作用实现流量的稳定。

流量调节单元包括 3 路流量调节阀组和 2 路流量旁通阀组，流量调节阀组和旁通阀组组合使用。3 路流量调节阀组尺寸分别为 DN50mm、DN150mm、DN500mm，2 路流量旁通阀组尺寸分别为 DN150mm、DN500mm。武汉分站的流量调节阀组选用 Mokveld 的 DN50mm、DN150mm 和 DN500mm 流量调节阀各 1 台，流量旁通阀组选用 Mokveld 的 DN150mm 和 DN500mm 流量调节阀各 1 台，其型号是 RZD-REQX，配套 Rotock 电动执行机构，如图 6.10 所示。

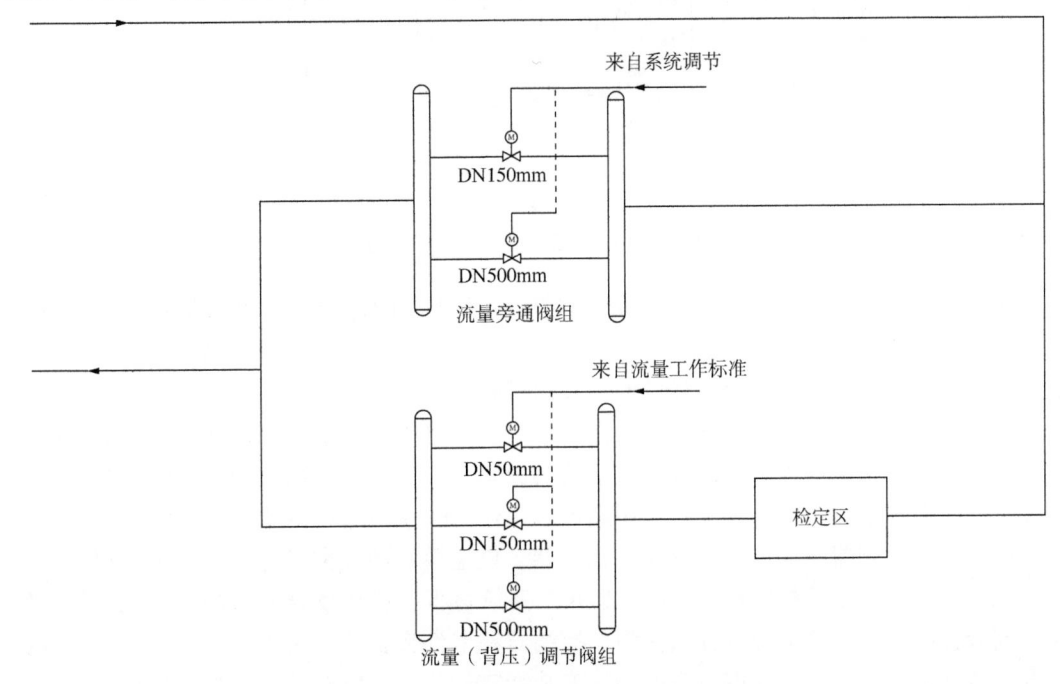

图 6.10 武汉分站流量旁通联锁调流示意图

实际测试，10min 内可完成 1 个流量点调节，流量波动 30min 内小于 0.5%，优于国家检定规程指标要求。

6.4 检定控制系统

武汉分站检定控制系统包括控制系统与检定系统，主要实现现场工艺流程的远程控制、状态参数显示、故障报警、检定数据的采集与处理等功能。

6.4.1 站控系统

武汉分站控制系统由艾默生的 DCS 控制器 Deltav、操作员站、工程师站、应用站、检定操作站、检定管理工程师站、数据采集工控机、串口服务器、FF 总线控制系统、报警打印机、检定数据服务器、交换机、路由器等设备组成，主要完成站内工艺数据采集、监视、控制，以及各种类型流量计的检定校准等功能。具体配置如图 6.11 所示。

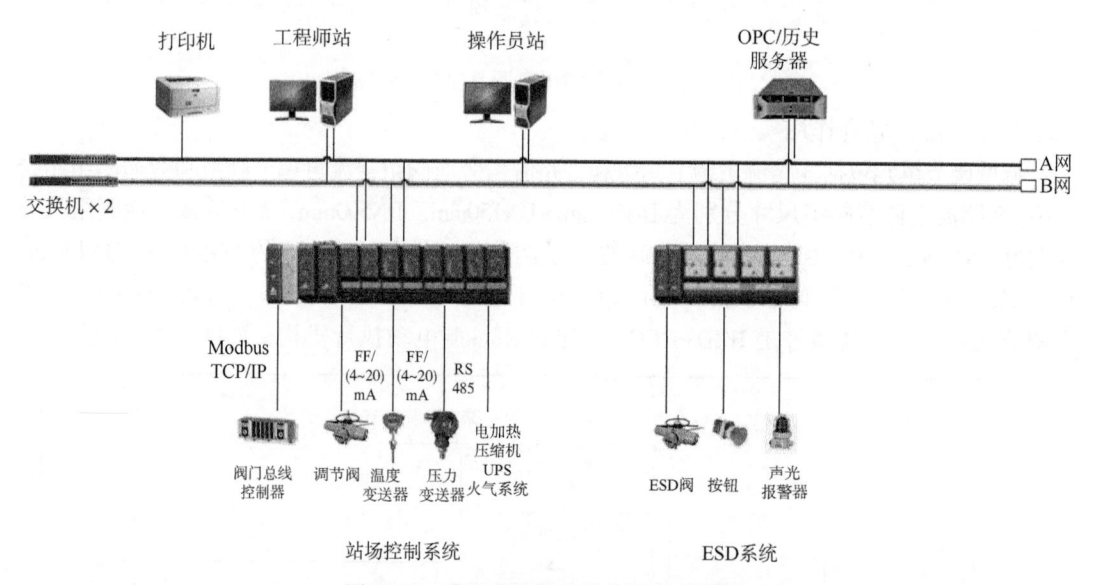

图 6.11 武汉分站站场控制系统配置图

武汉分站站控系统采用以艾默生 DeltaV DCS 为核心的监控和数据采集系统，系统包含基本过程控制系统（BPCS）和安全仪表系统（SIS），均采用同一品牌产品，可以无缝地整合在一套系统中，完成对整个站场的监控和运行管理。

DeltaV 的工作站分为工程师站、操作员站、应用站等，其中应用站具备 OPC Server 功能并可通过第三块网卡以太网的方式连接到其他系统，实现不同系统间的实时数据交换等功能。根据系统配置功能的需要，应用站可以用作 OPC 服务器、AMS 服务器等。

DeltaV 的控制器及 I/O 子系统包含控制器、供电模块和各类卡件，卡件负责现场信号采集及处理，由控制器执行控制策略。DeltaV 系统可根据应用场合的需要采用冗余控制网络、冗余控制器、冗余电源等冗余措施。控制器和卡件将安装在底板上，各类卡件可根据需要随意安装在底板上，无需特定的卡件安装特定的位置，所有的部件都是自动感应和分配地址，无需人员手工干预。

DeltaV 的控制网络是对等的冗余以太网结构，在机柜间和中央控制室集中配置冗余的交换机，并通过冗余的网线构成系统控制的主、副网络。站控服务器、操作站等的主副网卡、主副控制器的主副网口，通过网线分别连接到系统控制网络的主副交换机上。DeltaV 系统的控制网络采用 TCP/IP 的通信协议，系统自动分配各节点的 IP 地址。每套 DeltaV 系统可支持最多 120 个节点，系统结构灵活，规模可变，易于扩展。

工程师站负责全局数据库的组态及组态数据库的维护。配置有系统组态、操控、维护及诊断等软件包，具备了操作员站的所有功能。主要功能包括：过控单元的操作界面，全局数据库及控制策略的组态，事件报警记录的浏览，各个控制器、工作站、I/O 卡件及整个网络的诊断。

DelatV 的操作员站预先定制了标准的操作面板及详细面板，以此来统一对所有模块的操作，报警浏览表、流程图及模块详细信息等都会有直观的统一界面。系统将通过对报警的分级、显示及管理使操作员可以准确无误地关注到最重要的报警信息，并可以直接通过报警栏处理最高级别的报警。

DelatV 的应用站可用于存放历史数据库，同时可作 OPC 服务器实现系统对外的接口。此外，应用站也可以配置各种优化或管理软件来实现其他特定的功能。应用站的主要功能特点包括：OPC 服务器直接访问系统数据库，为客户端软件的应用提供快速、准确、可靠的数据；历史数据库用于存放模拟及数字量的记录。

DeltaV 系统的控制器用于管理所有在线 I/O 子系统、控制策略的执行及通信网络的维护，同时报警和事件的时间标签由控制器执行，以确保精确的事件顺序记录。对于冗余配置的控制器，在工作时会有一个处于激活状态，而另一个待机状态的控制器会拥有相同的设置，并会映射在线控制器的所有操作。一旦在线控制器发生故障，待机状态的控制器将会自动切换到激活状态。并且，系统可以在故障控制器被替换后自动执行初始化，使系统恢复冗余配置。当网络发生故障的时候，控制器会保留最后收到的有效数据。

DeltaV 的组态工具主要由 DeltaV Explorer 浏览器和 DeltaV Control Studio 组态工作室两部分组成，支持中文界面。DeltaV 系统诊断工具 DeltaV Diagnostics Explorer 对控制系统，以及现场仪表的维护及诊断提供了有效的策略，提供全系统范围的现场设备级的深度诊断，覆盖 DetlaV 和 DeltaVSIS 及仪表，帮助操作人员快速了解控制网络通信的状况、DeltaV 控制器及 I/O 卡件、SIS 逻辑处理器和现场智能化仪表的运行状况。

DeltaV 的事件记录帮助操作人员采集最完整的数据值及其对应的时间标签，尽可能精确反映出报警事件发生的真实状况，如图 6.12 所示。

事件记录采集包括多个控制器和工作站在内的所有系统事件，如操作员改动、回路参数调整、控制模块修改、组态、下装、报警和设备状态改变等，同时每种事件的相关信息，如谁做的改动和什么时候发生的改动都被记录。DeltaV 过程历史浏览应用将直接访问事件库，事件记录将按时间顺序显示，并使用不同的颜色来区别事件的类别；此外提供过滤功能方便用户进行报警事件分析，可按日期/时间、事件类型、分类、区域、节点或模块对事件进行过滤。

武汉分站站控系统数据流向如图 6.13 所示。

图 6.12 武汉分站 DeltaV 系统的事件记录

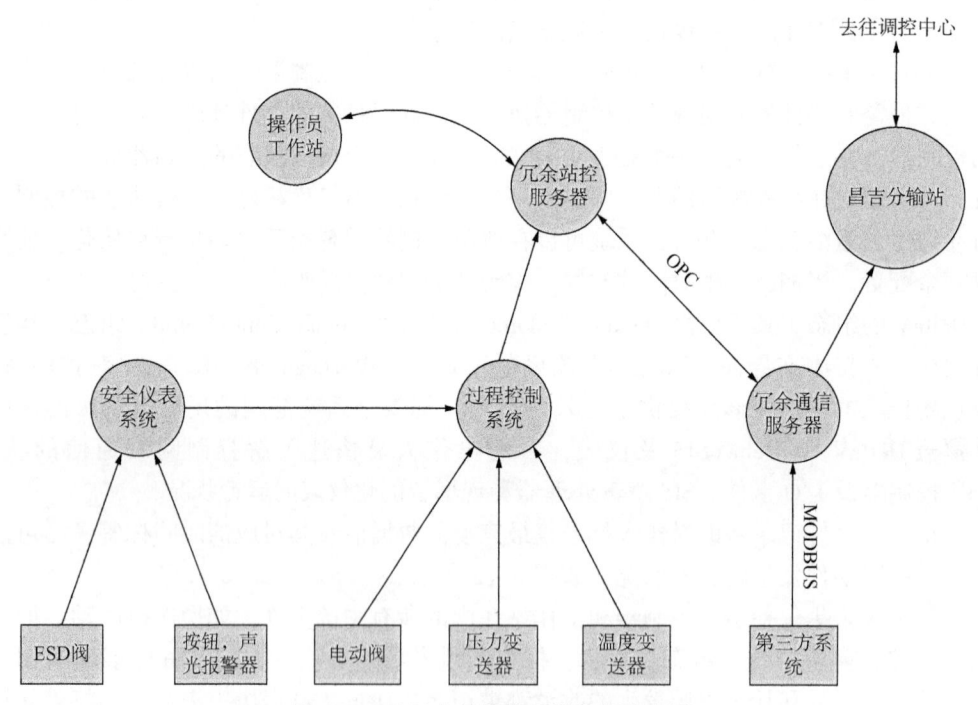

图 6.13 武汉分站站控系统数据流向图

6.4.1.1 安全仪表系统

武汉分站站控系统中安全仪表系统采用 DeltaVSIS 系统，是采用完全数字化结构的一套全新系统，作为 PlantWeb 工厂管控网机构体系的核心部分，是全球首个数字式自动化系统。

DeltaVSIS 是基于现场考验的数字化工厂结构设计，引入安全回路（SIF）概念，整合了安全认证的智能传感器和最终控制机构，以及智能逻辑控制器的一体化解决方案。

（1）智能 SIS。

DeltaVSIS 结合智能现场设备应用、预测技术和数字通信，连续诊断测试整个安全回路（SIF）的健康状况，其内嵌的 HART 功能读取由智能传感器和执行机构提供的维护预警信息，从而减少了虚假跳车发生的可能性，最大程度确保生产安全。例如：

① 将部分行程中的阀门状态立即报告给操作员；
② 使用 HART 状态变量以防止异常情况；
③ 检测现场设备的接地漏电流；
④ 了解智能设备故障以提高可用性；
⑤ 检测非致命故障并发出预防性维护警报；
⑥ 检测仪表正处于维护状态并发出警报。

（2）架构。

DeltaVSIS 采用分散的设计，系统结构和规模灵活可变，消除了集中 CPU 所带来的单点故障点。模块化的逻辑控制器硬件具有 16 个可组态的 I/O，添加一个逻辑控制器时，将自动增加内存和 CPU。DeltaVSIS 逻辑控制器包含冗余的 CPU，每个逻辑控制器的每个通道都可根据需要组态为不同类型 I/O（AI/DI/DO），满足用户安全回路（SIF）的控制要求。根据不同规模的安全应用要求，DeltaVSIS 的在线扩展非常简便。

（3）工程软件。

DeltaVSIS 的文件浏览管理器类似于微软的文件浏览管理器，鼠标拖放、鼠标右键点击操作可选等功能方便易用；DeltaVSIS 文件浏览管理器包含预定义的控制策略库、数字总线设备库、DeltaVSIS 系统在线帮助和自动产生控制策略文档等功能，以及电子表格方式批量编辑功能，可以简便地完成组态工作。

（4）模块化硬件。

DeltaV 和 DeltaVSIS 的模块化硬件设计及任意安装的位置实现了硬件简单灵活的安装方式；符合空气污染 G3 标准和危险区域 Class1、Div2 区标准的设计；硬件的自动识别和即插即用功能使得安装极为容易，控制器和卡件带电插拔可随时进行维护和系统扩展。

（5）网络结构。

DeltaVSIS 实现了 DCS 与 SIS 之间的真正集成。DeltaVSIS 与 DeltaV 共享软件平台，包括相同的组态软件、同样的历史采集软件、同样的时间报警记录软件、同样的操作员界面。但又在供电及通信上保持了绝对的独立。从而满足了 IEC61511 与 IEC61508 所要求的 DCS 与 SIS 之间必须独立的要求，如图 6.14 所示。

对于安全相关的功能，DeltaVSIS 有专门的硬件 SLS1508，逻辑处理器、输入和输出封装在一个单一模块中；不论 DeltaV 状态如何，它都将连续处理和执行安全联锁逻辑。

DeltaV 网络上的各节点在 DeltaV 控制网络上进行通信；DeltaV 控制器自动映像所有安全系统参数，提供工程师和操作员站访问逻辑控制器的通信路径；逻辑控制器之间，不同的 DeltaVSIS 之间采用通过 TÜV 认证的安全网通信。

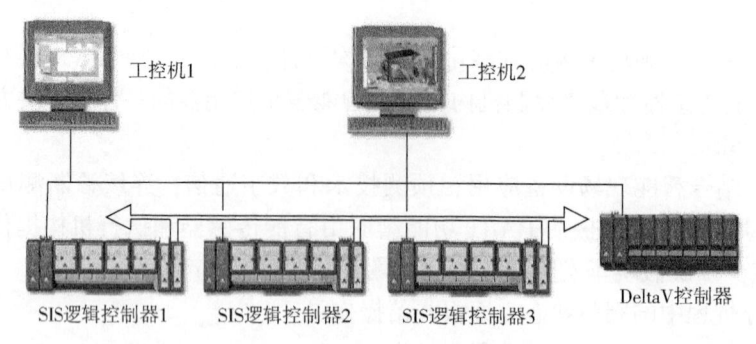

图 6.14 DeltaVSIS 系统结构

同一通信处理器下的 DeltaVSIS 逻辑控制器之间采用冗余安全网 SISnet 通信，不同通信处理器下的 DeltaVSIS 逻辑控制器采用冗余光纤环网实现冗余安全网通信；所有安全通信网都通过 TÜV 认证，适用于安全等级要求为 SIL3 的安全应用场合。

6.4.1.2 紧急关断系统

ESD 系统是采用 HIMA 公司的 H41 和 H51q 系统，其控制器的 CPU 采用四重化结构（QMR），即系统的中央控制单元共有四个微处理器，每两个微处理器集成在一块控制单元(CU, Control Unit)模块上，再由两块同样的 CU 模件构成中央控制单元 CU1 和 CU2。其工作原理是首先读取过程输入信号，再按预定的逻辑功能进行处理，然后依次输出处理结果。一个循环扫描过程由七个步骤完成：周期性自检；数据接收；数据传送；输入数据处理；输出交换比较；结果输出；结果回读。ESD 系统通过监控站场的重要工艺参数实现站场的紧急关断控制。

图 6.15 ESD 系统 H51q 主机架

（1）设备结构及特点。

ESD 系统由 H51q、ESD 辅助操作台、现场 ESD 按钮、ESD 阀门及第三方设备组成。H51q 主机架如图 6.15 所示。

主机主要包括：2 个 CU 模块、1 个通信模块 CM、3 个电源模块(H41 为两个电源模块)、1 块电源监视卡及 16 个 I/O 模块。控制站的 CPU 及控制总线为四重化冗余容错结构。按 4-2-0 模式工作，同时具有 SOE（顺序事故记录）功能。4-2-0 是 ESD 系统故障时性能递减表示方式。其工作原理是系统中两个控制模块各有两个 CPU，同时工作又相对独立。当一个控制模块中 CPU 被检测出故障时，该 CPU 被切除，切换到 2-0 工作方式；其余一个控制模块中两个 CPU 以 1oo2D 方式投入运行，若这一个控制模块中再有一个 CPU 被检测出故障时，系统停车。具有较高的安全等级，达到 SIL3/AK6。

（2）I/O 模块配置。

HIMA ESD 系统所配置的 I/O 模块如下：

①数字量输入模件(DI)选用 F3236。通道与通道之间安全隔离,每卡 16 点,无源,正常时外部输入触点闭合,输入信号直接至 HIMA 系统机柜的接线端子。

②数字量输出模件(DO)选用 F3330。通道与通道之间安全隔离,每卡 8 点,每点的最大带载能力为 0.5A。

③模拟量输入模件(AI)选用 F6217。通道与通道之间安全隔离,每卡 8 点,通过配置不同的电缆插头可以接收有源或无源的(4~20)mA DC 或(1~5)V DC 标准信号。

6.4.1.3 火气系统

当探测器探测到火灾信号时,火气报警盘将产生报警的探测器编号及相关信息显示出来,同时发出报警信号,并触发声光报警器产生声报警,提醒值班人员采取紧急措施。

火气系统由感温探头、烟感探头、手动报警按钮、可燃气体探头和火灾报警显示盘(包括火灾报警显示盘、可燃气体报警显示盘或一体式)、报警控制计算机等组成,如图 6.16 所示。

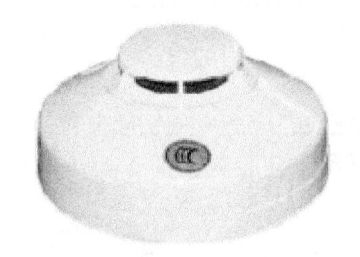

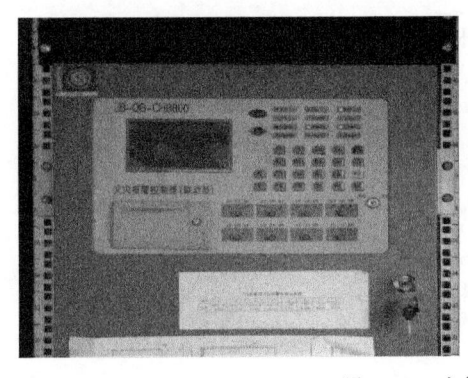

图 6.16 火气系统组成图

(1)智能电子感温探测器。

智能电子感温探测器具有如下特点:

① 具有定温/差温双重性能,工作电压:24V DC;
② 报警确认灯:红色,报警时红灯闪烁,确认时红灯常亮;
③ 通用底座要求:有 4 个导体片,片上带接线端子,底座上不带定位卡;
④ 编码方式:电子编码,可用手持编码器进行编码及性能检查;
⑤ 接线方式:无极性两总线接线;
⑥ 安装地点:各监测区域房间的吊顶上。

探测器信号线将接到各站的火灾报警盘上。

（2）智能光电烟感探测器。

智能光电烟感探测器具有如下特点：

① 工作电压：24V DC；

② 报警确认灯：红色，报警时红灯闪烁，确认时红灯常亮；

③ 通用底座要求：有4个导体片，片上带接线端子，底座上不带定位卡；

④ 编码方式：电子编码，可用手持编码器进行编码及性能检查；

⑤ 接线方式：无极性两总线接线；

⑥ 安装地点：各监测区域房间顶部。

探测器信号线将接到各站控制室的火灾报警盘上。

（3）手动火灾报警按钮。

① 名称标牌：316SS；

② 防爆等级：在工艺区防爆等级不低于ExdⅡBT4，非防爆区无此要求；

③ 工作电压：总线 24V DC；

④ 接线方式：二总线无极性；

⑤ 报警方式：中断式报警，后快速闪亮，报警响应快，应有专用钥匙复位；

⑥ 安装位置：手动火灾报警按钮安装在公共场所和工艺装置区便于操作位置，高度宜安装在其报警按钮底边距地面(1.3~1.5)m处。

（4）声光报警器。

① 具备独立编码地址；

② 灯闪信号和声音信号可同时或分开输出；

③ 工作电压：24V DC；

④ 名称标牌：316SS；

⑤ 接线方式：二总线无极性。

（5）可燃气体探头。

带变送器的红外可燃气体探头，三线制。

① 输出信号：(4~20)mA DC，供电为 24V DC；

② 检测范围：0~100%LEL；

③ 名称标牌：316SS；

④ 防爆等级：ExdⅡBT4(最低要求)；

⑤ 全天候结构，外壳防护等级：IP65；

⑥ 带防尘、防雨罩。

（6）火气报警显示盘。

① 供电：主电源 220V AC，50Hz；

② 备用电源：24V DC 免维护蓄电池；

③ 显示：LCD 或 LED；

④ 配备声光报警器，可发出声光报警信号；

⑤ 工作电压：24V DC；

⑥ 额定电流：≤80mA；

⑦ 声压级：>88dB；

⑧ 发光次数：>30次/min；

⑨ 颜色：红色；

⑩ 安装方式：柜式安装；

⑪ 安装地点：站场控制室。

火气报警显示盘带各种测试及复位按钮，并有确认按钮，能输出相应的故障信息。

(7) 仪表盘。

仪表盘将安装在站场控制室内，用于盘装火气报警系统，并预留一定空间作为安装其他仪表及配线。仪表盘中的24V DC电源按冗余配置，断路器/开关等应留有50%备用量。

(8) 报警控制器。

报警控制器分为JB-BD-XSS601型可燃气体报警控制器和火灾报警控制器（联动型）。

① 可燃气体报警控制器。

JB-BD-XSS601型可燃气体报警控制器系列是一个可以按用户要求配置，可编程的多通道气体报警控制系统，用于监测多达24个现场设备。根据用户的配置要求实时显示每一个输入通道的读数、设备状态和提供报警继电器输出，同时可以接收和监测4~20mA输入信号，闭合触点型输入信号，输入有序的24个设备信号。其技术规格如下：

a. 电气等级：防水外壳IP64现场壁挂安装。

b. 尺寸：623mm×415mm×200mm（长×宽×深）。

c. 输入电压：220V AC±15%　50Hz±1%。

d. 功率：≤150W。

e. 输出：24V/5A。

f. 备用电源：两节12V DC/7AH可充电电池串联工作时间>2h。

g. 工作方式：连续工作。

h. 环境条件：温度(-10~50)℃，湿度<95%RH。

i. 探测器供电电压：24V DC±25%；输入信号：(4~20)mA。

j. 控制器与探测器连接电缆要求：≥RVVP4×1.5mm^2。

k. 可编程联动继电器：9个，3个总继电器输出，故障/一级/二级无源触点，容量为220V AC/1A。

l. 控制器容量：24通道。

m. 响应时间：<5s。

n. 显示方式：7in液晶触摸屏，手报、最新报警状态，报警浏览，报警查询。

o. 声报警：95dB。

p. 可储存1000条报警记录，便于查询。

② 火灾报警控制器（联动型）。

JB-QB-CH8800火灾报警控制器（联动型）采用液晶中文显示，具有显示清晰、操作简便等特点。可配接探测器和模块等，自带8路多线盘，通过软件编程，实现手动及自动控制，能同屏显示报警及联动等信息。采用壁挂式结构。

a. 环境温度：0~40℃。
b. 相对湿度：90%~95%。
c. 直流备电：24V DC，4.5A·h。
d. 主电源：220V AC(187V~242V) 50Hz±1%。
e. 输出电流和电压：3A/24V(不包括外部输出)。
f. 外部输出：2A/24V(隔离地)。
g. 重量：17.5kg。
h. 尺寸：430mm×125mm×600mm(长×宽×高)。
i. 单机回路可带198个报警、联动点。
j. 8路多线联动控制盘，实现8路多线联动。
k. 单机可接8台火灾显示盘。
l. 1个火警继电器，有火警信息时，火警继电器动作。
m. 1个故障继电器，有故障信息时，故障继电器动作。
n. 1个复位继电器，有复位信息时，复位继电器动作。

6.4.2 检定系统

检定系统主要由数据采集处理系统、检定服务器及检定操作员工作站和检定管理工作站组成。检定系统主要实现对检定站中天然气工作标准流量计(涡轮流量计)、核查超声流量计、差压变送器、温度变送器、压力变送器，以及被检流量计(含移动式流量标准装置检定口)流量、温度、压力、在线色谱分析仪等的现场测量信号的采集、处理。同时对检定数据进行处理、计算、量值确认、报表及检定证书打印等，并且能够实现基于网络的流量计检定管理，如图6.17所示。

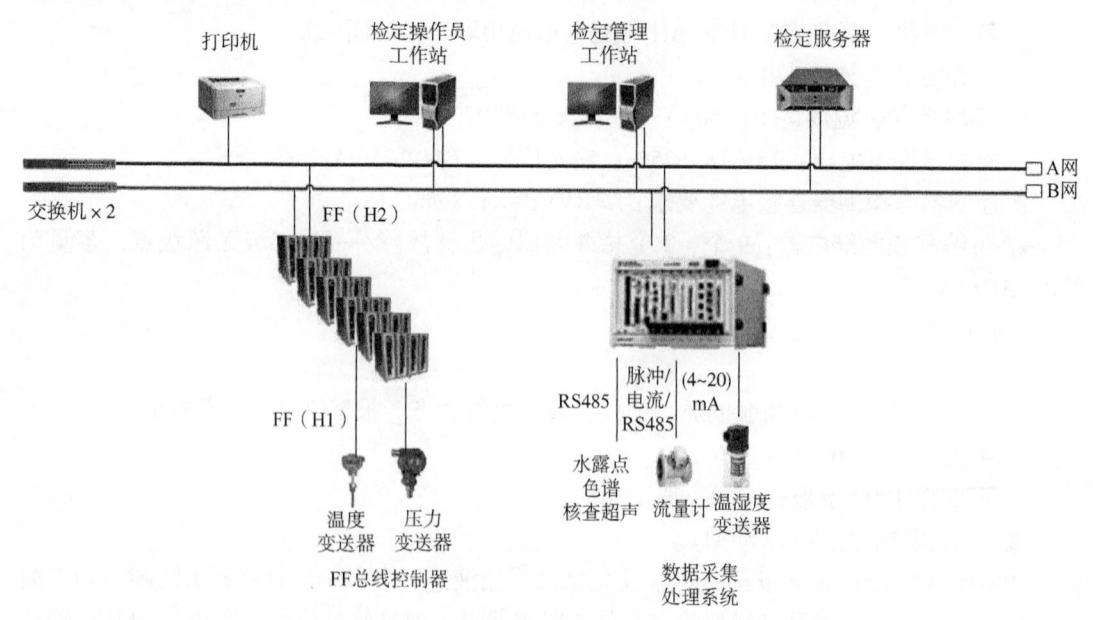

图6.17 武汉分站检定系统结构框图

检定系统软件主要包括服务器软件、检定客户软件两大部分，软件架构及数据流向图如图 6.18 所示。

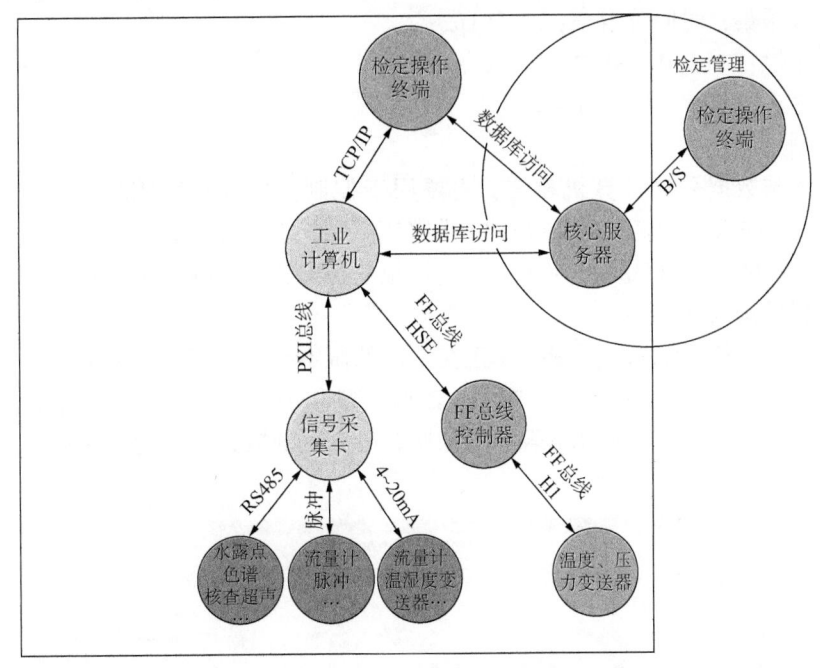

图 6.18　武汉分站检定系统软件构架及数据流向图

其中服务器软件是本软件的核心，它拥有独立的数据库，整个检定系统的运转工作均基于服务器软件，其主要功能包括检定数据的加密、存储，检定数据库管理维护，历史数据存储，负责与数据采集处理系统进行通信，将检定结果取出，存储在其数据库中，并作为其他两个客户端的服务器。

检定操作客户端软件采用传统的 C/S 架构，主要用于实时检定操作，检定参数设置，检定命令下达，现场状态的实时监控等。检定客户端只安装在特定的检定操作工作站，以保证检定系统的实时性和安全性。

软件采用基于以太网的"客户端/服务器"分布式结构，所有数据都存储在服务器上，提高了数据更新的同步性。

所有数据都存储在服务器数据库内，增强了服务器对数据的安全控制，确保具有权限的用户才可以访问和更改数据，提高了数据的安全性；

具有更好的可扩展性，无需对服务器进行重新开发，只需通过安装客户端软件，即可扩展新的用户，并且针对不同权限的用户，可以选择开放不同的功能。

6.4.2.1　原级标准系统

（1）数据采集系统。

数据采集系统选用 NI 公司的 PXI 系统，与数据评价系统独立。该系统是基于 Windows PC 平台的实时系统。该系统允许时钟连续采集所有的测量数据，如触发开关、脉冲、压力和温度测量数据。在电控柜中安装有一个数据采集计算机。针对脉冲采集的特殊要求，该系统具有"双计时器方法"功能，该方法采用两个独立的计时系统，分别记录体积管和被检流量计的脉冲边缘的周期。数据评价系统设计基于 LabVIEW(2011版)和微软 Windows7 操作系统,根据参数计算和数据处理要求进行开发。

脉冲信号采集,时间分辨率:小于 $1\mu s$;

时间同步性:小于 0.0001%;

模拟量输入分辨率:0.001mA。

(2) 控制系统。

控制系统与数据采集计算机相连,主要用于控制换向阀(控制通过 HPPP 气体的方向)。阀门信号进入电控柜,电控柜放在装有空调的房间内(易爆区之外),其规格为:19in,DHW:1200mm×2000mm×600mm,电控柜电源配置为 230V AC/16A。

(3) 数据处理及评价。

数据处理和评估系统采用了 Pigsar 正在使用的版本,软件基于 Lab VIEW(2011版)和微软 Windows7 操作系统。所有交互界面、数据设置和手册均为英文,计算机的操作界面可以进行中英文转换。操作者能够轻易输入所有可变更的数据,同时也能够通过屏幕控制测试 HPPP 系统,如图 6.19 所示。

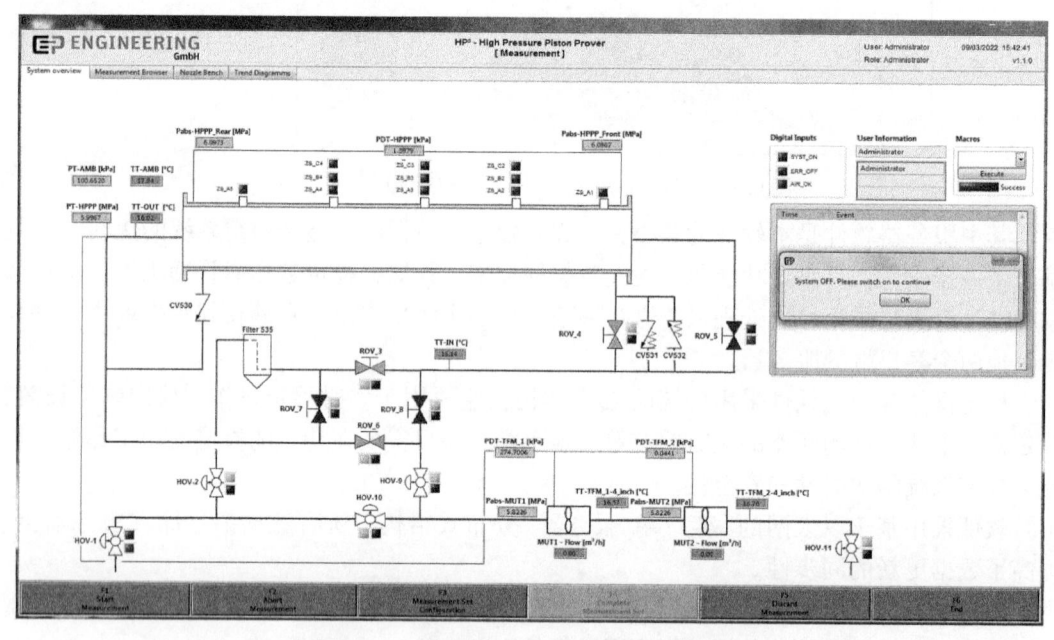

图 6.19 武汉分站 HPPP 系统主屏幕界面

测试开始后,HPPP 测量系统立即计算通过 HPPP 的体积和 G250 传递标准测量的体积。这些数据用于判定本次测试是否良好,并以此为依据,得到给定检定点的修正值。对所有检定点按此程序运行,就能得到一条关于传递标准的原始误差曲线。通过从数据库中选择合适且连续的数据,并把它们输入到误差曲线数据栏中,可计算出误差曲线。此外,所有的采集数据连同计算结果(如雷诺数)都会被录入数据库。

(4) 数据库及应用。

通过对所有检定点的测试,就能得到关于传递标准原始误差曲线。此外所有来源于

HPPP 和传递标准的测试结果数据都会存入数据库。收集和储存的数据能够用于离线对测试运转状况开展复杂的评估。这些数据可被用于：

① 核查所有由 HPPP 软件生成的计算结果；

② 选择最好和最一致的测试过程；

③ 计算二阶效应的影响，例如管道因素、动力学效果对传递标准的影响等。考虑到二阶效应的影响，HPPP 及 G250 传递标准系统的不确定度可降低至 0.07%。

6.4.2.2 工作标准系统

数据采集处理系统按照采集信号类型，分为脉冲信号采集、模拟量(4~20)mA 信号采集、FF 总线信号采集和 RS485 信号采集。

脉冲信号采集选用美国国家仪器公司(NI)的 PXIe-6612 高速脉冲采集卡，模拟量信号采集选用 NI 的 PXI-6238 高精度电流采集卡，RS485 信号采集选用 MOXA 的 NPort-5630 高性能串口通信服务器。采用 NI 的 18 槽 PXI 专用机箱带有 10MHz 晶振，安装在机箱内的采集卡均统一使用机箱的晶振作为数据采集时钟源，如此可以保证所有信号的采集可以同步在 100ns 以内。

对于现场 FF 总线变送器，选用 SMAR 公司的 DFI302 现场总线控制系统，与常规的总线采集系统相比(如艾默生的 DCS，NI 的 FBUS 采集卡)，SMAR 的 DFI302 总线采集系统有以下几个明显的优势：

(1) DFI302 总线采集系统本身即为一个完整的 FF 总线采集系统，不与其他系统耦合，并且可以配置多个互相独立的 FF 总线采集控制器(DF63)，每个总线采集控制器可以独立完成现场信号采集，而不会占用检定数据采集处理系统的 PXI 主机的 CPU 资源，从而可以提高数据采集速率，减小信号采集周期。

(2) 每个总线控制器 DF63 可以连接 4 个网段，并且控制器对 4 个网段的读取并行进行，有效地提升了拥有多个网段的大型 FF 系统数据读取时间。

(3) DFI302 总线采集系统与检定数据采集处理工作站之间以基于以太网的高速 FF 总线 HSE(High Speed Ethernet，又称 H2)方式进行数据传输，通信速率可以达到百兆；当总线控制器完成现场数据读取后，使用基于以太网的高速 FF 总线 HSE 方式将数据传输至数据采集处理系统的 PXI 主机，将数据读取速度提高到了极致。

对于现场工作级标准装置和检定台位中超声流量计诊断信号、色谱信号、水露点信号等均通过 modbus 串口信号接入检定系统。选用 MOXA 公司的基于网络的 16 端口信号隔离串口服务器，该服务器具有结实、可靠的工业设计，高速 16 个 422/485 串行端口，强大的数据吞吐能力。NPort-5630 允许连接至 422/485 的串行设备，通过以太网和 IP 网络进行远程监控操作。通过在 Windows 操作系统中安装 Real COM/TTY 驱动程序，可以将 NPort-5630 映射为 Real COM 串口(在 Windows 中)或 Real TTY 串口(在 Linux 中)。除了支持基本的数据传输之外，NPort 驱动程序还支持 RTS、CTS、DTR、DSR, 和 DCD 控制信号。

6.4.2.3 移动标准系统

根据被检流量计的流量范围选定检定流量点，利用流量调节阀调节流量，以标准装置给出的流量值作为标准值，以被检定流量计给出的流量值为测量值，经压力、温度、压缩因子换算，计算被检流量计的示值误差或流量计系数，完成对被检流量计的检定。

点击"System Overview"查看系统通信状态，在确认所有报警以后，所有的通信都应该显示绿线，如图 6.20 所示。

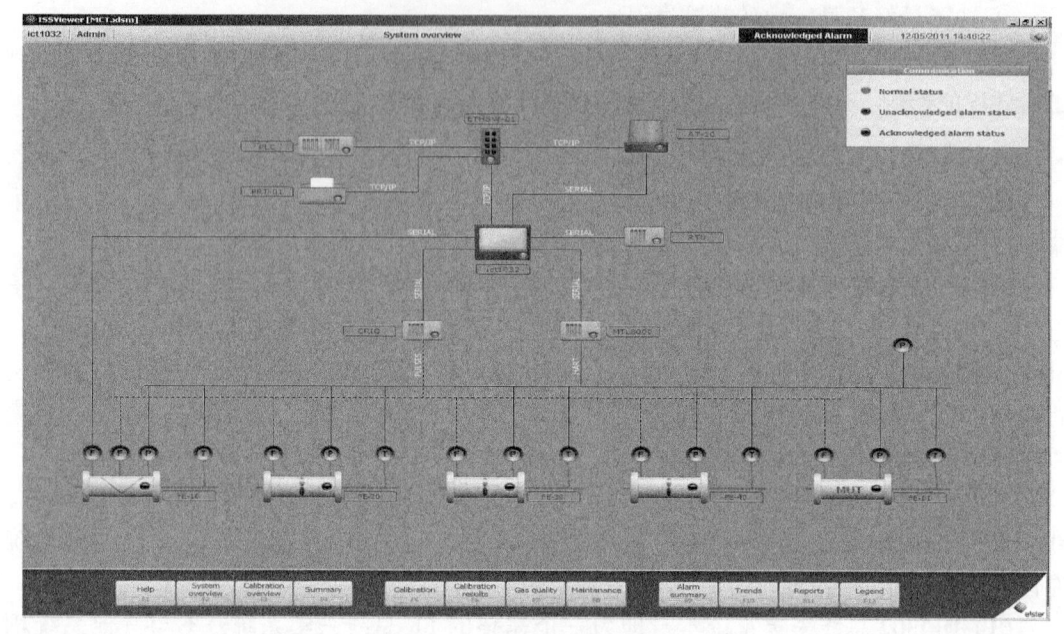

图 6.20　系统通信显示界面

可通过检定参数界面检查温度和压力变送器的显示位置和示值是否准确。检查阀门的状态是否准，如图 6.21 所示。

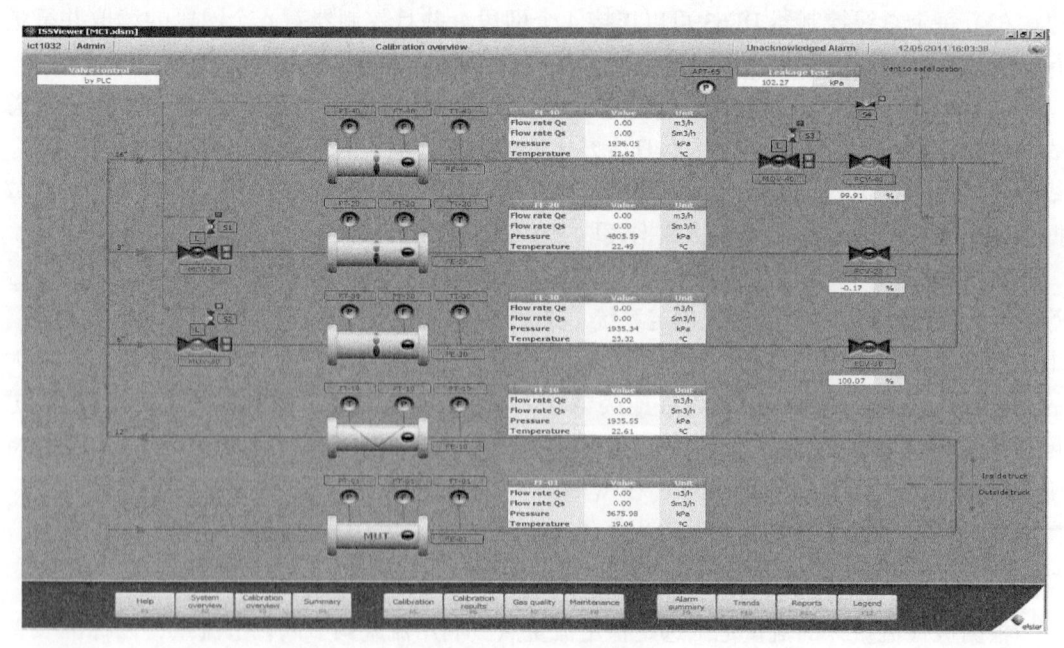

图 6.21　检定参数界面

6.5 设计、施工、运行经验

6.5.1 设计经验

6.5.1.1 进出站差压调节

进站流量调节采用进出站差压调节控制技术代替了常规的流量调节控制技术，通过设定进出站差压值，控制进入站内流量，辅助调节站内流量调节阀控制通过标准装置的流量，以满足检定过程中不同检定点的流量需要。在流量调节过程中，压力调节阀同步动作，确保进出站差压恒定，避免流量调节过程中的压力波动，减小了对干线输气能力的影响，缩短了流量调节时间。

当FCV101采用流量调节时，由于FCV101、FCV601/602阀组的流量设定值与干线流量密切相关，这就要求干线流量应比较稳定，而实际上，干线流量会随着季节、时间或其他因素的变化而不断变化。加之调节信号反馈的流量计位于FCV101下游较远位置时，选用流量调节方式，信号反馈延迟较大，不利于流量的及时调节，而且会干扰流量计检定工作，如图6.22(a)所示。

当FCV101采用压力调节时，差压控制信号来自FCV101进口和出口端，反馈信号及时，当干线气量增加时，FCV101能够自动增大旁通流量进行补偿，以避免产生过大压降。此方式无需人为调节，也不会影响检定过程。而且当上游压力发生变化时，压力调节阀依然可根据设定值自动进行调节，确保检定工作的顺利开展，如图6.22(b)所示。

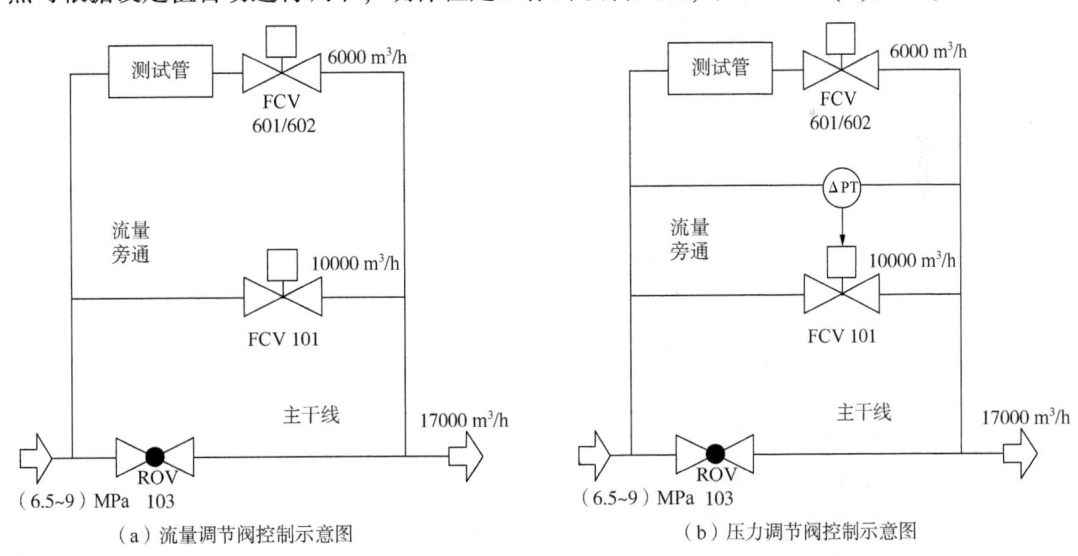

(a) 流量调节阀控制示意图　　(b) 压力调节阀控制示意图

图6.22　FCV101阀门控制示意图

流量调节阀采用mokeveld轴流式调节阀配合rotock电动执行机构，电动执行机构全开到全关用时小于90s，差压测量采用罗斯蒙特3051S差压变送器，量程(0~500)kPa。

经实际应用测试，10min内可完成1个流量点调节，进出站压差波动小于5kPa，有效保证干线输气平稳。

6.5.1.2 天然气直接电加热温度控制

在压力调节装置前设置天然气介质直接电加热温度控制系统,通过在管道内部敷设电加热器,依靠导体通电时产生的焦耳热直接加热天然气,采用分级控制方式,利用三组晶闸管控制器分别对天然气管道内三组独立加热管束的产热量进行控制,实现天然气介质温度(15~45)℃范围内可调,检定过程中温度控制精度达到±0.2℃/h,与传统水套炉加热方式相比,具有介质受热均匀,热效率高、调节速度快等特点,解决了天然气压降导致水合物形成,检定过程中温度波动等问题,最大限度降低了温度波动对检定的影响。电加热器结构及控制原理如图 6.23 所示。

(a)电加热器 　　(b)电加热器管束

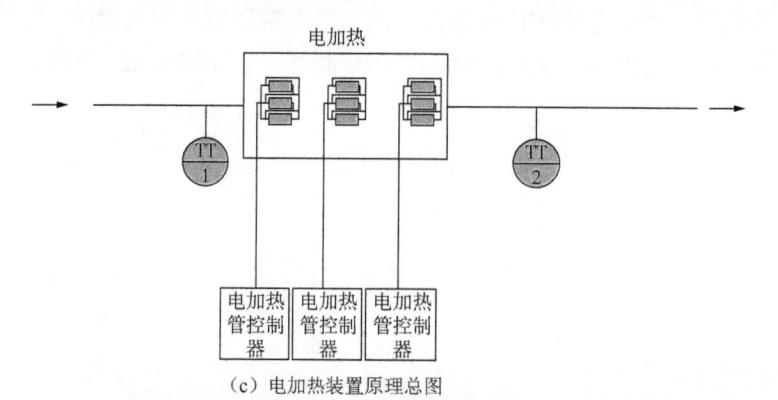

(c)电加热装置原理总图

图 6.23　武汉分站电加热器结构及系统控制原理图

6.5.1.3 工作级标准装置超压超速保护

采用实时流量反馈、压力监控技术,在系统超压、标准涡轮流量计超速情况下,立即触发两台自驱式快速安全切断阀,1s 内可实现紧急连锁关断工作级标准装置进气阀门,提高了检定系统安全性。该系统由标准涡轮流量计、3 台压力变送器、控制系统、2 台自驱式快速安全切断阀构成。

自驱式安全切断阀由 mokveld 轴流式紧急切断阀和线性弹簧执行机构构成。由于轴流式紧急切断阀机械结构使得活塞在移动时基本上不受阀门前后压差的阻力,可以用相对小的力矩快速地操作阀门。当阀门打开时执行机构弹簧处于预紧状态,当接收到触发信号后，弹簧预紧力消失，利用弹簧的弹力驱动阀门紧急关闭，关闭时间仅需 1s。

标准涡轮流量计超速保护：当 11 路标准涡轮流量计中某一路流量超出设定上限值的 120%时，则控制系统立即触发 2 台自驱式安全切断阀动作，切断上游来气，打开越站旁通球阀 ROV103，实现超速保护功能。

超压保护功能：自驱式安全切断阀与其下游 3 台压力变送器采用"三选二"方式联锁，只要有 2 台压力变送器测量值大于设定值，则认为下游管线超压，控制系统会紧急触发 2 台自驱式安全切断阀动作，切断上游来气，同时打开越站旁通 ROV103，实现超压保护功能。在上述控制策略下，能够保证安全性能达到 SIL2 等级。

6.5.1.4 标准涡轮流量计原位校准

标准涡轮流量计的量值溯源与传递均采用在线原位校准，通过工艺流程的切换实现量值传递，不需要进行拆装，降低安装条件对测量结果的影响。首先由 HPPP 原级标准装置复现的体积流量直接原位校准 2 台 G250 传递标准涡轮流量计，然后用 2 台 G250 传递标准涡轮流量计的平均值分别校准工作标准中的 4 台 G250 标准涡轮流量计，再用小口径标准涡轮流量计组合对大口径标准涡轮流量计进行原位校准。

6.5.1.5 标准涡轮流量计溯源比对

设计了标准涡轮流量计自校准比对工艺流程，通过流程切换可以实现两种传递方式：

一种是用 4 台 G250 小口径标准涡轮流量计组合，分别校准 6 台 G1000 大口径标准流量计，如图 6.24(a)所示。

另一种是用 4 台 G250 小口径流量计先校准安装在 MUT1 位置的 G1000 传递流量计，再由此 G1000 传递表流量计分别校准 6 台 G1000 大口径标准流量计，如图 6.24(b)所示。

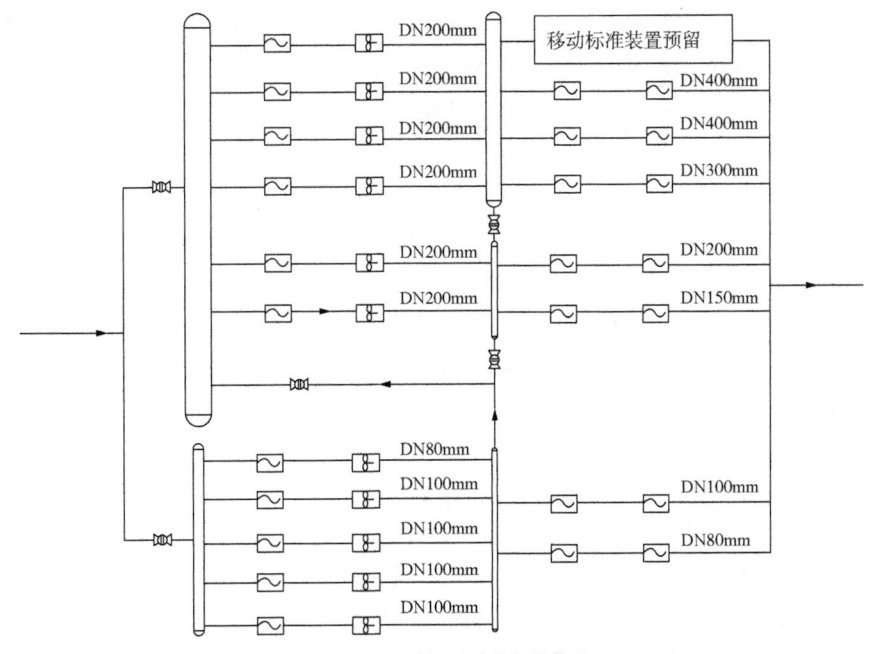

(a) 小口径组合直接量值传递

图 6.24 武汉分站工作级标准装置量值传递流程

(b) 通过传递涡轮流量计进行量值传递

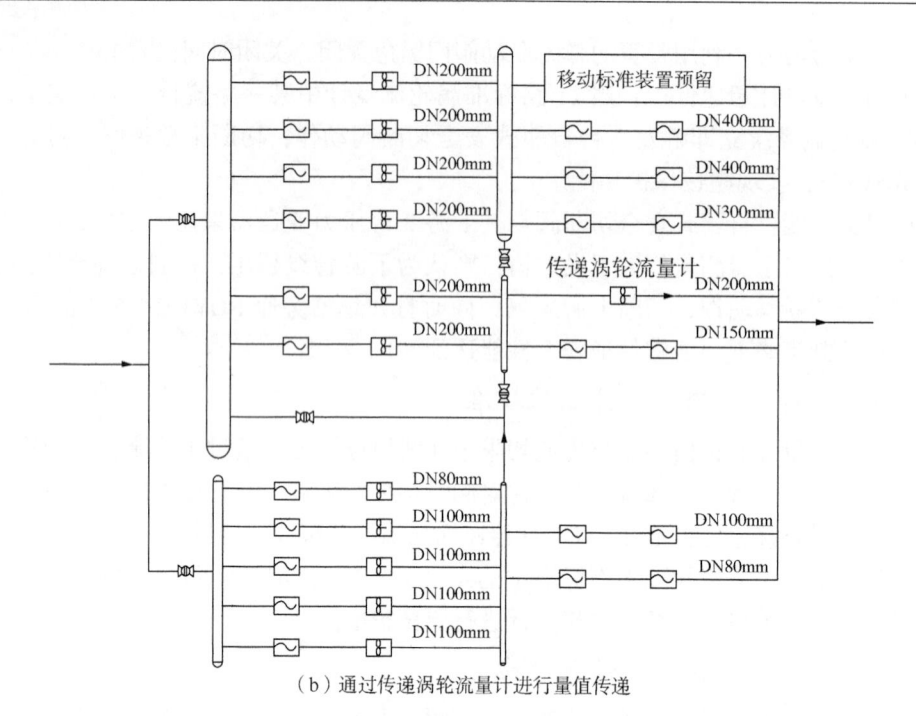

图 6.24　武汉分站工作级标准装置量值传递流程(续)

通过以上两种不同量值传递方式可实现工作级标准装置的相互比对验证，进一步提高了工作级标准装置的可靠性和准确度。

6.5.1.6　管容优化

流量计检定过程中，由于温度、压力的波动，标准器至被检流量计之间的管存量发生变化，会引入系统误差，为减小管容的影响，在武汉分站应用了管容优化技术方案，主要包括：用 2 支小口径汇管（DN400mm 和 DN200mm）组合使用替代 1 支大口径汇管（DN600mm），汇管管容从 3.4m³ 减小到 1.2m³，在 20m³/h 流量下减小管容不确定度分量 0.03%，工作级标准装置按大小流量分区布局，标准装置下游汇管分段隔离，最大限度消除管容对小口径流量计检定的影响，如图 6.25 所示。

6.5.1.7　绝压和差压变送器组合压力测量

标准涡轮流量计及检定台位处的压力测量采用压力变送器，受压力变送器量程的制约，测量点的压力测量误差较大，是标准装置不确定度的主要贡献量之一，为了降低压力测量引入的不确定度分量，采用绝压和差压组合进行压力测量。在检定台位处设置 1 台压力变送器，测量被检表处的压力；在标准涡轮流量计处设置(0~62)kPa、(0~249)kPa 两台不同量程的差压变送器，系统根据实际差压值自动选择不同量程的变送器，测量标准表与被检表之间的差压值，通过压力变送器与差压变送器之和得到标准表处的压力值，如图 6.26所示。一方面由于差压变送器量程远小于压力变送器量程(0~10)MPa，相同准确度等级的差压变送器测量误差远小于传统的直接利用压力变送器测量压力的误差，另一方面建立了标准表处压力值和被检处压力值的代数关系，两者具有相关性，大大减小了压力测量不确定度对标准装置不确定度的贡献。

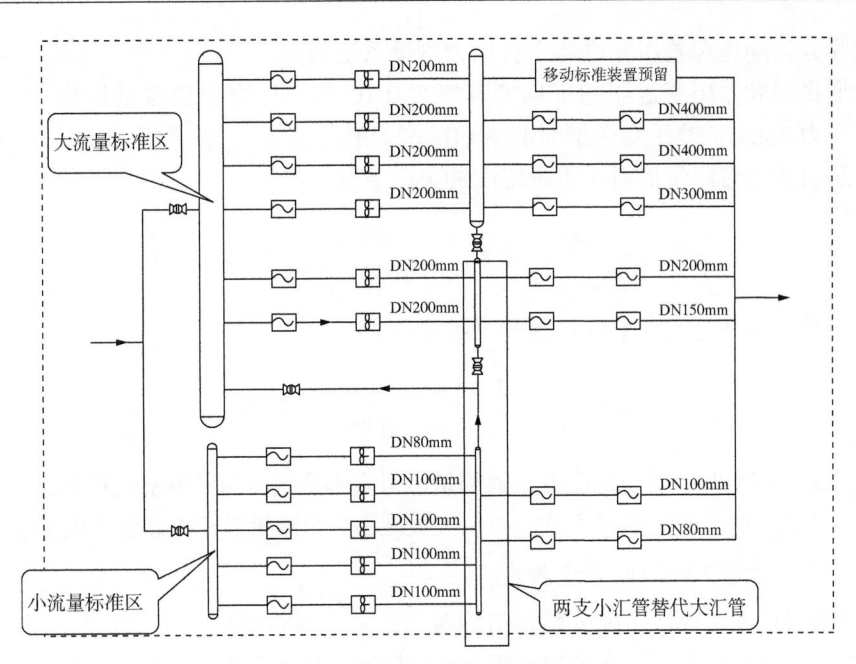

图 6.25 武汉分站管容优化措施示意图

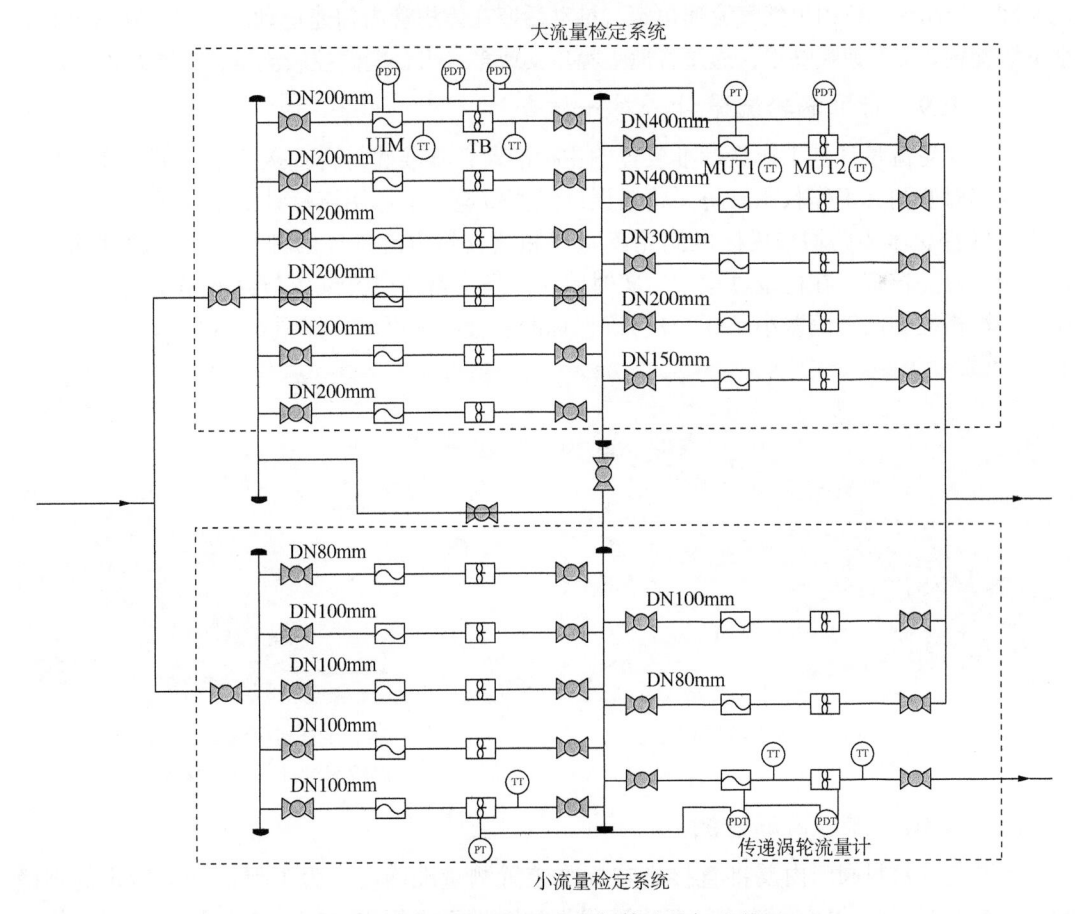

图 6.26 武汉分站标准表法气体流量标准装置

以武汉分站绝压和差压变送器组合压力测量系统为例：

压力变送器和差压变送器的准确度等级为 0.05 级，压力变送器量程为(0~10)MPa，现场介质压力 7MPa；差压变送器量程为(0~62)kPa，差压变送器值为 40kPa，按均匀分布考虑，压力变送器测量值引入不确定度的灵敏系数为：

$$c_r(p_s) = \frac{\Delta p}{(\Delta p - p_s) \cdot p_s} = \frac{40}{(40-7000) \times 7000} = -8.21 \times 10^{-7}$$

差压变送器测量值引入不确定度的灵敏系数为：

$$c_r(\Delta p) = \frac{-1}{\Delta p - p_s} = \frac{-1}{40-7000} = 1.44 \times 10^{-4}$$

均采用绝压测量时，两个绝压变送器测量值引入不确定度的灵敏系数均为±1，因此采用绝压和差压变送器组合压力测量方式，可以大大减小压力测量对标准装置不确定度的影响。

6.5.1.8 音速喷嘴组流量控制

HPPP 原级标准装置是武汉分站量值溯源的源头，准确度高，受流量压力的影响较大，为提高装置的准确度，采用了音速喷组定点流量控制。利用音速喷嘴在临界流状态下流量恒定原理，控制体积管内天然气流速恒定，推动活塞在体积管内匀速运动。采取了在 HPPP 标准下游配置 8 支音速喷嘴组，通过音速喷嘴单支或多只组合精确控制流量，如图 6.27 所示。

6.5.1.9 标准涡轮流量计一对一核查

标准涡轮流量计是工作级标准装置的主标准器，其准确与否直接关系量值传递的准确度，为实时监测其工作状态，防止将错误的量值传递至工作用流量计，采用了一对一核查方式。11 路标准支路均采用标准涡轮流量计和核查超声流量计两种不同工作原理的流量计进行一对一核查，在检定过程中，实时监测每条支路超声流量计与标准涡轮流量计计量偏差，严格控制两者偏差小于 0.2%，确保标准装置准确可靠，如图 6.28 所示。

图 6.27　限流喷嘴组实物图　　图 6.28　核查超声流量计和标准涡轮流量计一对一核查

6.5.1.10 阀门内漏检测

标准装置密封阀门内漏将直接影响标准装置测量准确度，为了保证计量检定的准确性，关断的阀门必须零泄漏。在工艺流程设计时，工作标准、核查流量计、检定台位管路，以及与计量检定有关的管路中均采用全通径轨道式强制密封球阀并配套相应的阀门内漏检测系统。当阀门处于全关位置时可以通过安装在阀体上的手动泄压装置在线检查阀座密封是否完好。将所有相关球阀的阀腔泄压后，通过压力变送器检测压力是否增加，如无变化，说明无泄漏；如有变化，则需要重新对每个阀门单独检测，以便确认泄漏点。具体技术方案如图 6.29 所示。

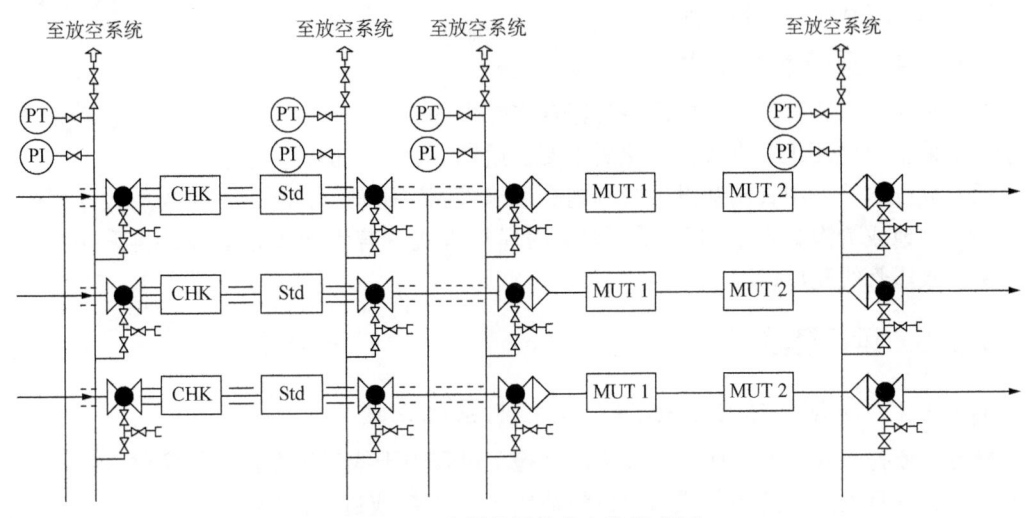

图 6.29 内漏检测技术方案示意图

6.5.2 施工经验

6.5.2.1 工艺管线内部异物清理

工艺管线安装过程中，焊渣、石子及施工工具等异物易进入管线，短时间的天然气吹扫无法彻底吹扫干净，运行后会对标准涡轮流量计等设备设施造成损伤，建议：

（1）站内管线安装时应避免杂物进入管线内部，对于焊渣等应及时清理，对裸露的管线应做好防护。

（2）在管线两端封闭前，利用人或智能机器人进入管道对管道进行手动清理。

（3）投产后要在大流量下长时间连续吹扫。

6.5.2.2 天然气吹扫过程的设备保护

天然气在投产初期的吹扫过程中，管道内的异物会对涡轮流量计、阀门等设备设施造成损伤，尽管增加锥形滤网，仍然存在较大的风险，建议：

（1）对于具备旁通流程的工艺，在吹扫过程中采用旁通进行吹扫，避免异物进入关键设备。

（2）在吹扫过程中将涡轮流量计、阀门等易被异物损伤的设备设施用短管进行替代。

6.5.2.3 管线试压过程的设备保护

在管线安装完成后，需要对管线的耐压及气密性进行试验，为降低成本一般会采用水进行试压试验，水进入管道后会对超声流量计、涡轮流量计等设备设施造成不可逆的损伤，同时管线会存在一些低点排水盲区，建议：

（1）在确保气体试压安全风险受控的前提下可考虑选用气体介质进行试压试验。

（2）在试压前将所有超声流量计、涡轮流量计等易被水造成损伤的设备利用短管进行代替。

（3）在利用水试压后，要利用氮气进行长时间的吹扫，利用吹扫出口气体的水露点确定管线内是否存在试压残留的水。

6.5.2.4 引压管路铺设

检定站在阀门验漏系统、标准装置区存在较多的取压钢管，为了防止人员、动设备的碰撞，多采用埋地硬化的方式，硬化后不便于后期的检查维护，建议：

（1）取压钢管采用管沟铺设，管沟内利用卡箍固定钢管，便于使用中周期检查维护。

（2）埋地或管沟铺设的引压管尽量采用焊接方式，若无法焊接安装，再采用卡套连接，降低取压管线脱口风险。

6.5.3 运行经验

6.5.3.1 越站旁通与ESD等安全控制系统连锁

检定站依托干线气源开展流量计检定，检定过程中干线气源全部经检定站工艺流程后返回干线，一旦发生紧急情况或系统故障造成ESD系统或过载保护系统连锁，将会造成干线截断，影响下游供气，建议：

越站旁通与安全控制系统的关键阀门连锁，一旦出现影响干线供气的紧急情况，越站旁通能自动开启，确保干线的正常供气。越站旁通的阀门建议通过UPS供电，确保在市电中断等异常情况下旁通能够正常启动。

6.5.3.2 固定安装引压管路脱扣风险管控

检定站固定引压系统作为标准涡轮流量计压力测量的辅助设施，实时保持高压状态，一旦发生脱口，将会对人员、设备造成严重伤害，建议：

（1）引压钢管选用卡套连接方式，对卡套和钢管要同设计同采购，采购同一厂家产品，避免因卡套与钢管的公称直径偏差产生脱口的风险。毛面钢管不适用于卡套连接方式，表面密封不严，容易发生泄漏，且引压管管壁较厚，不易形成明显凸起变形，要先用光面不锈钢管。

（2）施工安装后要对钢管变形情况进行检查，确认无脱口风险。每年对压力连接管件等进行拆开检查、维护，每周对关键卡套位置进行验漏检查。

6.5.3.3 高压软管快速接头应用

用快速接头高压软管代替卡套式引压管。卡套式接头由三部分组成：接头体、卡套、螺母。当卡套和螺母套在钢管上插入接头体后，旋紧螺母时，卡套前端外侧与接头体锥面贴合，内刃均匀地咬入无缝钢管，形成有效密封。由于其连接特性，不适用于有震动和经常充放压的场所，被检流量计引压管因其拆装频率高，经常充放压，容易造成螺纹松动、卡套卡死现象，建议：

高压软管采用充气嘴快速接头连接和高压软管作为被检流量计引压管，安装时只需手动带紧即可保证密封性能,提高流量计引压管连接效率,避免扭矩过大造成接头损坏,规避卡套频繁使用造成的安全隐患。

6.5.3.4 标准装置配套温度/压力变送器定期性能测试

由于温度、压力测量结果对检定影响较大,检定台位处变送器拆装频繁,磕碰、震动等因素会对变送器性能造成影响,建议:

(1) 标准装置配套的温度/压力变送器定期开展周期溯源,每季度开展期间核查;

(2) 建议定期(每周)对温度变送器进行在线性能测试,对压力变送器定期(每周)进行平压性能测试。

6.5.3.5 应用仪表小车开展被检流量计温度、压力测试

检定台位处需根据安装流量计的位置安装压力、温度变送器,温度变送器的表头较重,使用过程中会造成传感器变形,压力变送器与引压软管相连,随意摆放会有安全风险,建议:

根据现场空间布局结合人机工程学原理设计研制一体化仪表小车,集成安装2台分体式温度变送器、1台压力变送器和1台差压变送器,并配有高压软管、高压软管快速接头、快接高频脉冲电缆、绕线器等,提高操作便捷性。

6.5.3.6 标准涡轮流量计过滤保护

在施工过程中容易遗留一些焊渣等固体颗粒,投产过程中的吹扫无法完全根除汇管盲端或管道低点的焊渣,后期运行过程中管道内部也会产生腐蚀物体等大颗粒杂物,为防止杂质对设备尤其是对标准涡轮流量计的损坏,建议:

在标准涡轮流量计上游加装50目锥形滤网(图6.30),既可以保证其前后压差足够小,又能过滤掉焊渣、腐蚀物体等大颗粒杂物,防止对标准涡轮流量计的损坏。

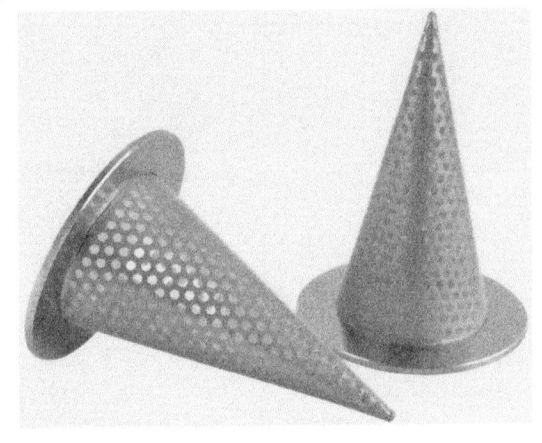

图 6.30 锥形滤网实物图

6.5.3.7 整流板与流量计一一配套使用

整流板作为超声流量计的配套设备,为超声流量计提供均匀的紊流条件,但由于整流板的开孔布局不同,整流的流体流速分布各不相同,适用于不同厂家的超声流量计,建议:

针对不同品牌、不同内径的超声流量计定制相应的整流器,控制流体流态,避免二次流、漩涡流对计量的影响。Daniel 超声流量计和中核维思使用的是遵循 ISO-5167 C3.2.3 标准的 Zanker 型整流器,Elster 超声流量计使用的是遵循 ISO-5167 C3.2.2 标准的 UFM-FS3 型整流器,RMG 超声流量计配套的是 LP35 型整流器,SICK、KROHNE 等超声流量计使用的是加拿大管道配件有限公司(CPACL)的 CPA-50E 型整流器。不同品牌超声流量计整流器见表6.5。

表 6.5　不同品牌超声流量计板式整流器一览表

序号	品牌	整流器	图例
1	Daniel	Profiler 整流器	
2	Elster	UFM-FS3 型整流器	
3	RMG	LP35 整流器	
4	SICK	CPA 50E 整流器	
5	KROHNE	CPA 50E 整流器	
6	中核维思	Zanker 和 CPA 50E 整流器	

6.5.3.8 轴流风机与可燃气报警仪连锁安全保护

为减小环境对计量标准装置性能的影响,将标准装置设置在检定厂房内,厂房内通风较差,一旦发生天然气泄漏无法快速地扩散掉,建议:

在厂房顶部设置轴流风机,将轴流风机与厂房内设置的可燃气体报警仪连锁控制,当可燃气体报警仪高高报警时,自动启动厂房顶部的轴流风机进行强制排风,有效保证计量标准的工作性能和检定厂房安全。

6.5.3.9 高位可燃气体报警仪配套检定引压管路

为了对检定厂房进行全范围覆盖天然气浓度检测,在厂房高位也安装可燃气体报警仪,高位的可燃气体报警仪在日常测试或周期检定时都需要登高后才能开展,且计量院现场检定人员一般没有高处作业证,需拆卸后才能进行检定,测试难度和工作量较大,有一定的安全风险,建议:

可在高位可燃气体报警仪处增加一路引压管路到地面,通过引压管路将测试气体引到可燃气体报警仪探头位置,用于日常性能测试及周期检定,可降低安全风险,提高工作效率。

6.5.3.10 液氮系统液氮罐主备设置

在流量计检定过程中有大量的流量计拆装管线打开作业,为降低安全风险,管线打开过程中需要多次的氮气置换,氮气来源采用液氮罐气化,液氮罐在使用过程中需要定期进行预防性维护,尤其是真空度异常后需要长周期对液氮罐进行维修,维修维护过程中的液氮罐无法进行氮气气化,为了保障氮气的连续供应,建议液氮罐采用一用一备主备设置。

7 乌鲁木齐分站

7.1 机构概述

乌鲁木齐分站挂靠在国家管网集团西部管道有限责任公司。设站长1人，由西部管道公司主管副总经理担任，常务副站长1人、副站长1人，下设综合部、计划财务部、质量安全环保部、生产运行室、计量技术室、检定校准室6个部室。

7.1.1 建站由来

为提高我国天然气输气管道高压、大流量计量仪表检定能力，根据国质检量函〔2011〕138号《关于同意筹建国家石油天然气大流量计量站广州、乌鲁木齐天然气流量分站和北京、武汉、塔里木检定点的通知》，由原国家质量监督检验检疫总局同意授权建立国家石油天然气大流量计量站乌鲁木齐分站。

2013年07月，乌鲁木齐分站工程项目开工。

2016年10月，乌鲁木齐分站工程项目进气投产。

2017年08月，乌鲁木齐分站取得次级、工作级计量标准考核证书和社会公用计量标准考核证书。

2017年12月，乌鲁木齐分站取得法定计量检定机构计量授权证书。

2018年01月，乌鲁木齐分站正式对外开展流量计检定校准业务。

2019年12月，以西部管道公司计量技术服务中心的名义，取得《中国合格评定国家认可委员会实验室认可证书》。

7.1.2 建站目的

随着我国天然气市场需求的增长，以及天然气长输管道事业的发展，为了解决我国西北地区、中亚地区，高压、大流量天然气贸易交接计量流量计的实流检定问题，缓解已有检定站的工作压力，在征得国家质量监督检验检疫总局批准后，依托西部管道公司昌吉分输站建设了乌鲁木齐分站，建立高压、大流量天然气流量标准装置。

7.1.3 建站意义

乌鲁木齐分站的投运，解决了我国西北地区及中亚地区高压、大口径天然气流量计的检定问题。自2018年以来，乌鲁木齐分站秉持以方法科学、行为公正、数据准确、服务诚信的质量方针提供优质服务，为中国石油、中国石化、中国海油等石油企业、国内众多省市燃气公司、流量计生产厂家检定、校准流量计累计近1360余台。

自 2018 以来，年检定、校准、测试流量计约 340 台，始终以服务诚信的服务态度，公正地维护计量交接各方的权益，为企业生产经营提供了有力支持，为我国油气计量事业作出了重要贡献。

7.2 量值溯源传递构成

7.2.1 量值溯源传递体系

乌鲁木齐分站建立了两套天然气流量计量标准装置，分别是次级标准和工作标准。各级标准的设计压力均为 10MPa，直接利用管道天然气为介质，在压力为(5.0~9.5)MPa 的范围内对五种天然气流量计进行检定和校准，量值溯源图如图 7.1 所示。

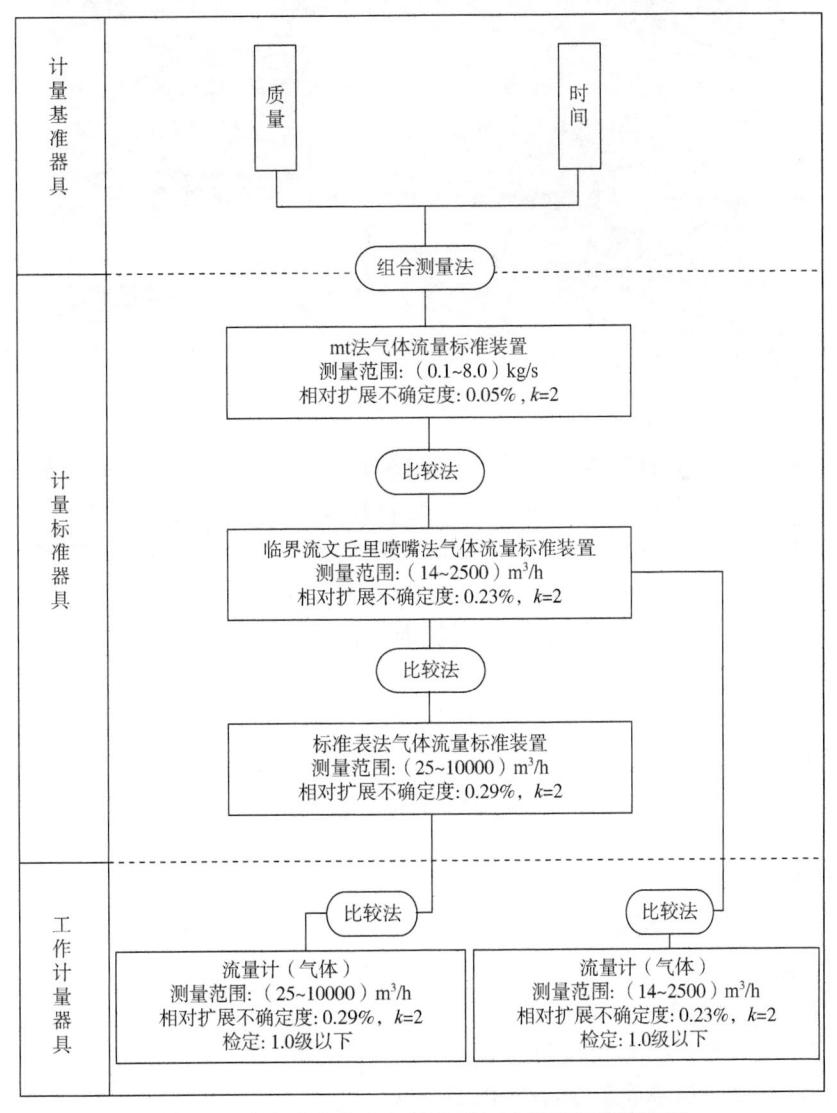

图 7.1 乌鲁木齐分站气体流量标准装置量值溯源图

7.2.2 次级标准装置

(1) 组成及工作原理。

次级标准装置由12只并联安装的临界流文丘里喷嘴作为主标准器，被检流量计串联在其上游，当天然气流经标准器和被检流量计时，比较同一时间段内两者输出流量值，就可以确定被检流量计性能。次级标准设置包含4路DN50mm ANSI600#天然气计量回路，8路DN100mm ANSI600#天然气计量回路，主要由次级临界流文丘里喷嘴、压力变送器、温度变送器、管束式整流器、伸缩器和连接管路组成。用于校准乌鲁木齐分站工作级标准涡轮流量计和客户送检的高精度流量计。次级标准装置实物图和示意图如图7.2、图7.3所示。

图7.2 乌鲁木齐分站次级标准装置实物图

乌鲁木齐分站次级标准装置由12只德国ELSTER生产的临界流文丘里喷嘴(1支$7m^3/h$、1支$14m^3/h$、1支$28m^3/h$、1支$56m^3/h$、1支$112m^3/h$、1支$224m^3/h$和6支$410m^3/h$)组成，其中DN50mm喷嘴管路4个，DN100mm喷嘴管路8个。临界流音速喷嘴组合可实现的工况流量范围为$(7~2796)m^3/h$，能覆盖单台DN250mm工作级标准装置$(500~2500)m^3/h$全流量范围，实现次级标准装置直接校准工作标准涡轮流量计的功能。所有喷嘴管路并联安装在入口或出口汇管之间。

为减少标准装置的管容效应，在$7m^3/h$、$14m^3/h$、$28m^3/h$、$56m^3/h$、$112m^3/h$、$224m^3/h$喷嘴管路上游阀门下端设计旁通汇入小汇管，在小流量检定或校准时，流程不经过次级标准装置上游大汇气管，直接进入小汇管。

乌鲁木齐分站喷嘴规格参数见表7.1。

(2) 主要技术指标。

① 检定/校准介质：天然气；

② 设计压力：10MPa；

③ 检定压力：$(5.0~9.5)MPa$；

④ 检定工况流量：$(14~2500)m^3/h$；

⑤ 体积流量的测量不确定度：$U=0.23\%(k=2)$。

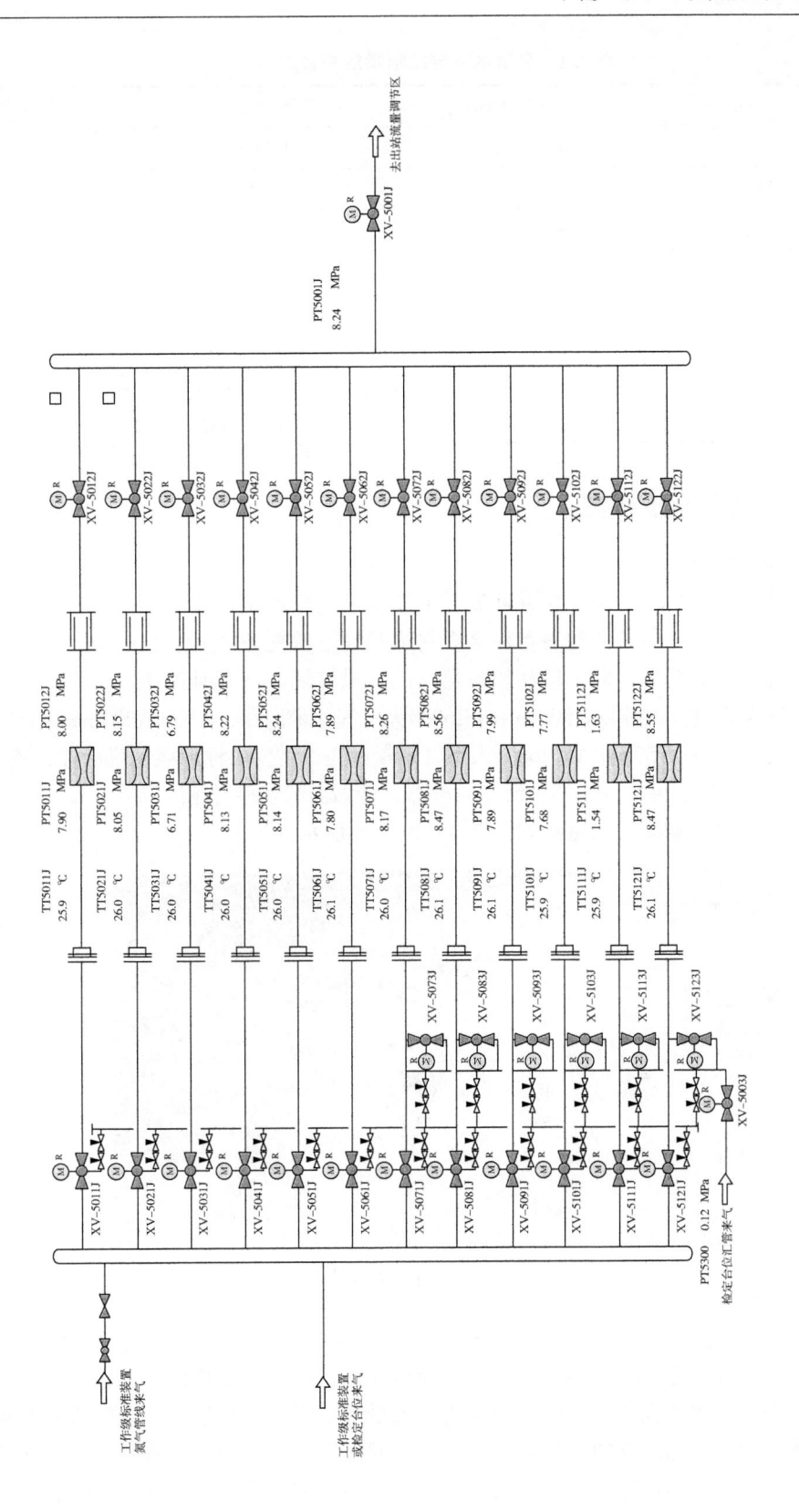

图7.3 乌鲁木齐分站次级标准装置示意图

表 7.1　乌鲁木齐分站喷嘴规格参数

序号	工况流量/(m³/h)	上游管段公称通径/mm	喉部直径/mm	喷嘴数量
1	7	50	3.2923	1
2	14	50	4.6356	1
3	28	50	6.5573	1
4	56	50	9.2824	1
5	112	100	13.1494	1
6	224	100	18.5732	1
7	410	100	25.1171、25.1443、25.1242、25.1131、25.1311、25.1314	6

7.2.3　工作级标准装置

（1）组成及工作原理。

工作级气体流量标准装置由 8 台并联安装的高精度涡轮流量计作为流量标准器，为了检测标准器的计量性能，装置还在每台标准涡轮流量计上游配备了一台相同口径的高精度超声波流量计作为核查标准，对标准涡轮流量计的计量性能进行实时核查。

工作级标准设置包含 4 路 DN250mm ANSI600# 天然气计量回路，2 路 DN200mm ANSI600# 天然气计量回路和 2 路 DN80mm ANSI600# 天然气计量回路，主要由标准涡轮流量计、核查超声流量计、压力变送器、温度变送器、流动调整器、伸缩器和连接管路组成。

工作级标准装置实物图和示意图如图 7.4、图 7.5 所示。

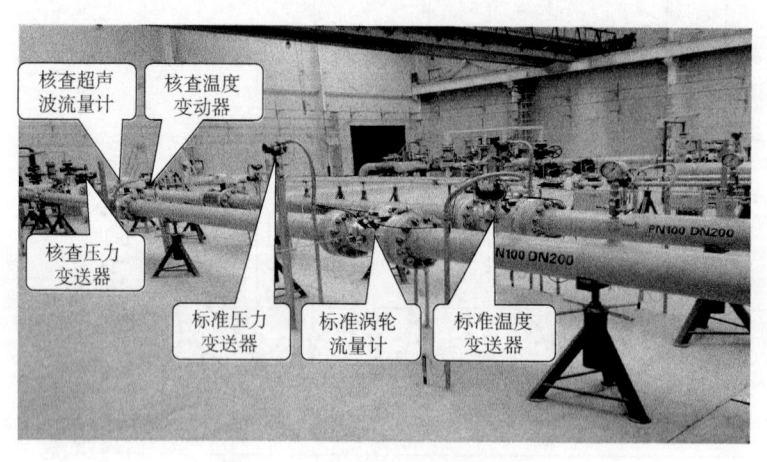

图 7.4　大工作标准装置实物图

工作级标准装置的主标准器为标准涡轮流量计，采用 SM-RI-X 型气体涡轮流量计，被检流量计串联在其下游，检定系统将先后流经标准涡轮流量计和被检流量计的天然气换算至相同工况条件，比较标准涡轮流量计和被检流量计测得的流量值，从而判断被检流量计的计量性能。为监测标准器的运行情况，装置还配备了一对一的超声流量计作为核查标准，采用 Q.Sonic-plus 型超声流量计，对标准涡轮流量计的计量性能进行实时核查。

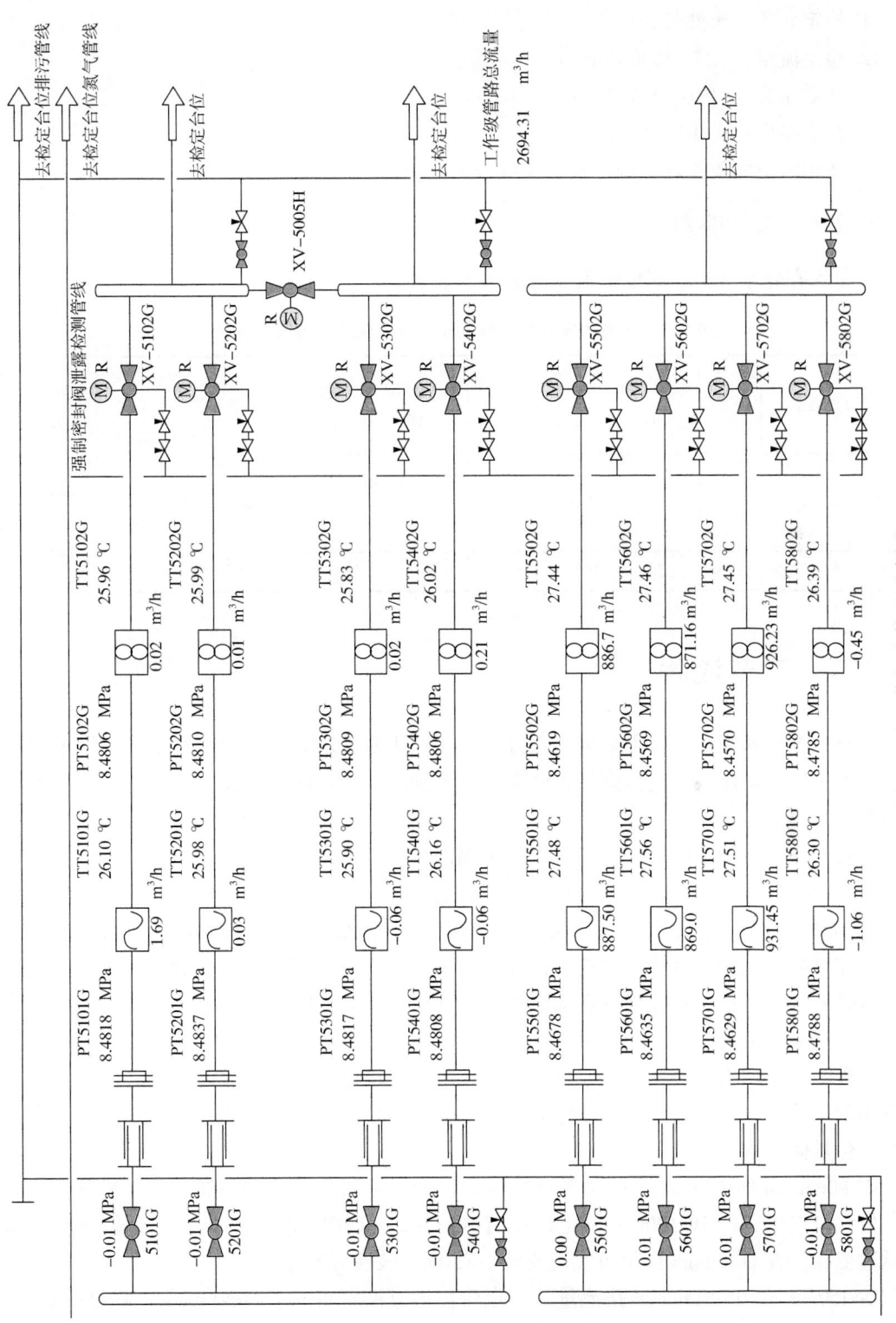

图7.5 小工作标准装置示意图

（2）主要技术指标。

① 检定介质：天然气；

② 检定流量：(25~10000) m³/h；

③ 介质压力：(5.0~9.5) MPa；

④ 介质温度：(-10~50)℃；

⑤ 体积流量测量扩展不确定度：$U=0.29\%(k=2)$。

7.2.4 检定能力

乌鲁木齐分站天然气流量量值溯源能力见表7.2：

表7.2 乌鲁木齐分站天然气流量量值溯源能力情况统计

标准装置类型		不确定度/%	最大口径/mm	流量范围/(m³/h)	压力范围/MPa	建标时间	挂靠单位	年检定能力/台	取得资质
次级	临界流文丘里喷嘴法	0.23	100	14.00~2500.00	5.0~9.5	2017年	西部管道公司	300	社会公用计量标准、CNAS认可
工作级	标准表法	0.29	250	25.00~10000.00	5.0~9.5	2017年	西部管道公司		

7.3 工艺流程

乌鲁木齐分站检定工艺方案采用直排方案，利用西气东输二线和西气东输三线下载天然气，检定后的高压天然气排至昌吉分输站，分别向北疆管网联络线、乌石化支线、呼图壁储气库排气。

乌鲁木齐分站检定区域的设计压力为10MPa，其余进出站、过滤、调压等区域的设计压力为12MPa，其主要工艺系统包括进站区、过滤区、压力调节区、分流区、工作标准装置（含核查级标准）、检定台位、调流区等，乌鲁木齐分站流程示意图如图7.6所示。

工作级标准涡轮流量计通常选用在分界流量 q_t 及以上流量点运行，利用次级标准装置校准被检流量计时根据被检流量点选择喷嘴。利用工作级标准装置检定或校准被检流量计时一般选用原则见表7.3。

乌鲁木齐分站根据流量计公称直径，设有8路流量计检定台位，每路检定台位均可实现双表同检功能，从工艺安全角度考虑，该站被检台位最大运行流速控制在30m/s，该站被检台位具体设置如下：

DN80mm 和 DN100mm 两路流量计检定台位通过汇管组成了"DN80mm、DN100mm 检定台位"。DN80mm、DN100mm 检定台位由 DN80mm 和 DN100mm 两个检定台位组成，其中通过变径，在 DN80mm 台位可实现安装 DN50mm 被检流量计。

DN150mm 和 DN200mm 两路流量计检定台位通过汇管组成了"DN150mm、DN200mm 检定台位"。DN150mm、DN200mm 检定台位由 DN150mm 和 DN200mm 两个检定台位组成。

DN250mm、DN300mm和DN400mm三路流量计检定台位通过汇管组成了"DN250mm至DN400mm检定台位"。DN250mm、DN300mm、DN400mm检定台位由DN250mm、DN300mm和DN400mm三个检定台位组成。

单独设有一路高精度检定台位，由DN200mm台位构成，通过变径连接，可检定/校准DN150mm、DN200mm、DN250mm的流量计。

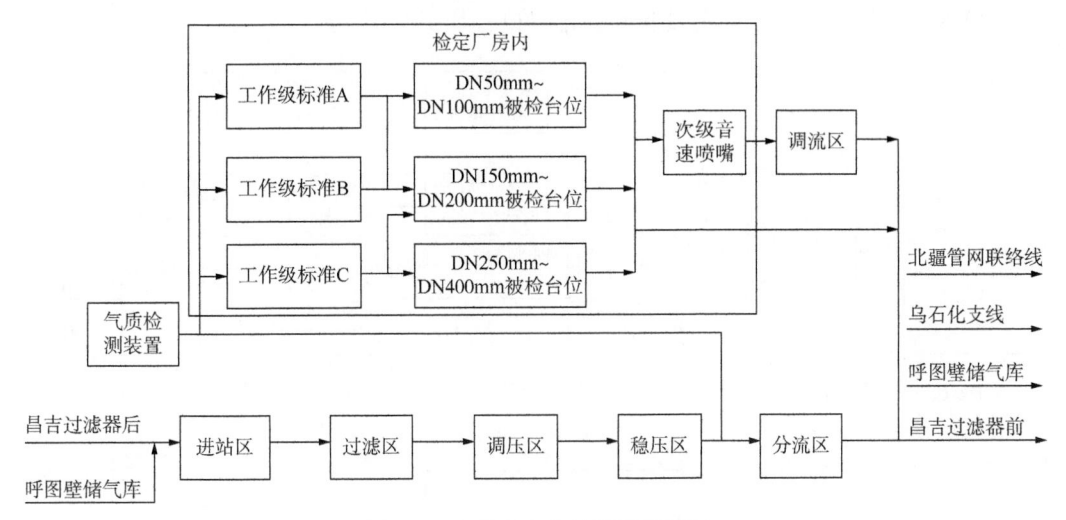

图7.6 乌鲁木齐分站流程示意图

表7.3 乌鲁木齐分站工作级标准装置选用原则

序号	检定台位	被检流量计的测量范围/(m³/h)	选用的工作标准路数	被检流量计的公称直径/mm
1	DN50mm、DN80mm、DN100mm 检定台位	25~500	装置A：DN80mm×1，DN80mm×2	50、80、100
2		160~1600	装置B：DN200mm×1	100
3	DN150mm、DN200mm 检定台位	25~500	装置A：DN80mm×1，DN80mm×2	150、200
4		160~3200	装置B：DN200mm×1，DN200mm×2	150、200
5	DN250mm、DN300mm、DN400mm 检定台位	25~500	装置A：DN80mm×1，DN80mm×2	250、300、400
6		500~2500	装置B：DN250mm×1	250、300、400
7		500~5000	装置B：DN250mm×2	250、300、400
8		500~7500	装置B：DN250mm×3	250、300、400
9		500~10000	装置B：DN250mm×4	250、300、400

被检流量计的台位包括：前后直管段、整流器、高压手动液压伸缩接头和温度、压力补偿仪表等。被检流量计前的直管段长度为30D，流量计后的直管段长度为10D。为了提升乌鲁木齐分站的检定能力，在检定台位上预留2个3D的空间，通过伸缩接头与直管段的配合最多在一路检定支路上可串联安装2台相同口径相同类型的流量计，同时进行检定，可成倍提高检定的效率。

为了便于检定时安装和拆卸被检流量计，在被检流量计管路下游加装高压手动液压伸缩接头，其设计压力为10MPa，最大伸缩长度至少100mm。

在每个检定台位处设1个防爆接线箱，以便将被检流量计处的流量信号、温度信号、压力信号接入检定系统中。

7.3.1 进出站流程

乌鲁木齐分站设有两处取气口和四处排气口，如图7.7所示。

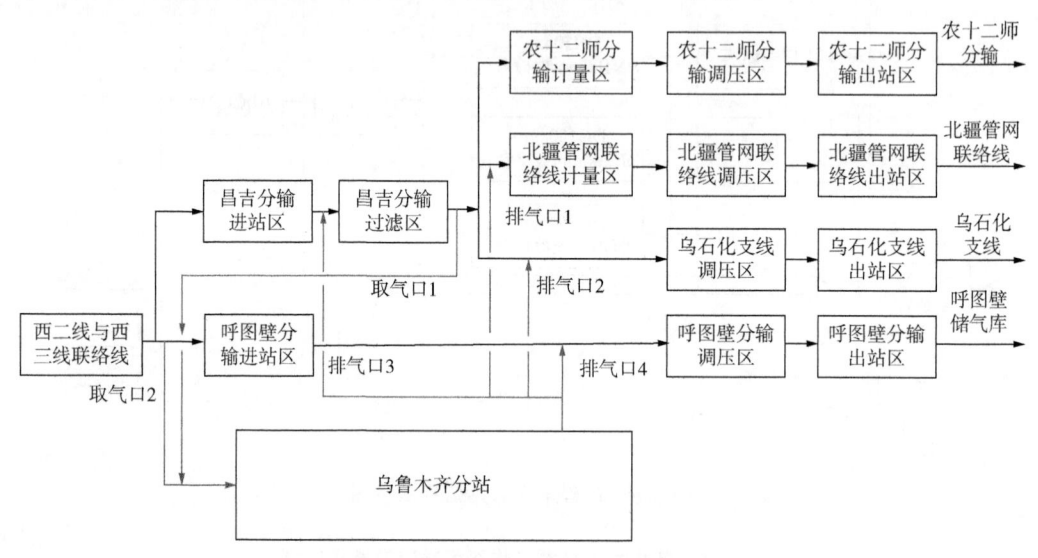

图7.7 乌鲁木齐分站进出站示意图

两处取气口：第一处取气口设置在昌吉分输站过滤器后端汇管阀1101F处；第二处取气口设置在呼图壁双向输气管线的进口阀31003处。

四处排气口：第一处排气口设置在昌吉分输站向北疆管网联络线分输管线的计量系统上游阀1301F处；第二处排气口设置在昌吉分输站向乌石化供气支线分输管线的调压系统上游阀1201F处；第三处排气口设置在昌吉分输站过滤系统上游阀31021处，即阀1116与过滤系统之间；第四处排气口设置在呼图壁双向输气管线的进站阀下游阀31017处，即阀31008下游与调压系统上游之间。

四个排气管线允许排气压力、工况流量详见表7.4。

表7.4 乌鲁木齐分站排气管线工况要求

序号	名称	允许排气压力/MPa	工况流量范围/(m³/h)
1	昌吉分输站过滤系统上游阀31021处，即阀1116与过滤系统之间	9.1~9.5	6888~7841
2	昌吉分输站向乌石化供气支线分输管线的调压系统上游阀1201F处，即阀6701下游与调压系统上游之间(乌石化支线)	5~9.1	1163~3333
3	昌吉分输站向北疆管网联络线分输管线的计量系统上游阀1301F处，即阀3004下游与计量系统上游之间(北疆管网联络线)	3.3~6	1375~5348
4	呼图壁双向输气管线的进站阀下游阀31017处，即阀31008下游与调压系统上游之间	9.1~9.5	5737~6028

取排气工艺选择原则如下。

(1) 排气管道选择。

① 单线排气量能达到被检流量计最大量要求，优先选择单线；

② 单线排气量达不到被检流量计最大量要求，双线能达到，优先选择双线；

③ 三条排气管线排气量进行双线组合，均能达到被检流量计最大量要求，根据实际运行情况确定。

(2) 检定压力的选择。

① 要求检定压力≥管道运行压力。

② 考虑被检流量计的要求：0.5倍流量计运行压力≤检定压力<流量计运行压力。

(3) 检定流量的选择。

① 若现有工况量达到被检流量计的最大量要求，务必要达到最大检定流量。

② 若现有工况量达不到被检流量计的最大量要求，则考虑选择利用流量计 $4q_t$ 代替最大工况量，选择合适的直排管道。

③ 对于一台被检流量计的检定，应统筹现有排气管道的可实现能力，将检定压力和检定流量结合在一起，进行选择。

乌鲁木齐分站取排气工艺流程为2进4出，可利用的排气方案见表7.5。

表7.5 乌鲁木齐分站可利用的排气方案

方案	取气口	排气口
方案一	昌吉分输站过滤器后端汇管阀1101F处	北疆管网联络线分输管线的计量系统上游阀1301F处
方案二	昌吉分输站过滤器后端汇管阀1101F处	乌石化供气支线分输管线的调压系统上游阀1201F处
方案三	昌吉分输站过滤器后端汇管阀1101F处	北疆管网联络线分输管线的计量系统上游阀1301F处 乌石化供气支线分输管线的调压系统上游阀1201F处
方案四	呼图壁双向输气管线的进口阀31003处	呼图壁双向输气管线的进站阀下游31017处
方案五	呼图壁双向输气管线的进口阀31003处	昌吉分输站过滤系统上游阀31021处
方案六	呼图壁双向输气管线的进口阀31003处	呼图壁双向输气管线的进站阀下游31017处
方案六	呼图壁双向输气管线的进口阀31003处	呼图壁双向输气管线的进站阀下游31017处 昌吉分输站过滤系统上游阀31021处
方案七	呼图壁双向输气管线的进口阀31003处	北疆管网联络线分输管线的计量系统上游阀1301F处
方案八	呼图壁双向输气管线的进口阀31003处	乌石化供气支线分输管线的调压系统上游阀1201F处
方案九	呼图壁双向输气管线的进口阀31003处	北疆管网联络线分输管线的计量系统上游阀1301F处 乌石化供气支线分输管线的调压系统上游阀1201F处

乌鲁木齐分站进、出站各设置一个带有气液联动执行机构的球阀。阀门采用五洲全焊接球阀，阀门型号为24in×20in Q867X-900LB，规格压力为Class900，连接方式为全焊接，阀座结构为DIB-1型(双活塞效应的阀座)，通径形式为缩径。执行机构选用FHALKE(法奥克)，型号为GHAZ-D-2-140-HP-T-LBCe，执行机构全开最小时间为40s，最大时间

为60s，全关最小时间为20s，最大时间为30s。

7.3.2 过滤分离系统

过滤分离器依靠过滤元件的过滤作用将固体或液体分离出来，是天然气长输管道常用的过滤设备，具有过滤效率高、去除粒径小等优点，需定时更换滤芯，为避免管输天然气带有的污物、铁锈、粉尘等杂质进入工艺站场。

由于乌鲁木齐分站的取气口为2个，一个是昌吉分输站过滤器下游汇管，此取气口的来气已经过昌吉分输站站内过滤设备，因此不需再设置过滤分离系统。另一个是西气东输二线至呼图壁储气库双向输气管线来气，此处来气为西气东输二线干线来气，气质没有经过过滤，因此乌鲁木齐分站站内还需设置过滤分离系统，以保证检定系统用气符合要求，过滤分离器配置情况见表7.6。

表7.6 乌鲁木齐分站过滤分离器配置情况

数量	设计压力/MPa	设备型式	筒体直径/mm	主体材质	容器类别
2(1用1备)	12.6	卧式	1300	16MnDR/16MnDⅢ	Ⅲ

7.3.3 压力调节

由于乌鲁木齐分站来气压力最高能达到11.5MPa，而检定装置设计压力为10MPa，所以需要设置压力保护及调节系统。

压力保护及调节系统由调压、稳压系统和安全切断设备构成。

调压系统包括一台DN400mm、一台DN350mm、一台DN250mm的电动调节阀，调节阀承压等级为Class900；三台调节阀串联设置，根据不同压力、不同流量选择所需的调节阀，压力调节范围如下：

(1) 高压范围：(6~10)MPa；
(2) 中压范围：(5~6)MPa；
(3) 低压范围：(4~5)MPa。

稳压系统包括一台DN600mm、一台DN300mm的电动调节阀，调节阀承压等级为Class900，两台调节阀并联设置。

为了保证所需检定压力不超过10MPa，在进入检定装置厂房前设置两台安全切断阀(SIL3)，并与检定装置厂房入口阀门后的压力变送器连锁，以保证检定用天然气的压力不超过10MPa。安全切断设备为2台DN500mm的安全切断阀。这种设置使得操作人员可以根据不同的工况更快地获得稳定的检定工况。作为安全设备的安全切断阀，采用不需外部动力源的气动式阀门。

调节阀采用电动执行机构驱动。调节阀采用轴流式，调节阀的流量特性为等百分比。

7.3.4 流量调节

流量调节阀组包括流量调节系统和分流调节系统。通过流量调节系统与旁路管线的分流调节系统的共同作用，平稳地分流出所需的检定流量，而进出站的流量保持不变，达到检定/校准时尽可能不影响上下游工艺的目的。乌鲁木齐分站流量调节系统示意图如图7.8所示。

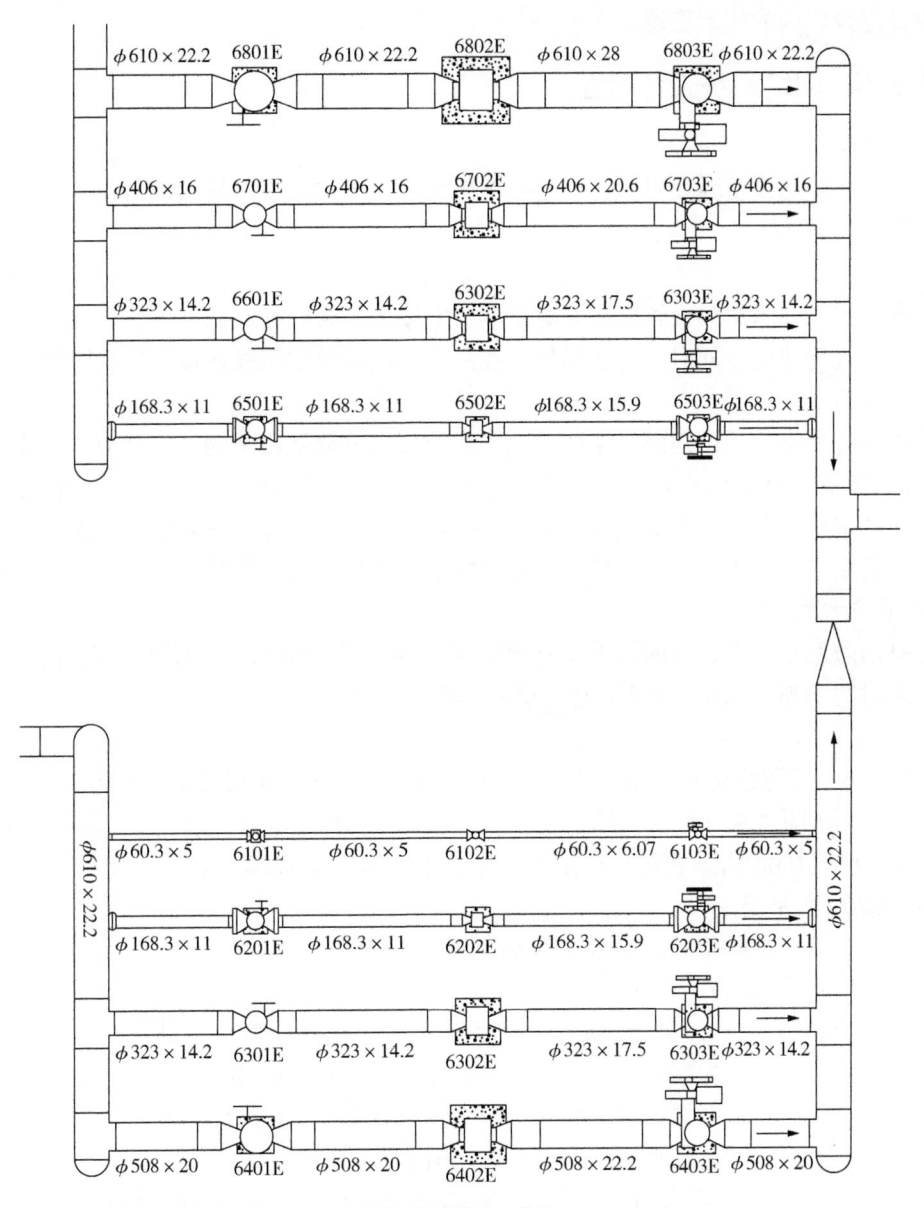

图 7.8 流量调节系统图(单位：mm×mm)

流量调节系统由四台流量调节阀并联组成，分别为 DN50mm、DN150mm、DN300mm 和 DN500mm 的电动调节阀。

分流调节系统由四台调节阀并联组成，分别为 DN150mm、DN300mm、DN400mm 和 DN600mm 的电动调节阀。分流调节系统主要用于检定系统的压差和流量调节，其中 DN400mm 和 DN600mm 的电动调节阀为流量调节阀，用于工作级检定时的流量调节；DN300mm 的电动调节阀为压力调节阀，用于次级检定时的压力调节；DN150mm 的电动调

— 141 —

节阀既可作为工作级检定时的流量调节，又可作为用于次级检定时的压力调节。

该流量调节阀组均为调节性能稳定的轴流式调节阀，并且通过与上游的流量调节，可以确保检定管段内的流动稳定。

7.3.5 辅助系统工艺流程

（1）排污。

乌鲁木齐分站未单独设置排污罐，排污管线接入昌吉分输站排污汇管，通过昌吉分输站排污罐进行排污。

（2）放空。

乌鲁木齐分站未单独设置放空火炬，其放空接入昌吉分输站放空汇管，通过昌吉分输站放空火炬进行放空，同时为防止串气，在昌吉分输站放空管线相接处加止回阀。

（3）消防。

乌鲁木齐分站位于已建西气东输二线工程的昌吉分输站西南侧，昌吉市消防中队距本站15km，装备3.5t消防水车一辆，到站时间15min，可承担乌鲁木齐分站的消防救援。

场区设室外消防给水系统，综合值班室、检定装置厂房等设室内消火栓系统，工艺装置区、辅助生产区、生活区及区域内的建筑物配置相应类别、数量的便携式灭火器材。

① 消防水池。

根据消防用水需求，站内设1座有效容积为500m³的消防水池作为火灾时消防水源。水池补水时间不超过48h，水池附近设消防车取水井。

② 消防泵房。

站内设半地下消防泵房1座。消防泵房耐火极限为二级。泵房内设置消防变频给水设备1套（包括电动消防水泵1台、备用柴油消防水泵1台、稳压电泵2台），用以满足场区火灾时的消防用水压力和流量。消防水量为40L/s，供水水压为0.6MPa左右，火灾延续时间为3h。

③ 消防给水系统。

乌鲁木齐分站消防给水设施采用稳高压系统。火灾发生时，由消防泵从消防水池取水，经消防给水管网向着火点供给所需的消防水量、水压。消防泵的启动为手动和自动相结合。在站内装置区布置环状消防管网，根据场区布置及保护距离设置相应数量的消火栓，为方便检修，设有控制阀。每个消火栓带有2个DN65mm的栓口，消火栓周围5m以内适当位置设置一个消防器材箱，箱内配备2盘直径为65mm、长度为20m的带快速接口的水带和2只65mm×19mm水枪及一把消火栓钥匙。

在检定装置厂房按照同时使用消火栓数量及保护距离设置相应数量的室内消火栓。

检定厂房建筑面积2700m²，耐火等级为二级，配置MF/ABC8型灭火器12台，MFT/ABC50型灭火器6台。

（4）氮气置换。

在拆卸流量计时，需要首先截断被检流量计前后两端的阀门，然后放空这部分天然气，放空结束后，需要使用一定压力的氮气，吹扫剩余低压天然气。因液态氮的存储比较困难，存在一定危险且氮气使用比较频繁，所以乌鲁木齐分站采用制氮机组作为氮气来源。为防止高压天然气窜漏到氮气系统造成风险，氮气出口管线的阀门、仪表和工艺管线的设计压力均为 10MPa。

除被检流量计需要经常更换外,还需要不时地对工作标准装置和次级音速喷嘴进行维修和更换,因此工作标准装置和次级音速喷嘴也需要接入氮气吹扫管道。

乌鲁木齐分站采用 PSA 制氮机。

由于制氮机为非动设备,且间断运行,因此不设备用,制氮机的参数为:

① 变压吸附制氮机(双塔) 1套;
② 单台标准产氮量:100m³/h;
③ 设计压力:1.0MPa;
④ 氮气纯度:≥99.5%(国标中规定的非氧含量);
⑤ 氮气露点:≤-40℃(常压);
⑥ 氮气出 PSA 系统压力:0.8MPa(表压)可调;
⑦ 吸附剂:碳分子筛(寿命≥4.2×10⁴h);
⑧ 氮气缓冲罐 2 套;
⑨ 容量 10m³;
⑩ 设计压力 0.8MPa;
⑪ 直径 2000mm。

(5)阀门泄漏检测。

乌鲁木齐分站检定厂房内强制密封阀均设置内漏检测阀,内漏检测阀后设置就地压力表,通过内漏检测阀和压力表可对单体强制密封阀内漏情况进行检测。所有内漏检测管线通过引压管接入检测压力变送器,通过该压力变送器可对整体内漏情况进行检测。

7.4 检定控制系统

7.4.1 站控系统

乌鲁木齐分站设置一套独立的站控系统,以满足站场整体的控制功能需求。该控制系统通过调节阀对压力、流量的联合控制,实现平稳分流,顺利地向下游排气。

现场温度、压力和电动阀等均可采用 FieldBus 总线进行数据传输。

乌鲁木齐分站站控系统由以下几部分构成:过程控制单元;安全仪表系统;操作员工作站;网络设备;数据通信设备;站控制系统软件。

乌鲁木齐分站站控系统的功能如下:过程变量的巡回检测和数据处理;向调控中心和地区公司上传数据和报警信息(若需要);提供工艺站场的运行状态、工艺流程、动态数据的画面或图形显示,报警、存储、记录和打印;压力和流量的控制;故障自诊断,并把信息传输至地区公司(若需要);监视站场变电和配电系统的状态;监视工艺站场和站控制室火灾安全状况。

乌鲁木齐分站站控系统配置图如图 7.9 所示。

7.4.1.1 过程控制系统

过程控制单元主要负责数据采集和处理、调节控制、逻辑控制、提供数据、接收并执

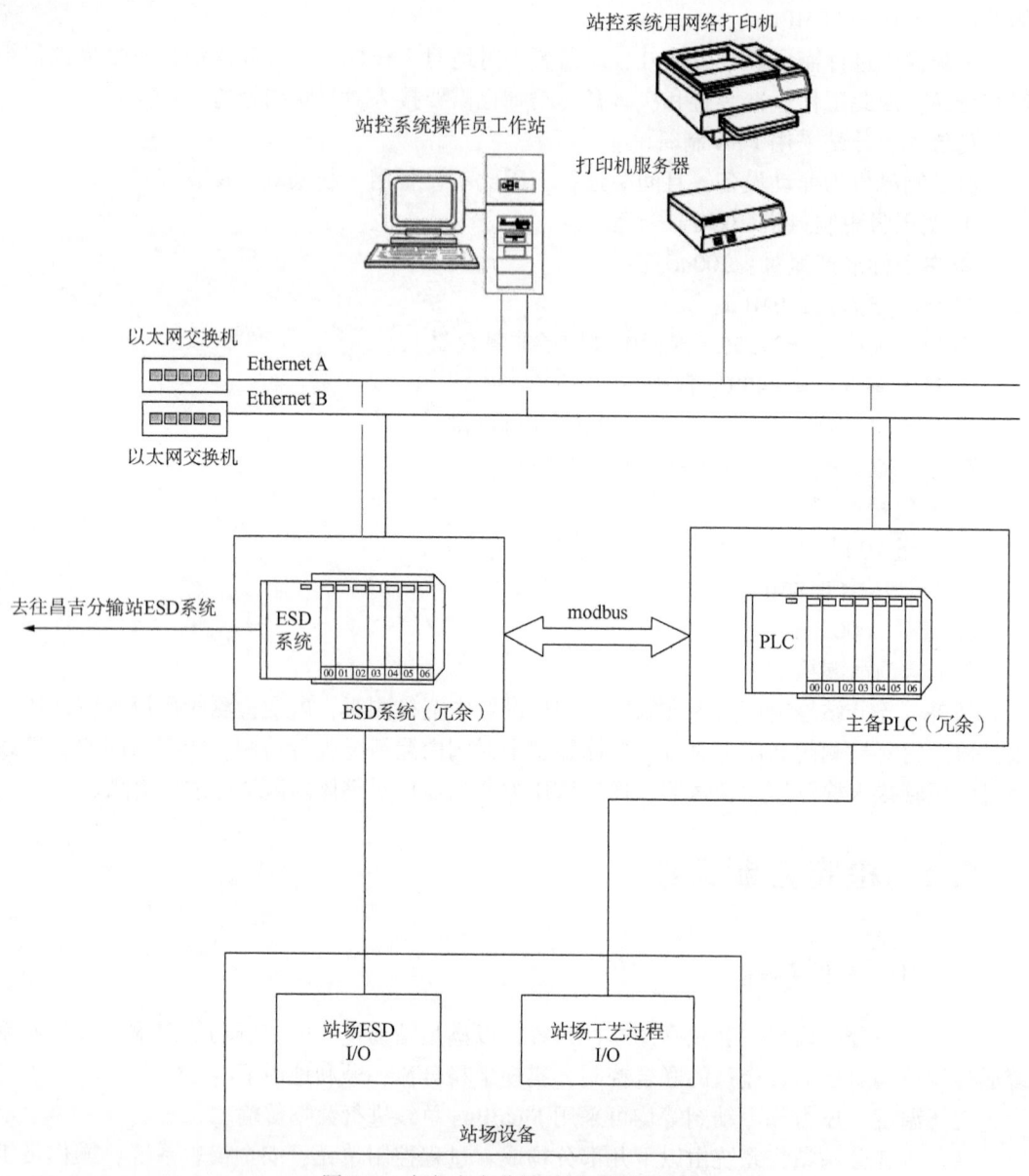

图 7.9　乌鲁木齐分站站控系统配置图

行控制命令等,是站控制系统的基础。

过程控制单元采用高可靠性的 PLC 或 RTU,CPU 模块、电源模块、通信模块具有冗余热备特性。每块模块具有自诊断功能,可带电插拔。

7.4.1.2　安全仪表系统

安全仪表系统主要用于使工艺过程从危险的状态转为安全的状态。保障输气管道能够在紧急的状态下安全地停输,同时使系统安全地与外界截断不至于导致故障和危险的扩散。安全仪表系统应具备回路诊断功能和顺序记录(SOE)功能。

安全仪表系统主要由检测仪表、控制器和执行元件三部分组成。安全仪表系统按照

SIL2 等级进行设计。通常，各部分均应采用具有相应 SIL 认证的设备。

检测仪表：现场压力、温度、火灾、可燃气体浓度等传感器，其设置与过程控制系统的仪表分开。

控制器：采用独立的控制单元，符合 IEC61508 要求，得到安全等级认证的设备。

执行元件：执行必要的动作，使工艺过程处于安全状态的设备，如 ESD 阀门、安全切断阀等。安全仪表系统的所有电驱动设备均应 UPS 供电。

7.4.1.3 紧急关断系统

为了减少事故状态下天然气的损失和保护站场安全，乌鲁木齐分站与昌吉分输站均设置紧急切断(ESD)阀。当乌鲁木齐分站与昌吉分输站发生事故时(如火灾)，ESD 系统触发紧急切断阀关闭，昌吉分输站将切断分输支路及与乌鲁木齐分站之间的联系。同时，乌鲁木齐分站与昌吉分输站放空管线上的电动旋塞阀自动打开，放空站内天然气。

ESD 截断阀和进出站放空阀均由 UPS 供电，以保证站场断电后 ESD 仍可操作。

乌鲁木齐分站 ESD 阀门有进出站阀 1001A、1001B，安全截断阀 6001D、6002D。

7.4.1.4 可燃气体报警系统

在乌鲁木齐分站综合值班室的控制室，分析化验用房、仪表检定室，综合设备间的控制室、空压、制氮机房，变配电间内，采用点型感温探测器及感烟探测器进行火灾监测，同时配有报警器，进行报警和记录。点型感温探测器主要为电子差定温感温探测器。点型感烟探测器主要为离子感烟探测器。按照 GB 50116—2013《火灾自动报警系统设计规范》进行设置，可燃气体及火灾检测报警系统如图 7.10 所示。

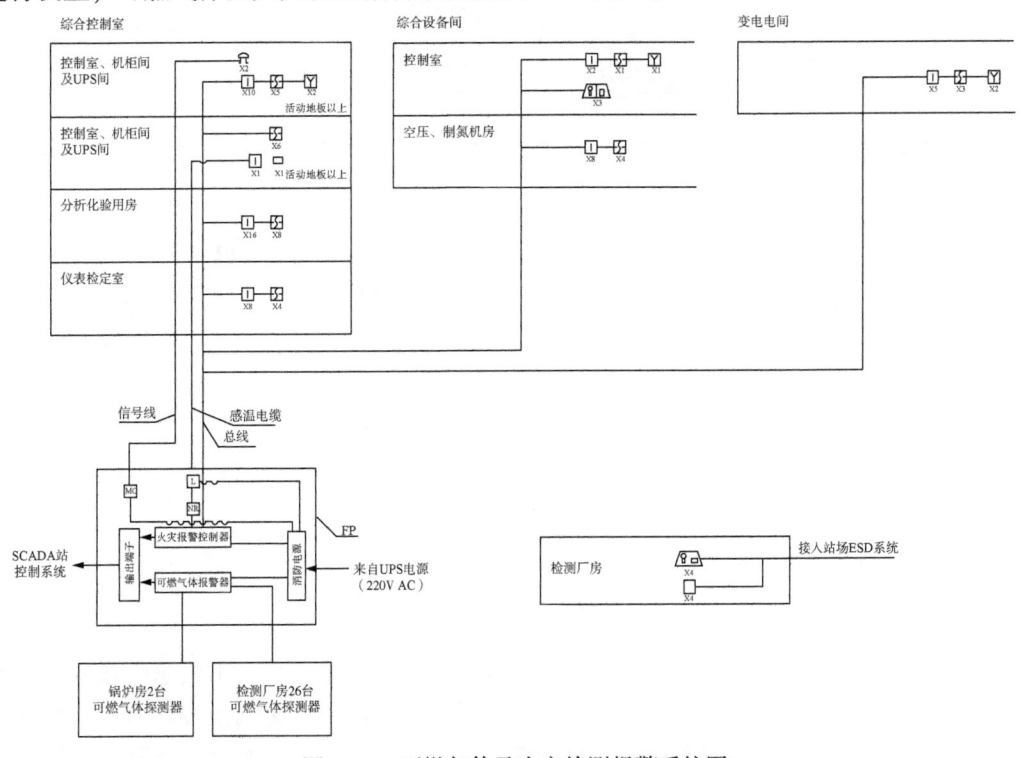

图 7.10 可燃气体及火灾检测报警系统图

探测器与火灾报警系统采用二总线通信技术，整个系统随时监测总线工作状态，保证系统可靠运行。

在防爆厂房内设置可燃气体探测器、防爆手动报警按钮和防爆声光报警器等，当检定及标准装置厂房和控制室内发生异常时，可以实现自动报警。在锅炉房设置可燃气体探测器，用于检测锅炉房内可燃气体的泄漏。

在检定及标准装置厂房内设置防爆风机，风机与可燃气体探测器连锁，当可燃气体探测器检测到可燃气体含量高时将自动联锁启动风机。

可燃气体探测器选用固定点式，检测原理为红外补偿型。报警器安装在机柜间的火灾报警盘内。可燃气体报警器对报警信号的检测及显示精度优于±0.1%。报警信号上传至检定控制系统中。

此外，站场还配置有便携式可燃气体检测仪。

7.4.2 检定系统

乌鲁木齐分站检定系统主要由信号测量采集系统、工业计算机、服务器、网络设备、电源、打印机等硬件，以及专业检定软件组成，能够完成次级临界流喷嘴、工作标准涡轮流量计、核查标准超声流量计、温度变送器、压力变送器、在线色谱分析仪，以及被检流量计的流量、温度、压力等现场测量信号的采集、处理。同时对检定数据进行计算、量值确认、报表及检定证书打印等。能够监视检定过程中主要运行参数和设备状态。乌鲁木齐分站检定系统配置如图7.11所示。

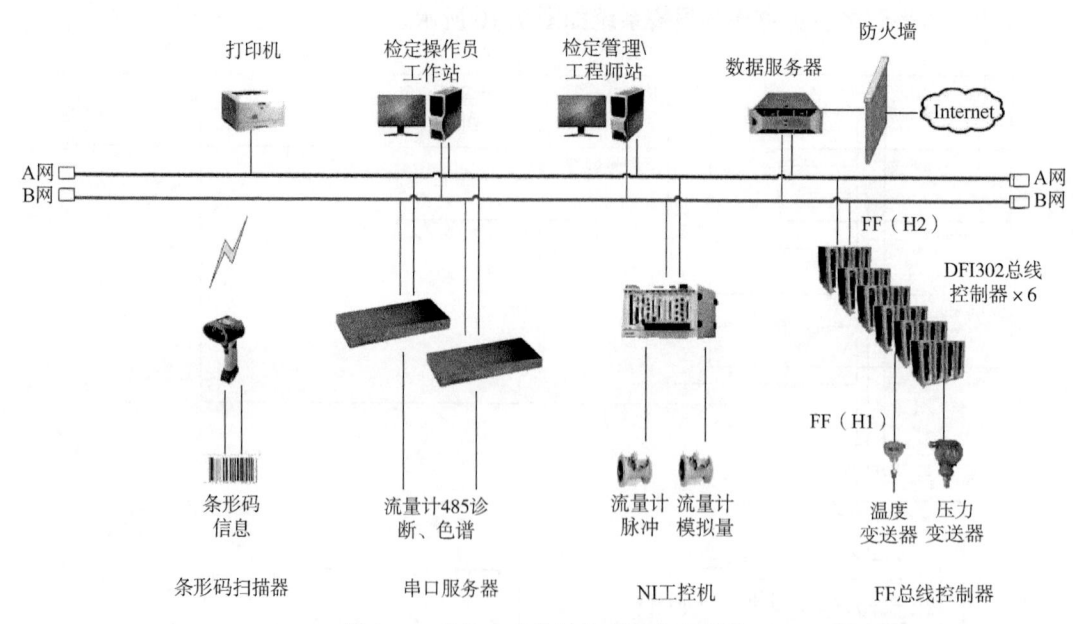

图7.11 乌鲁木齐分站检定系统配置图

检定系统能够通过键盘输入或从管理系统数据库载入被检表的基本信息，设置检定参数。能对气体超声流量计、气体涡轮流量计、容积式流量计、涡街流量计和质量流量计进行检定，显示被检流量计不同流量点的重复性、示值误差、流量计系数等参数。

检定系统通过数据库管理维护,将每个工作标准流量计、核查标准流量计、被检流量计、次级喷嘴和温度变送器、压力变送器、差压变送器及在线色谱分析仪等设备的检定实时数据和计算结果进行长期保存和备份。每次检定的结果都能自动存储在数据库中,以保证检定数据的可追溯性。

检定系统用的压力采用表压变送器+大气压力计的方式,可以大幅度减少压力变送器的检定工作量。检定系统采集的温度、压力信号采用FF总线模式,流量信号采集采用脉冲方式,与流量计的通信和诊断采用RS485、TCP/IP方式,大气压力信号和次级喷嘴下游压力信号采用常规模拟量方式,具体说明如下。

(1) FF总线信号。

与检定结果相关的温度变送器和压力变送器均采用FF总线协议传输信号,每支总线的终端均设有终端电阻和终端电容,有效降低外界干扰对总线数据传输的影响,且在现场接线箱和控制室接线柜内分别设置浪涌保护器,使得FF总线两端均具备抗浪涌能力。

(2) 脉冲信号。

每路工作级标准流量计、核查超声流量计和被检流量计输出的脉冲信号接入现场接线箱之后,进入设置在站控室机柜内的MK-15光电隔离整形放大器,整形后的脉冲信号直接进入脉冲/频率/时间采集系统。

(3) 模拟量信号。

环境温湿度、大气压力计和次级喷嘴下游压力变送器输出(4~20)mA信号,接入现场接线箱经过浪涌保护器之后,才能进入模拟量采集板。每路模拟量信号均采用屏蔽电缆传输,屏蔽层单端接地,以消除干扰。

(4) RS485信号。

连接每路核查流量计和被检流量计的RS485信号需要经过浪涌保护器才能进入站控室的机柜内。

(5) TCP/IP信号

在线色谱分析仪的信号,以及连接每路核查流量计和被检流量计的TCP/IP信号需要进入光电转换接线箱内的交换机,完成光电转换后远传至站控室内的光电转换器,经光电转换后进入机柜内的交换机。

7.4.2.1 次级标准系统

乌鲁木齐分站次级标准系统工艺框图如图7.12所示。

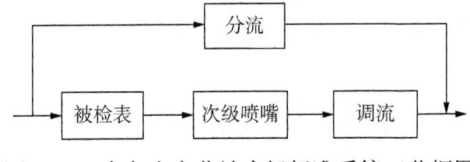

图7.12 乌鲁木齐分站次级标准系统工艺框图

(1) 控制。

次级喷嘴的流路选择是通过站控系统控制相关阀门的开关来完成的,确定了喷嘴的流路,就确定了检定流量点,再通过分流阀门调整喷嘴的背压比,当达到喷嘴的临界背压比要求后,通过喷嘴和被检流量计的质量流量不再变化,就可以开始检定了。

(2) 信号。

流量信号：被检流量计的脉冲信号经过光电隔离和整形放大后进入脉冲/频率/时间采集系统。"双表同检"的2台流量计各自有1路脉冲信号输出。脉冲信号采集模块通过"双计时"法提高脉冲采集精度。

压力信号：次级喷嘴上游压力信号、被检流量计压力信号通过FF总线协议进入H1型总线控制器内，检定系统通过实时通信读取这些数值。大气压力计和次级喷嘴下游压力变送器的(4~20)mA信号经过浪涌保护器后，进入检定系统的多通道模拟量采集卡。

温度信号：次级喷嘴上游温度信号、被检流量计温度信号通过FF总线协议进入H1型总线控制器内，检定系统通过实时通信读取这些数值。环境温湿度的(4~20)mA信号经过浪涌保护器后，进入检定系统的多通道模拟量采集卡。

组分信号：在线色谱分析仪的组分数据通过TCP/IP协议实时传送给检定系统和站控系统。

7.4.2.2 工作级标准系统

乌鲁木齐分站工作级标准系统工艺框图如图7.13。

图7.13 乌鲁木齐分站工作级标准系统工艺框图

(1) 控制。

使用工作标准检定流量计的工艺相比次级要简单，只需要导通相关流程即可，整个操作都是在1个压力水平下进行。工作级标准涡轮流量计的流路选择是通过站控系统控制相关阀门的开关来完成的。

(2) 信号。

工作标准与次级标准的信号相比，有以下两方面的不同：

流量信号：除了被检流量计的脉冲信号，还有标准涡轮流量计的脉冲信号经过光电隔离和整形放大后进入脉冲/频率/时间采集系统。标准涡轮的脉冲信号均通过采集"整脉冲"法提高脉冲采集精度，被检流量计的脉冲信号通过"双计时"法提高脉冲采集精度。

超声流量计通信及诊断：核查超声流量计和被检超声流量计通过以太网/RS485信号向监控计算机传输诊断信息。操作者可在站控室内实时对超声流量计进行在线诊断。

7.5 设计、施工及运行经验

7.5.1 设计经验

7.5.1.1 检定工艺"等压切换，分流调节"

如果检定工艺的分流和调流装置分属于两个压力系统，将导致检定过程中分流、调流和调压系统相互影响，调节频繁，稳定时间长，同时对下游扰动大。建议在设计阶段将分流、调流装置调整至同一压力系统，以实现"等压切换，分流调节"，提高流量调节效率，同时避免了流程切换对下游运行产生影响。另外，建议调压系统采用三级调压阀串联，同时每个调压阀并联一个球阀的方式，实现单阀调压、二级串联调压、三级串联调压的功能，以提高调压效率，节省投资。

7.5.1.2 检定厂房加基础筏板

标准表台位和被检表台位的基础如果发生沉降等变化，必然导致流量计拆装困难，也可能影响标准装置的技术性能，在设计阶段增加检定厂房的基础筏板，将主要设备均坐落在这个基础筏板上，可以有效避免相关问题。

7.5.1.3 标准装置入口加过滤器

施工过程中不可避免在管道中留下杂物，试压残留的水会腐蚀管道，产生铁锈等杂物。通常在进站管道处设置过滤器，可以阻挡站外的杂物进入站内，但站内管道中的杂物会随流体经过标准表，将损坏标准表，目前的做法是在标准表的上游加装锥形过滤器，这样有2个不好的后果：(1)锥型过滤器容量小，清理/更换周期短。(2)对标准表上游的流场有扰动，影响标准表的测量性能。建议设计阶段，就考虑在标准装置的入口加装1个小型的立式过滤器，可以保护标准表，滤芯更换可以1年以上，也不会对标准表产生扰流。

7.5.1.4 优化标准涡轮流量计选择

标准涡轮流量计的最佳运行范围是满量程的20%~80%；涡轮流量计运行在满量程的20%以下的计量性能会变差，不利于建标考核与今后的检定校准工作，而且，并联的各路标准涡轮流量计由于偏流的原因，中间回路的流量明显大于边回路的流量，如果设计的最大流量是按涡轮流量计满量程的100%计算的，将达不到标准装置的最大设计流量，或边回路标准涡轮流量计的最大流量超过满量程的100%。建议按标准涡轮流量计满量程的20%~80%计算标准装置流量范围，确定流量计台数。另外，建议每种口径的标准涡轮流量计至少设计2台，并且增大各阶段流量间的覆盖范围，在一定程度上减小标准装置的不确定度的同时，提高备用率，不会因某一台标准流量计故障，使整个标准装置无法正常工作。

7.5.2 施工经验分享

7.5.2.1 参加工程现场管理组

在工程开工前，应抽调专人参加工程现场管理组的工作，全程参与施工进度、资料、质量、安全等方面的工作，始终保持管控力度，可以确保工程从始至终安全、质量得到有效控制，也为建成后的运行打下坚实基础。

7.5.2.2 严控管道内杂质

焊渣、石子、施工材料等杂质如果留在管道内，在运行时，将损坏阀门、超声流量计、涡轮流量计、音速喷嘴等重要设备，施工过程中要严格检查管道中是否杂质留存，每段管道必须确认没有杂质留存，方可封闭。

7.5.2.3 水试压注意事项

目前的标准要求管线的耐压及气密性试验只能用水作试压介质,在水压试验过程中,必须使用短节替换涡轮流量计、超声流量计、临界流文丘里喷嘴等主要计量设备,避免水对计量设备的性能造成损伤。同时,由于水试压后,用氮气吹扫不能排尽管道中的水,水会腐蚀管道,产生的铁锈将损坏主要设备,故需要合理安排水试压和投产的时间,水试压后,尽快投产,用大流量的天然气进行吹扫,减少铁锈量。

7.5.3 运行经验

7.5.3.1 计量比对

计量比对是保证计量标准量值统一、准确、可靠的重要手段之一,不但能考察实验室测量量值和出具测量结果的准确一致程度,还能考核计量标准、环境条件、人员水平、检测方法等方面的可靠程度、实际水平和能力,检查实验室检定结果的偏差与检定结果的不确定度是否保持在规定的范围内。

JJF 1033—2016《计量标准考核规范》和 CNAS-CL01《检测和校准实验室能力的通用要求》要求计量标准装置须定期开展计量比对或能力验证,国家管理部门定期组织的流量专业计量比对、能力验证活动必须参加,若国家管理部门未组织,实验室可自行组织计量比对。国家管理部门组织的计量比对、能力验证计划来源有以下两个途径:

计量比对计划:国家市场监督管理总局计量司(http://www.samr.gov.cn/jls/)。

能力验证计划:中国合格评定认可委员会(https://www.cnas.org.cn)。

实验室自行组织的计量比对,应覆盖所有计量标准装置,选择稳定性较好的传递标准,按照 JJF 1117《计量比对规范》规定的流程和方法,在 3 个或以上实验室间开展计量比对,对比对结果进行分析、报告。

7.5.3.2 期间核查

期间核查是"根据规定程序,为了确定计量标准、标准物质或其他测量仪器是否保持原有状态而进行的操作"。目前,较常用的期间核查方法有核查标准法、传递比较法和设备比对法,三种方法的比较见表 7.7。

表 7.7 期间核查优缺点对比

核查方法	优点	缺点
核查标准法	能较好地反映被核查对象的校准状态是否得到保持	对核查标准的长期稳定性要求较高。无法核查不同标准回路或不同标准表组合的一致性
传递比较法	能核查两套不同等级计量标准之间的一致性,且对核查标准的长期稳定性要求不高	两套装置流量重叠区域相对较小,不能全面反映量程较大装置的正常工作能力。而且,如果标准装置的公共部分出问题,出现系统性偏差,用这种方法不能发现标准装置存在的问题
设备比对法	较好反映了不同标准回路或不同标准表组合对测量结果的一致性,且对核查标准的长期稳定性要求不高	如果标准装置的公共部分出问题,出现系统性偏差,用这种方法不能发现标准装置存在的问题

乌鲁木齐分站目前采用核查标准法来确认标准装置的校准状态是否得到保持，同时结合传递标准法和设备比较法来核查不同等级标准装置或不同标准回路的测量结果一致性。

（1）核查标准法。

被核查标准装置的标准设备经高等级标准装置检定/校准后，立即用该标准装置测量核查标准得到参考值 x_0，经过一个核查周期后，用同样的方法测得核查结果平均值 x_1，按公式(7.1)计算。

$$E_n = \frac{|x_1 - x_0|}{U} \tag{7.1}$$

式中　U——被核查标准装置的扩展不确定度。

（2）传递比较法。

当实验室有两套不同等级的标准装置时，可采用传递比较法，核查两套计量标准之间的一致性。高一级标准装置和工作级标准装置选择重叠的相似流量点分别进行核查测量，按公式(7.2)计算：

$$E_n = \frac{|a_1 - b_1|}{\sqrt{U_1^2 + U_2^2}} \tag{7.2}$$

式中　a_1——高一级标准装置测量结果；

　　　U_1——a_1 的扩展不确定度；

　　　b_1——工作级标准装置测量结果；

　　　U_2——b_1 的扩展不确定度。

（3）设备比对法。

为了核查不同标准回路或不同标准表组合的一致性，可以采用设备比对法。在核查流量点、核查压力基本一致的条件下，将不同标准回路或不同标准表组合的相似流量点的测试结果进行比对分析，按公式(7.3)计算：

$$E_n = \frac{|y_i - \bar{y}|}{\sqrt{\frac{n-1}{n}} U} \tag{7.3}$$

式中　y_i——第 i 组测量结果；

　　　$\bar{y}$——n 组测试结果的平均值；

　　　n——相似流量点不同标准表组合的数量，$n \geq 3$；

　　　U——标准装置扩展不确定度。

（4）核查结果的评价。

按照式(7.1)、式(7.2)和式(7.3)计算的核查结果评价原则如下：

$E_n \leq 1$，则核查通过；

$E_n > 1$，则核查不通过。

实验室可根据实际情况设定警戒值(如 E_n>0.7),当 E_n 达到警戒值时,说明被核查流量标准装置的性能已接近临界状态,应查找原因,并采取适当的预防措施,包括加大核查频次等,必要时进行主标准器检定/校准。

(5)核查标准的选择。

核查标准主要是用于核查标准装置是否保持上一次检定/校准状态的可信度,对核查标准的准确度要求不高,但要求具有良好的稳定性和重复性,稳定性建议优于被核查对象的不确定度,重复性优于被核查对象测量结果不确定度评定中使用的重复性。各检定站目前常见的核查标准有涡轮流量计(中小流量点)和超声流量计(中大流量点)。

(6)期间核查频次的确定。

一般情况下,期间核查在一个检定/校准周期内安排 2~3 次是适宜的,检定/校准周期较长的可适当加密。标准涡轮流量计的检定/校准周期是 1 年,工作级标准装置期间核查周期为 3~4 个月较适宜;临界流文丘里喷嘴的检定/校准周期是 5 年,次级标准装置期间核查周期建议为 12 个月。

7.5.3.3 稳定性测试

按照 JJF 1033—2016《计量标准考核规范》的要求,已建计量标准装置需每年开展一次稳定性考核,稳定性考核的方法有五种,分别是采用核查标准进行考核、采用高等级的计量标准进行考核、采用控制图法进行考核、采用计量检定规程或技术规范规定的方法进行考核、采用计量标准器的稳定性考核结果进行考核,五种方法的比较见表 7.8。

表 7.8 稳定性测试优缺点对比

序号	稳定性考核方法名称	优点	缺点
1	采用核查标准进行考核	能够全面反映计量标准装置的稳定性	对核查标准的稳定性要求较高,核查标准的稳定性优于被核查对象的不确定度
2	采用高等级的计量标准进行考核	可直接用高等级的计量标准对被考核的计量标准进行校准	同时该方法未考虑被检台位处压变、温变的稳定性考核结果,不能全面考核天然气流量计量标准的稳定性
3	采用控制图法进行考核	能够判断测量过程中是否存在异常因素并提供有关信息,便于查明产生异常的原因,并采取措施使测量过程重新处于统计控制状态	要求具备良好稳定性的核查标准,且比较容易进行多次重复测量,测量数据制作控制图要耗费大量的时间
4	采用计量检定规程或技术规范规定的方法进行考核	可直接采用检定规程或技术规范规定的方法开展稳定性考核	该方法不适用天然气流量计量标准稳定性考核,因 JJF 1240—2016《临界流文丘里喷嘴法气体流量标准装置校准规范》附录 D 和 JJG 643—2016《标准表法流量标准装置检定规程》6.2.8,仅对流量稳定性提出试验方法和要求,未对计量标准稳定性考核作出要求

续表

序号	稳定性考核方法名称	优点	缺点
5	采用计量标准器的稳定性考核结果进行考核	使用相邻两年计量标准器的溯源数据，无需开展单独的测试	该方法仅考虑了计量标准中计量标准器的稳定性，没有考虑配套设备（如温度变送器、压力变送器、色谱仪等）的稳定性，不能全面考核天然气流量计量标准的稳定性，用该方法是不得已而为之的方法，具有一定的风险

综上，推荐采用核查标准进行考核的方法开展天然气流量计量标准的稳定性考核，核查标准的稳定性优于被核查对象的不确定度，通常选择涡轮流量计或超声波流量计，同时结合主标准器及配套设备的溯源结果确认其稳定性。

按照稳定性考核测试内容应覆盖授权测量范围的原则，确定该计量标准稳定性测试的压力和流量点应覆盖授权测量范围。天然气流量计量标准由多路计量标准器组成，故稳定性考核时，每一计量标准器均应测试。

7.5.3.4 质量管理

（1）内部审核。

内部审核是体系运行过程中的一个重要环节，也是保证体系持续改进的重要手段，检查体系运行的符合性和有效性，以便及时发现存在的问题，实施纠正预防措施，完善和改进管理体系。

内部审核工作应由实验室质量负责人组织，由经过培训、有资格的内审员进行，审核人员应独立于被审核的活动。内部审核的周期通常不超过12个月，实验室应制订内部审核计划，规定审核的范围、频次和方法。审核计划应涉及质量管理体系的全部要素，覆盖与质量管理有关的所有职能部门，以及实验室所开展的检定、校准和检测的全部工作。当审核发现不符合或有问题时，实验室应及时采取纠正措施，并对纠正措施进行验证和报告。

（2）管理评审。

管理评审的目的是为了确保管理体系持续的适宜性、充分性和有效性。主要作用是通过对现有体系的评审，确定改进的方向和措施。例如，质量方针、质量目标的修订，某些过程或活动的改进，某些资源配置的完善等。

管理评审是由最高管理者负责实施，并按计划的时间间隔和程序实施。管理评审的周期为12个月。管理评审的输入包括政策和程序的适宜性、总体目标的实施结果、内部审核结果、纠正和预防措施、工作量和工作类型的变化、客户的反馈意见、投诉等。管理评审的输出报告包括管理体系及其过程有效性的改进、与法律法规要求和顾客要求有关的检定校准或校测工作质量和服务质量的改进、质量管理体系所需要的资源的改善等。

管理评审的输出应形成记录，如《管理评审纪要》或《管理评审报告》，报告一般应包括评审的目的、依据、内容和范围，参加评审的人员，评审日期，评审的主要内容、存在的问题及整改要求，评审的结论，需要持续改进的主要方面及改进措施。

责任部门负责对管理评审提出的问题及整改要求进行整改；主管部门组织对整改结果进行跟踪验证，并记录验证结果。

7.5.3.5 清洗临界流文丘里喷嘴

由于音速文丘里喷嘴具有结构简单、体积小、性能稳定、重复性好、精度高等优点，被作为气体流量传递标准，在各检定站得到广泛的应用。一般均采用精确加工的圆环形喉部文丘里喷嘴，喷嘴喉部的绝对粗糙度 Ra 小于 0.4μm，但流过喷嘴喉部的是长输管道中的天然气，不可避免带有粉尘、烃液等脏污，这些脏污将导致喷嘴喉部表面粗糙度上升，改变了喷嘴的黏性底层，增大了壁面剪切应力，导致边界层厚度增加，实际流出系数减小，但我们检定系统依然按照原来的流出系数计算，所以标准值实际增大，校准结果偏负。故需要根据测试结果，清洗临界流文丘里喷嘴的内表面，建议采用超声波清洗机+纯酒精的方式进行清洗，不能直接擦拭喷嘴的内表面，建议在喷嘴的检定周期内清洗 2～3 次。

8 北京分站

8.1 机构概述

北京分站挂靠在国家管网集团北京管道有限公司。设站长1人(由北京管道有限公司总经理担任),副站长2人,下设生产科、检定科、技术科、质量安全环保科4个科室。

8.1.1 建站由来

根据中国石油天然气集团公司在国内天然气计量检定站的总体布局,中国石油计划在北京天然气管道有限公司所属的采育站内设计建造华北地区天然气检定站(采育天然气计量检定站),以满足国内天然气流量计实流检定的需要。

2019年1月23日,根据国家市场监督管理总局国市监计量函[2019]061号文件,市场监管总局关于同意筹建国家石油天然气大流量计量站北京、沈阳、塔里木、榆林天然气流量分站的函的要求,北京分站于同年开始升级筹建工作。

北京分站设置站长(机构负责人)1人,副站长2人(技术负责人和质量负责人),下设职能科室4个,分别为生产综合科、检定科、技术科、质量安全科,定编20人(不含管理层)。另有一支维修队常驻,负责日常作业。机构变迁历史如下:

2011年6月,成立北京检定点,机构挂靠国家石油天然气大流量计量站,行政关系隶属于中石油北京天然气管道有限公司北京输气管理处。

2019年10月,成立北京分站,列中石油北京天然气管道有限公司机关附属机构,业务归口部门为生产运行处。

2021年4月,整体划归国家石油天然气管网集团有限公司,列国家管网集团北京管道有限公司机关附属机构,业务归口部门为生产运营部。

8.1.2 建站目的

随着京津冀天然气用量的逐年增加,尤其是北京市天然气用量的迅猛增加,向北京市供应天然气的陕京二线、三线、四线及其他管线的陆续投产,华北地区各大天然气公司也在不断加紧天然气管道建设,高压大口径天然气超声流量计的检定量大幅增加。为解决华北地区高压、大流量天然气贸易交接流量计的实流检定需求,中国石油天然气集团公司在征得国家质量监督检验检疫总局批准后,依托陕京二线建立了北京分站,装备了高压、大流量天然气流量标准装置。

8.1.3 建站意义

北京分站的投运，极大地缓解了我国高压、大口径天然气流量计检定能力不足的问题，全国各大天然气公司在贸易交接流量计检定问题上又多了一个选择。自2012年建设运营以来，北京分站始终秉承"三精站队精神""三高站队作风"，以实现"检定四化"为目标，不断进行改革创新，提升服务水平。已为中国石油、中国石化、中国海油、中亚管道、中缅管道、东南亚管道等石油企业、国内众多省市燃气公司、流量计厂家提供检定服务。十年间，累计完成流量计检定、校准、测试4000余台。

8.2 量值溯源传递构成

8.2.1 量值溯源传递体系

北京分站有一套标准表法气体流量标准装置，其主标准器及配套测量设备均溯源至法定计量检定机构的社会公用计量标准，标准涡轮溯源至国家石油天然气大流量计量站南京分站，配套压力变送器、温度变送器溯源至国家石油天然气大流量计量站，在线气相色谱分析仪定期溯源至中国计量科学研究院。北京分站标准表法气体流量标准装置量值溯源传递框图如图8.1所示。

8.2.2 次级标准装置

(1) 组成及工作原理。

次级标准装置由11支并联安装的临界流文丘里喷嘴作为流量标准器，主要工作任务是对工作级标准装置进行校准，工作标准共有5台涡轮流量计组成，串联在次级标准装置上游，当天然气流经次级标准器和工作级标准器时，比较相同时间段内两者输出的累计流量值，就可以计算工作级标准流量计的误差及重复性并对测量不确定度进行评估。北京分站次级标准装置采取橇装方式安装，共有11条支路，其中DN50mm支路4条，DN100mm支路7条，每条支路主要设备有临界流文丘里喷嘴、压力变送器、温度变送器、管束式整流器、伸缩器、强制密封球阀和连接管路，如图8.2和图8.3所示。

(2) 主要技术指标。

北京分站次级标准装置由11支德国ELSTER生产的临界流文丘里喷嘴(1支$8m^3/h$、1支$16m^3/h$、1支$32m^3/h$、1支$64m^3/h$、1支$128m^3/h$、1支$256m^3/h$和5支$440m^3/h$)组成，其中DN50mm喷嘴管路4个，DN100mm喷嘴管路7个，设计测量不确定度为0.15%。临界流音速喷嘴组合的工况流量范围为$(8\sim2704)m^3/h$，满足北京分站工作级标准装置最大口径涡轮流量计的校准要求(表8.1)。

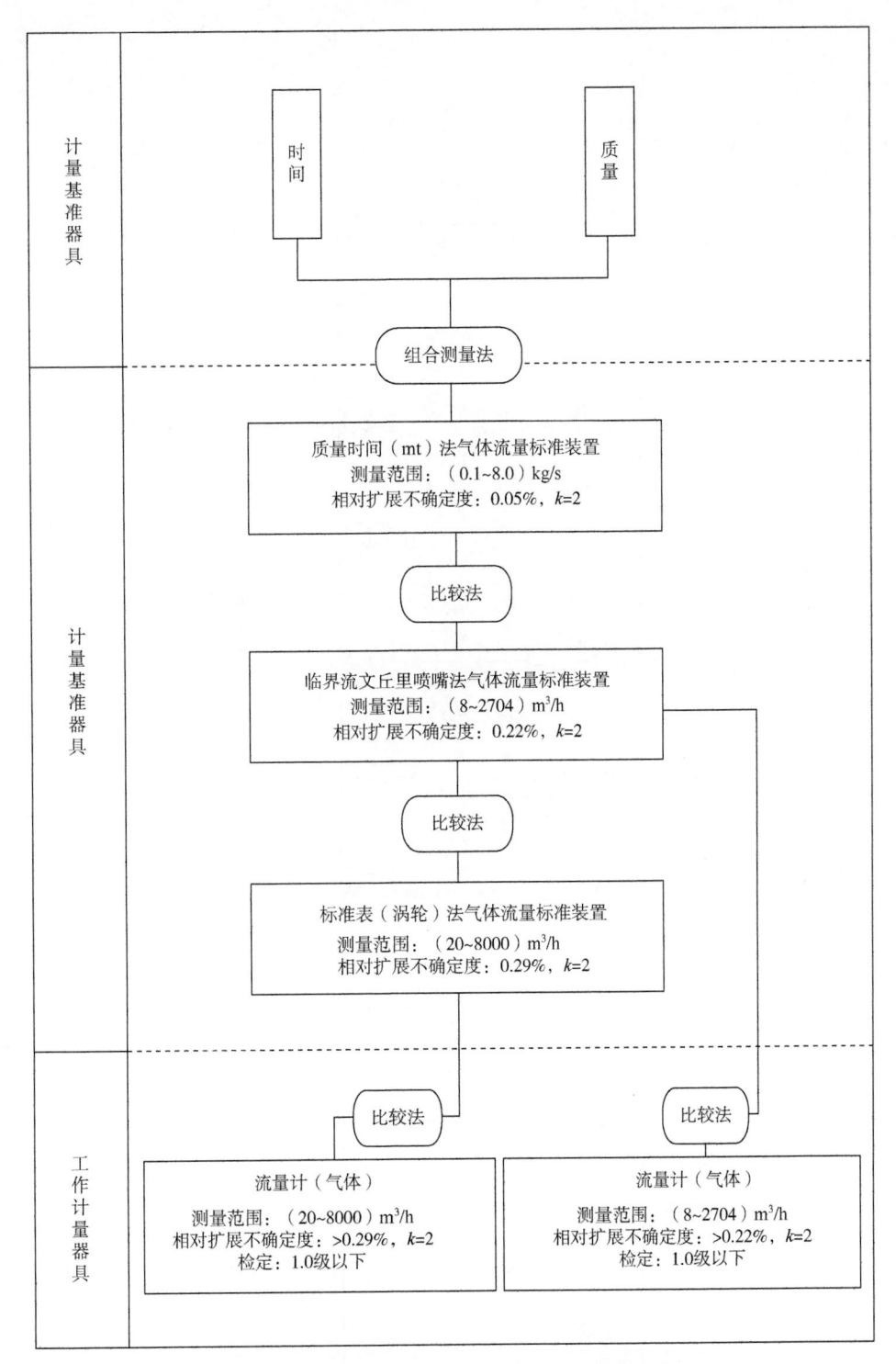

```
┌─────────────────────────────────────────────────────────────────┐
│         │                                                        │
│ 计      │         ┌──────┐              ┌──────┐                 │
│ 量      │         │ 时间 │              │ 质量 │                 │
│ 基      │         │      │              │      │                 │
│ 准      │         └───┬──┘              └───┬──┘                 │
│ 器      │             │                     │                    │
│ 具      │             └─────────┬───────────┘                    │
│         │                   ( 组合测量法 )                        │
├─────────┼──────────────────────┬─────────────────────────────────┤
│         │        ┌─────────────┴──────────────┐                  │
│         │        │ 质量时间（mt）法气体流量标准装置 │              │
│         │        │   测量范围：（0.1~8.0）kg/s    │              │
│         │        │   相对扩展不确定度：0.05%，k=2  │              │
│         │        └─────────────┬──────────────┘                  │
│ 计      │                  ( 比较法 )                             │
│ 量      │        ┌─────────────┴──────────────┐                  │
│ 基      │        │ 临界流文丘里喷嘴法气体流量标准装置 │             │
│ 准      │        │   测量范围：（8~2704）m³/h    │                │
│ 器      │        │   相对扩展不确定度：0.22%，k=2  │               │
│ 具      │        └─────────────┬──────────────┘──────────┐       │
│         │                  ( 比较法 )                     │       │
│         │        ┌─────────────┴──────────────┐          │       │
│         │        │ 标准表（涡轮）法气体流量标准装置 │        │       │
│         │        │   测量范围：（20~8000）m³/h   │          │       │
│         │        │   相对扩展不确定度：0.29%，k=2  │         │       │
│         │        └─────────────┬──────────────┘          │       │
├─────────┼──────────────────────┼─────────────────────────┼───────┤
│         │                 ( 比较法 )                ( 比较法 )     │
│ 工      │        ┌─────────────┴─────┐     ┌─────────┴────────┐  │
│ 作      │        │   流量计（气体）    │     │   流量计（气体）   │  │
│ 计      │        │ 测量范围：          │     │ 测量范围：         │  │
│ 量      │        │ （20~8000）m³/h    │     │ （8~2704）m³/h    │  │
│ 器      │        │ 相对扩展不确定度：   │     │ 相对扩展不确定度：  │  │
│ 具      │        │ >0.29%，k=2        │     │ >0.22%，k=2       │  │
│         │        │ 检定：1.0级以下     │     │ 检定：1.0级以下    │  │
│         │        └───────────────────┘     └──────────────────┘  │
└─────────┴─────────────────────────────────────────────────────────┘
```

图 8.1　北京分站工作级标准装置量值溯源传递框图

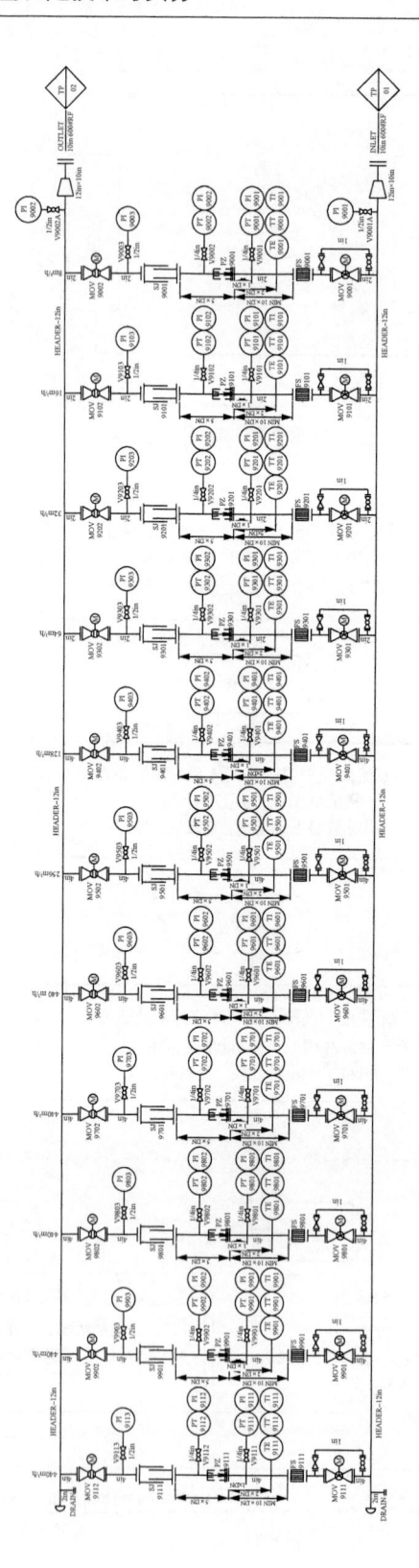

图 8.2 北京分站次级标准装置 PID 图

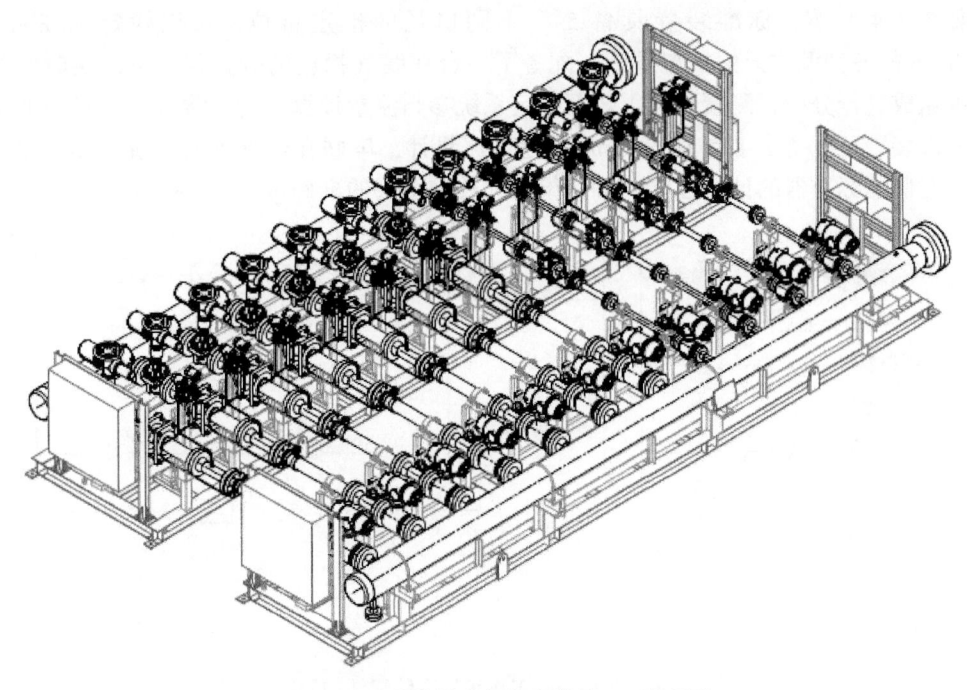

图 8.3 北京分站次级标准装置 3D 示意图

表 8.1 北京分站喷嘴设计指标

序号	公称直径/mm	流量/(m³/h)	喉径/mm	压力/MPa	温度/℃	测量不确定度/%
1	50	8	3.504	4.0~8.5	−10~30	0.15
2	50	16	4.954	4.0~8.5	−10~30	0.15
3	50	32	7.006	4.0~8.5	−10~30	0.15
4	50	64	9.907	4.0~8.5	−10~30	0.15
5	100	128	14.01	4.0~8.5	−10~30	0.15
6	100	256	19.81	4.0~8.5	−10~30	0.15
7	100	440	25.97	4.0~8.5	−10~30	0.15
8	100	440	25.97	4.0~8.5	−10~30	0.15
9	100	440	25.97	4.0~8.5	−10~30	0.15
10	100	440	25.97	4.0~8.5	−10~30	0.15
11	100	440	25.97	4.0~8.5	−10~30	0.15

8.2.3 工作级标准装置

(1) 组成及工作原理。

标准表法气体流量标准的标准器由 1 台 DN80mm、1 台 DN150mm，以及 3 台 DN250mm 的高准确度涡轮流量计组成，将其串联在被检流量计的上游，当天然气流经标准器和被检流量计时，比较同一时间间隔内两者的输出流量值，就可确定被检流量计的计量性能。

如图 8.4 所示，标准装置具备 5 个不同口径的检定台位，可以检定 DN80mm～DN400mm 的各种型式天然气流量计。配备了一台在线气相色谱分析仪，可以实时对测量介质的组成进行分析，测量数据上传至检定系统参与流量计算。为了提高测量结果的可靠性，标准装置还配备了 1 台 DN300mm 的超声流量计，串联在标准器的上游，作为比对流量计实时监测标准器的计量性能，确保检定和校准结果的准确可靠（表 8.2）。

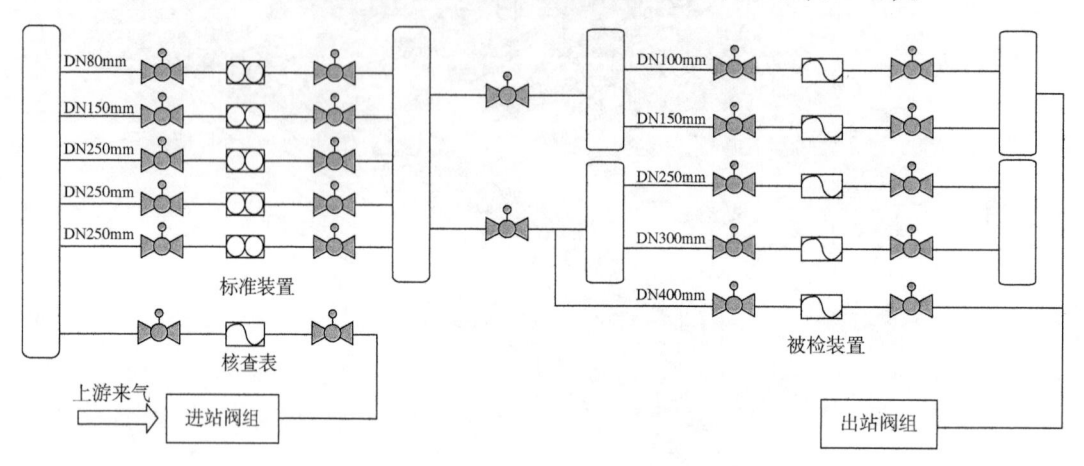

图 8.4 北京分站工作级标准装置结构简图

表 8.2 北京分站工作级标准装置主要设备

计量标准器	设备名称	型号	参数范围	数量	最大允许误差/扩展不确定度	溯源机构
计量标准器	涡轮流量计	SM-RI-X G100	(16~160) m³/h	2	$U=0.24\%$, $k=2$	国家石油天然气大流量计量站南京分站
		SM-RI-X G650	(100~1000) m³/h	2		
		SM-RI-X G1600	(250~2500) m³/h	4		
主要配套设备	压力变送器	3051S	(0~10) MPa	13	0.05 级	国家石油天然气大流量计量站
	温度变送器	3144P	(-10~40) ℃	16	$U=0.03℃$, $k=2$	
	气相色谱仪	Model 700	C_1~C_9, CO_2, N_2	1	定量重复性 0.1%	
核查系统	超声流量计	USZ08-6P	(80~8000) m³/h	1	1.0 级	国家石油天然气大流量计量站北京分站

（2）主要技术指标。

① 测量介质：天然气；
② 工作压力：(4.0~8.0) MPa；
③ 测量范围：(20~8000) m³/h；
④ 流量测量不确定度：$U=0.29\%$ ($k=2$)。

8.2.4 检定能力

北京分站天然气流量量值溯源能力见表 8.3。

下篇　天然气计量检定站建设与运行

表 8.3　北京分站天然气流量量值溯源能力情况统计

标准装置类型		不确定度/%	最大口径/mm	流量范围/m³/h	压力范围/MPa	建标时间	挂靠单位	年检定能力/台	取得资质
次级	临界流文丘里喷嘴法	—	—	—	—	在建	北京管道公司	300	暂无
工作级	标准表法	0.29	400	20.00~8000.00	4.0~8.0	2020年			社会公用计量标准、企业最高标准

8.3　工艺流程

北京分站的天然气计量检定工艺系统(图 8.5)是与采育分输站的计量、调压工艺系统相并联。

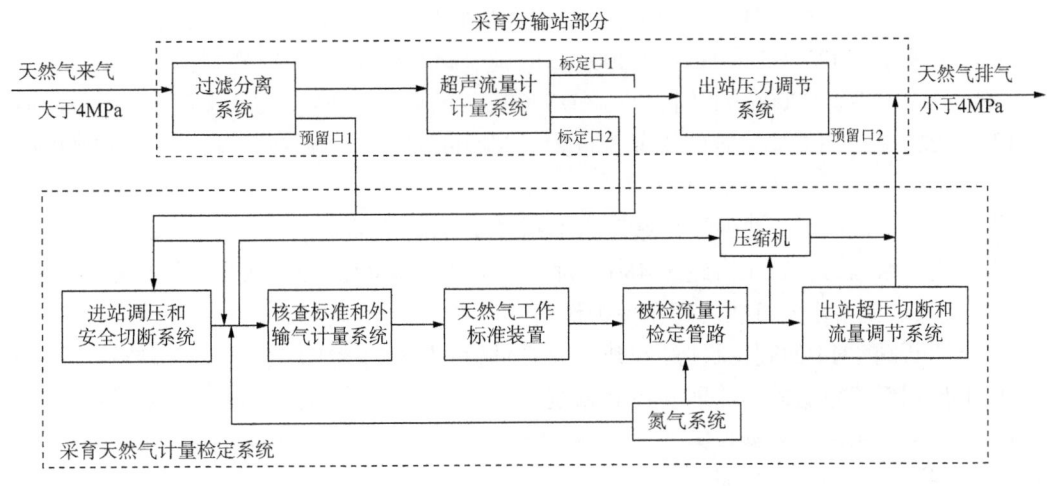

图 8.5　北京分站天然气计量检定工艺系统框图

采育分输站设计压力 10MPa、流量 120×10^4 m³/h、分输压力 4MPa、天然气进气温度为 11℃左右。实际运行压力(5~7.5)MPa、流量(4~70)×10⁴ m³/h、出站压力(3.5~3.8)MPa。预留有 3 个流量计在线标定入口(计量橇 1、计量橇 2、过滤分离器下游汇管处)和 1 个回气口(调压器下游汇管处)。

北京分站与采育分输站并联设置，设计压力 10MPa，来气压力(操作压力)(5~8)MPa，下游回气压力(3.5~3.8)MPa(受下游回气管线——北京燃气管网设计压力 4MPa 限制)，检定工况流量(20~8000)m³/h 范围内，能对口径不超过 400mm 的气体超声流量计和涡轮流量计及其他种类的流量计进行实流检定。

8.3.1　进出站流程

当需要用本系统检定时，可打开采育站过滤分离器下游的预留口 1 的阀门或检定口 1

的阀门和检定口 2 的阀门(根据检定流量大小,选择预留口或检定口阀门的开关),则天然气流经检定工艺系统,最后回到调压橇下游的预留口 2 的阀门,天然气回排至采育分输站内出站管线。

8.3.2 压力调节

压力调节根据流量调节阀进行调节,具体流程见 8.3.3。

8.3.3 流量调节

流量调节阀 FV4312 和 FV4322 和安全切断阀 4314 的操作控制由 RMG 自带的控制系统进行自动的操作控制,精确地进行流量调节和其状态(开到位、关到位、错误报警、远程控制和阀门开度)显示。当不需要用 RMG 自带的控制系统进行自动的操作控制时,应将自动的操作控制状态设置到手动操作状态,然后由新建数据采集处理控制系统在计算机屏幕上对这两个调节阀的开度进行调节,并将其状态(开到位、关到位、错误报警、远程控制和阀门开度)进行显示。

流量调节阀调节过程分三种情况:(1)当需要检定的工况流量小于 300m^3/h 时,打开 DN80mm 的调节阀 FV4322,关闭 DN300mm 的调节阀 FV4312。(2)当需要检定的工况流量大于 300m^3/h,小于 7700m^3/h 时,打开 DN300mm 的调节阀 FV4312,关闭 DN80mm 的调节阀 FV4322。(3)当需要检定的工况流量大于 7700m^3/h 时,调节阀 FV4312 和 FV4322 全部打开。

在流量调节的同时,要保证出站压力不超过 4MPa。正常时,安全切断阀 4314 处在常开状态,当下游出站管线压力超过 4MPa 时,安全切断阀 4314 自动关闭(失电关闭,带电打开),使其起到对出站管线的超压保护作用。

安全切断阀 4314 的阀位状态(阀开、阀关)既可上传到 RMG 流量压力调节控制系统,也可以上传到新建数据采集处理和控制系统中进行显示;并既可通过 RMG 流量压力调节控制系统,也可由新建数据采集处理控制系统给出一个 24V DC 的远传强制切断信号进行切断,实现远程强制切断功能。

8.3.4 辅助系统工艺流程

(1)排污。

北京分站过滤器和各汇管均有排污管线,最终与采育分输站排污管道联通后一起排入排污池,每月定期进行排污操作,记录排污情况。

过滤器→汇气管底部液体或杂质→排污阀→排污放空管线→排污池。

(2)放空。

① 通常情况下,只有流量计检定完成后,才需要放空,即将被检流量计前后直管段内的低压余气放空,具体流程如下:

a. 当被检流量计前后直管段内的天然气高于 4MPa 时,则打开天然气压缩机进、出口处的泄压阀,将管线内的高压天然气以小流量排入站内出站管线中,直到与出站管线的压力相同(一般低于 4MPa)时,关断泄压阀。再用压缩机把低于 4MPa 的天然气进行增压排入出站管线,直到压缩机入口管线内的天然气压力降到0.2MPa为止时,则控制系统自动关闭压缩机。最后用被检流量计下游处的放空阀把低于0.2MPa的天然气排放至放空火炬系统。具体流程为:

第一步:泄压操作。

天然气(高于4MPa)→被检流量计下游处放空阀(与压缩机相连)→泄压阀→出站管线→关闭泄压阀(泄压到等于或低于4MPa)。

第二步:压缩机增压回排。

天然气(低于4MPa)→被检流量计下游处放空阀(与压缩机相连)→压缩机→出站管线→关闭压缩机(低于0.2MPa为止)。

第三步:排入放空火炬系统。

天然气(低于0.2MPa)→被检流量计下游处放空阀(与放空火炬系统相连)→排入放空火炬系统。

b. 当被检流量计前后直管段内的天然气低于4MPa时,直接用压缩机将天然气增压进入出站管线,直到压缩机入口管线内的天然气压力低于0.2MPa为止,最后用被检流量计下游处的放空阀将低于0.2MPa的天然气排入放空火炬系统。具体流程为:

第一步:压缩机增压回排。

天然气(低于4MPa)→被检流量计下游处放空阀(与压缩机相连)→压缩机→出站管线→关闭压缩机(低于0.2MPa为止)。

第二步:排入放空火炬系统。

天然气(低于0.2MPa)→被检流量计下游处放空阀(与放空火炬系统相连)→排入放空火炬系统。

② 在事故状态下,天然气经放空阀直接排入放空火炬系统,或者直接用ESD系统打开3个ESD阀,直接排入放空火炬系统。

(3) 氮气置换。

氮气系统有两个作用,一是用于在拆卸被检流量计之前,把被检流量计前、后直管段内的天然气余气吹扫干净,以免天然气排放在钢结构厂房内;另一方面用于在重新安装被检流量计之后,把直管段内的空气吹扫出去,防止空气进入天然气管线内,以保证检定和输气安全。流程如下:

D-4511制氮设备→氮气→G-4511储气罐→储气罐的氮气出口阀门→对应管线的入口阀门处→推动天然气余气→放空阀→放空火炬系统。

(4) 余气回收。

在放空过程中利用压缩机增压回排则为余气回收流程。

8.4 检定控制系统

8.4.1 北京分站站控系统

北京分站站控系统包括两个部分(子系统):过程控制系统、安全仪表系统。

过程控制系统实现人机界面操作，编程组态，利用可视化软件实现对电动开关阀的开关状态控制和电动调节阀的流量压力调节控制，即对阀门的开关状态和开度进行手动操作和自动操作，实现流程切换和流量、压力调节。实时显示工艺流程图画面、阀门的开关状态、开度和报警、故障状态等信息。在工艺流程图画面上，实时显示次级标准装置橇每路喷嘴流量、温度和压力值，被检流量计的流量、温度和压力值，以及组分值和故障报警信息等；实时显示工作标准装置中工作标准流量计（涡轮流量计）、核查超声流量计和被检流量计的所测流量值，以及温度、压力等测量值及组分值和故障报警信息等，并能显示温度、压力、流量趋势图。实现对 ESD 系统的状态显示、监测控制。实现与火气系统的监测控制、状态显示。完成制氮系统出口管线的压力、温度参数监测，制氮设备开、关、故障及氮气浓度的显示。完成与北京采育分输站控制系统之间进行数据通信等。

安全仪表系统监控流量计检定或核查过程中，是否在正常工况条件下运行，一旦监测到工艺运行参数超限，安全仪表系统触发紧急切断放空程序，确保人员、设备及环境安全。北京分站未设置独立的安全仪表系统，安全仪表系统与采育分输站共用，将北京分站 ESD 相关信号接入采育分输站 ESD 系统中。

北京分站站控系统结构图如图 8.6 所示。

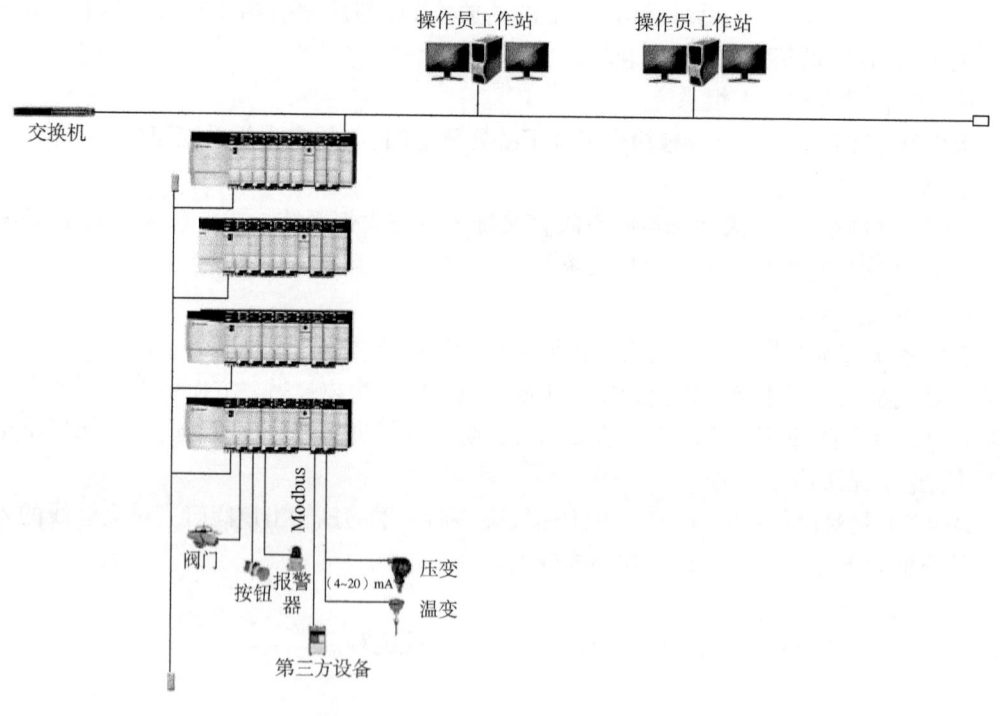

图 8.6 北京分站站控系统结构图

8.4.1.1 过程控制系统

过程控制系统具备以下基本功能：

（1）实现人机界面友好操作，利用可视化软件组态的人机界面，实现对工艺流程电动开关阀的开关控制和电动流量调节阀、压力调节阀控制。阀门的操作可选择手动操作和自动操作模式，实现流程自动或手动切换及流量、压力自动或手动调节，实时显示工艺流程动态画面、阀门的开关状态、开度和报警、故障状态等信息。

（2）在工艺流程图画面上，实时显示全站流量、温度和压力参数值及报警信息等。

（3）实现与计量检定系统实时流量数据交换，满足检定流量控制要求。

（4）实现与采育分输站之间数据交换，满足二站之间信息需求。

过程控制系统实现对北京分站所有温度、压力、流量检测，流量和压力控制，流程切换控制，可燃气体检测报警等数据采集与监控。过程控制系统要与流量计检定控制系统数据通信，满足不同被检流量计控制参数及检定流程要求，确保检定、核查过程准确可靠，流程平稳切换，充分满足流量计检定、核查过程中，人工赋值与操作需求。

PLC 是数据采集系统和控制系统的核心，北京分站过程控制系统使用 AB 公司的 ControlLogix 系列产品，ControlLogix 系列 PLC 是一款质量可靠、运行稳定、技术成熟的 PLC。

ControlLogix 是罗克韦尔自动化 Logix 系列中最具代表性的产品，覆盖从 PLC、DCS、批处理、伺服、传动到安全系统，远远超越了传统意义的 PLC。

ControlLogix 是完全的模块化设计。从框架电源、模块类型，到内存、控制器数量、网络类型等，一切都根据应用需求来进行选择。ControlLogix 高度的灵活性允许在一个机架中混合使用多个处理器、不同的网络和 I/O 模块，提供高性能、高度确定性、高度分布的解决方案。并且，ControlLogix 也可用作不同网络的桥接，如 Ethernet、ControlNet、DeviceNet、Data Highway Plus 和通用型 Universal RemoteI/O，以及第三方的通信协议，如 Profibus、Modbus、Modbus Plus、Hart 等。网络桥接无需控制器参与，实现了大容量通信和大规模控制的完美整合，保证了系统的效率和使用的简便性。

基于 ControlLogix 平台的处理器模块可以为工业控制提供一种最新的而且具有灵活性的完整控制方案。

完美结合：ControlLogix 系列与现有基于 PLC 系统之间完美结合，与现有网络用户结合并实现信息的透明转换，与其他网络上的程序处理器之间完美结合。

模块化：ControlLogix 系统的模块化的 I/O，内存及通信接口为用户提供了一种既可组态又便于扩展的系统。用户可以根据需要灵活配置所需的 I/O 数量、内存容量及通信网络。需扩展系统可随时添加 I/O、内存及通信接口。

带电插拔：ControlLogix 允许用户带电插拔系统中的任何模块，而不会对模块造成损害。在维持系统运行的情况下更换故障模块。

高速传送：ControlLogix 可以在网络之间、网络的链路之间，以及通过背板的模块之间实现信息的高速传送。

高强度工业硬件平台：ControlLogix 采用特殊设计的高强度工业硬件平台，从而可耐受振动、高温及各种工业环境下的电气干扰。

小型化：硬件采取小型化设计适用于有限的配电盘空间。

多个 ControlLogix 系列处理器并存：ControlLogix 允许多个处理器模块插在同一个背板上。高速度的背板使每个处理器都可轻而易举地访问其他处理器的数据，从而实现 I/O 数据及其他信息的共享。

分布式处理：通过 Ethernet、ControlNet 和 DeviceNet 网络将处理器连接起来，可以实现分布式处理。

分布式 I/O：通过 ControlNet、DeviceNet 和普通的 RemoteI/O 链路即可将远离处理器的分布式 I/O 连接起来。

运动控制：处理器具有完整的运动控制工程。通过高速度背板，处理器可与伺服接口模块进行通信，从而实现高度的集成操作及位置环和速度环的闭环控制。

8.4.1.2 安全仪表系统

安全仪表系统基本功能：

（1）实现人机界面友好操作，根据安全控制逻辑和指令要求，实现对工艺流程中 ESD 紧急关断阀、SSV 安全切断阀、BDV 放空阀开关控制，在授权的条件下可实现手动操作或自动操作选择，实时显示工艺流程图画面、阀门的开关状态或故障状态等信息。

（2）在工艺流程图画面上，实时显示安全监测压力参数值及阀门的开关状态或故障状态等报警信息，记录动作信息。

（3）实现与过程控制系统控制单元单向指令传输，满足相应安全关断对工艺操作要求。

（4）实现与采育分输站数据信息交换，满足站之间安全联锁与信息需求。

（5）实现安全仪表系统与过程控制系统联动，在人机界面（过程控制系统操作员站）上对 ESD 设备进行实时监控（设置操作权限）。

北京分站共用采育分输站安全仪表系统，采用罗克韦尔 ControlLogix 系列产品。所选用 CPU 模板、通信卡件、电源模块、IO 卡件、IO 机架全部经过 TÜV Rheinland 认证（SIL2），符合 IEC61508 和 IEC 61511 标准。对于安全仪表系统，浪涌保护器和继电器均是 SIL2 认证的安全型产品。确保回路安全等级。

8.1.4.3 紧急关断系统

北京分站共有 ESD 按钮 2 个，分别位于检定厂房和 PLC 机柜上，当按下检定厂房 ESD 按钮或 PLC 机柜门 ESD 按钮，ESD 紧急关断逻辑触发，ESD 输出继电器闭合，声光报警器发出报警声并闪烁，同时进站阀 ESDV4012、出站阀 ESDV4335 关闭，待进站阀 ESDV4012、出站阀 ESDV4335 全关到位后，打开放空阀 ESDV4016、ESDV4114、ESDV4223、ESDV4332。

8.4.1.4 可燃气体报警系统

在站内可能泄漏可燃气体的密闭场所都应设置可燃气体检测及报警。北京分站检定厂房内共设置可燃气体探测器 13 台、火焰探测器 2 台。

当检定厂房内可燃气体探测器和火焰探测器存在两个及以上浓度高高报警时将触发北京分站 ESD 紧急关断逻辑，即关闭进站气液联动阀 ESDV4012，关闭出站气液联动阀 ESDV4335，待进站阀 ESDV4012、出站阀 ESDV4335 全关到位后，打开放空阀 ESDV4016、ESDV4114、ESDV4223、ESDV4332。

8.4.2 北京分站检定系统

计量检定系统包括次级标准检定控制系统、工作标准检定控制系统和移动标准系统的检定校准计算、计算表格及证书的打印，以及负责计量检定工艺过程的监控及流程手/自动切换、压力和流量调节控制操作等。通过键盘输入检定流量、检定次数和被检表的基本信息，向检定控制系统提供必要的数据，使其完成相应的检定操作（包括瞬时流量检定和累积流量检定），并可实时查看检定结果。次级检定系统能对气体涡轮流量计、气体超声流量计、容积式流量计、差压式流量计、质量流量计等进行检定校准，显示被检流量计不同流量点的重复性、流出系数、雷诺数及相关异常数据报警。针对运行单位管理流程的计量检定管理系统，实现基于网络的流量计收发、出入库、作业票办理、被检表信息录入、上台位检定、证书报告出具、证书报告签发等功能。

检定系统主要由数据采集处理系统和检定操作工作站组成。检定系统主要实现对检定站中天然气工作标准涡轮流量计、核查标准超声流量计、压力变送器、温度变送器、被检流量计、在线色谱分析仪等现场测量信号的采集、处理。同时对检定数据进行处理、计算、量值确认、报表及检定证书打印等。

计量检定系统主要包含检定系统和辅助控制，检定系统脉冲采集采用 NI 公司的 PXI 高速脉冲采集平台，主要负责标准涡轮流量计、质量流量计、核查超声流量计及被检流量计的脉冲信号采集及处理；模拟量电流信号采集采用 NI 公司的 PXI 高精度电流采集卡，主要完成次级喷嘴、标准涡轮流量计、核查超声流量计及被检流量计的温度、压力采集。检定辅助控制功能由过程控制系统协助完成。北京分站检定系统配置如图 8.7 所示。

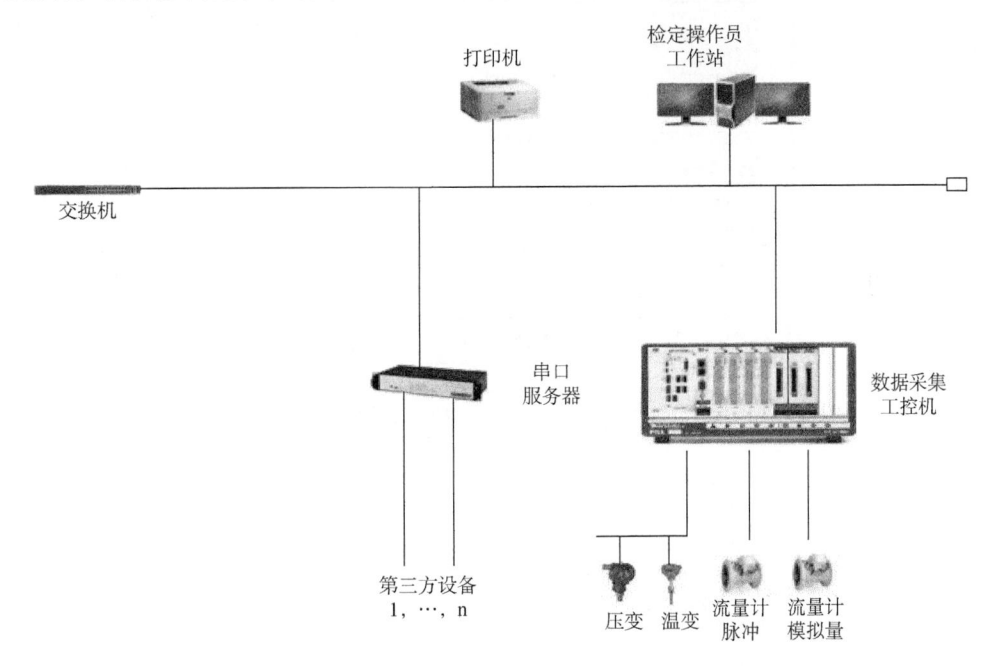

图 8.7　北京分站检定系统配置图

检定软件采用 C/S 模式开发，S 即数据采集软件，主要负责与流量计检定相关所有的数据采集处理和数据库存储。C 即检定客户端软件，主要负责计量器具的基础数据存储维护、检定任务的配置下发、检定数据的数据库读取计算、检定数据存储、生成检定证书报告等功能。北京分站检定系统软件基本机构如图 8.8 所示。

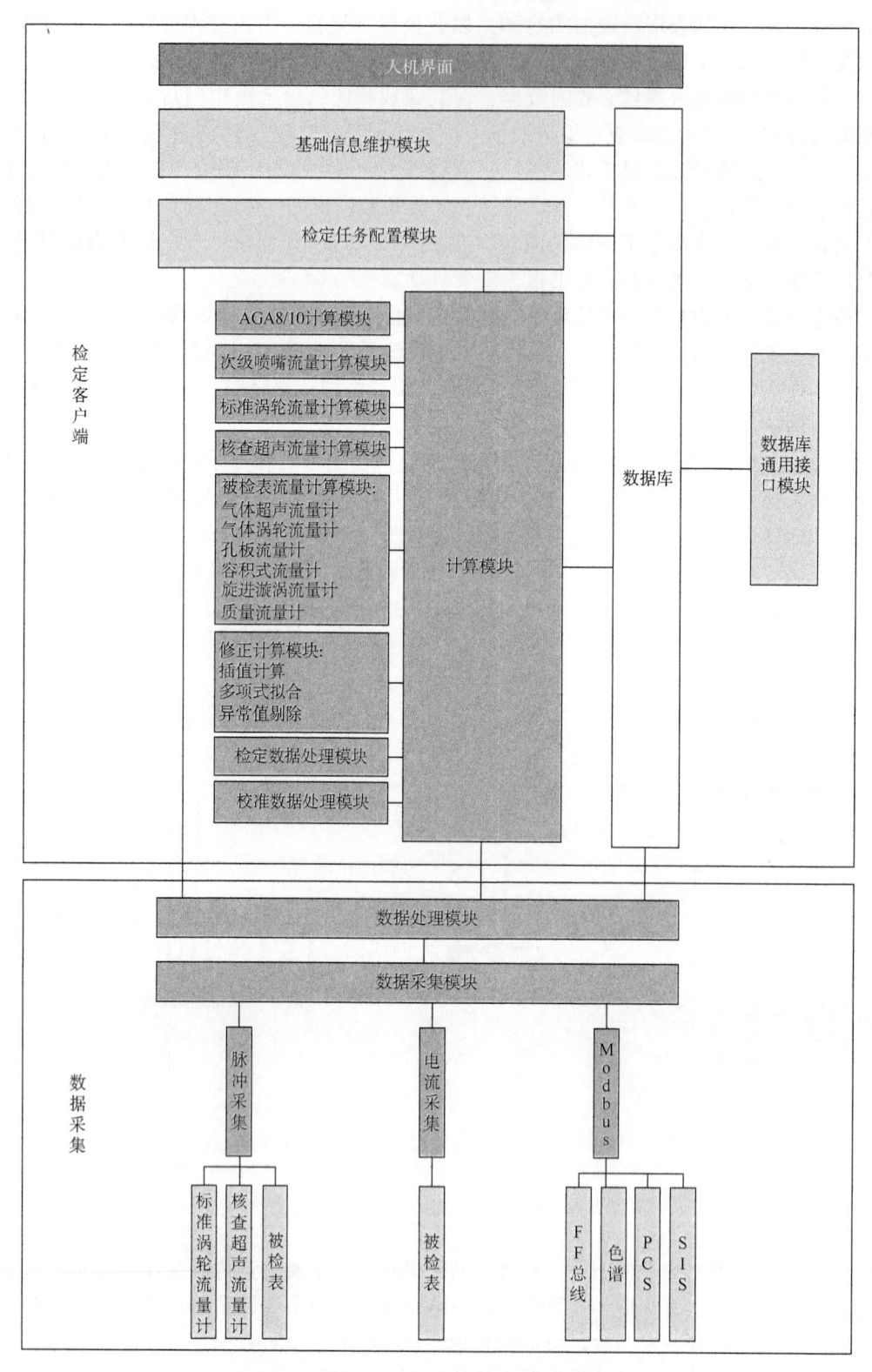

图 8.8 北京分站检定系统软件基本结构

8.4.2.1 次级标准系统

次级标准系统主要完成次级标准流量计算，对工作级标准涡轮流量计、核查超声波流量计和高准确度流量计的检定校准，以及检定计算表和证书的打印等。北京分站次级系统检定典型画面如图 8.9 所示。

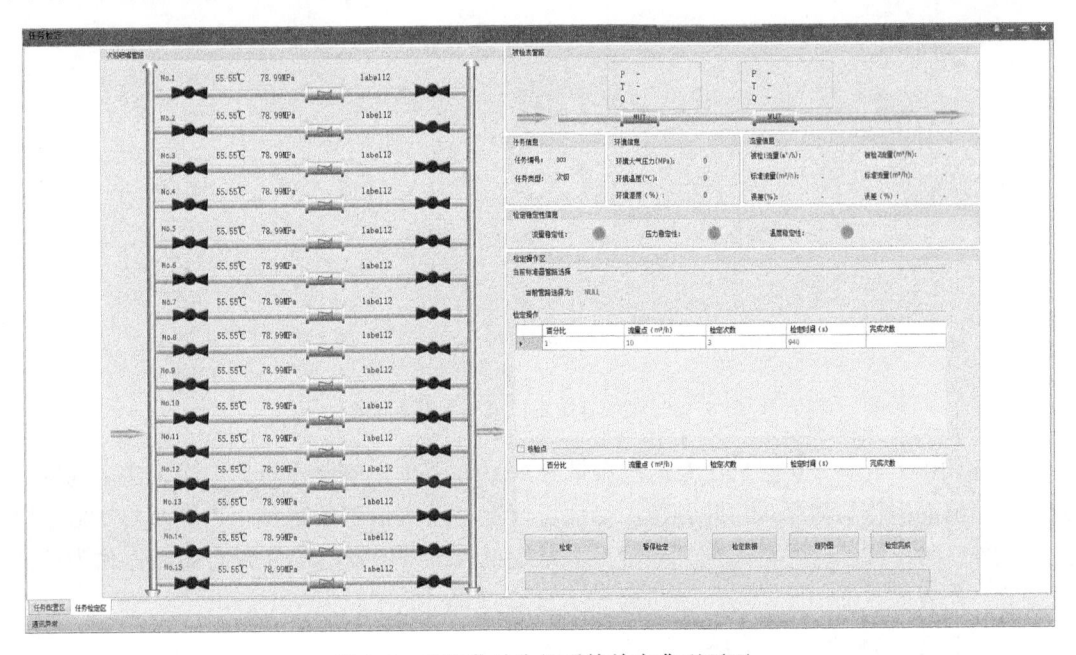

图 8.9　北京分站次级系统检定典型画面

模拟量信号采集方案：通常模拟量信号比较容易受到干扰，为了提高模拟量数据采集的可靠性，采用数字滤波的方式减小干扰带来的误差，在每个信号采集周期，进行 200 个采样，通过加权平均滤波的方式，得出本周期的采样值，然后每次检定的多个采样值，按照 GB/T 4883—2008《数据的统计处理和解释 正态样本离群值的判断和处理》规定的方法，采用格拉布斯检验法依次进行数据剔除，去除不合理的模拟量点，减小干扰给检定计算带来的影响。

模拟量采集卡选用 PXIe-4303。查看 PXIe-4303 的参数，可以看出采集卡最大采样频率为 50kS/s，即每个通道每秒可以完成 50000 个采样。为了保证测量精度，方案采用在一个采集周期内进行 200 次采样，所以模拟量信号的采集周期为：200÷250000＝0.004s，即每个采集周期为最快可达 4ms。

8.4.2.2 工作标准系统

工作标准/核查流量计系统主要完成核查流量计对工作标准流量计核查，工作标准流量计对被检流量计的检定校准计算、计算表格及证书的打印。北京分站工作级系统检定典型画面如图 8.10 所示。

脉冲采集和模拟量信号采集以 NI 的最新的 PXIe-1092 机箱为平台配合最新高性能控制器 PXIe-8861，分别选用 PXIe-6612 对脉冲信号进行采集、PXIe-4303 对模拟量信号进行采集。

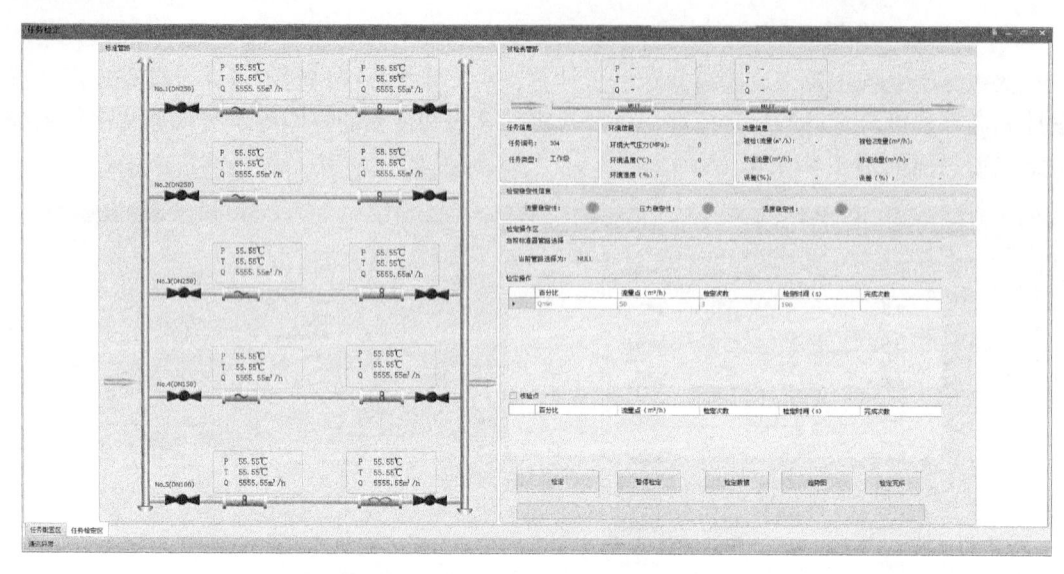

图 8.10 北京分站工作级系统检定画面

PXIe-1092 机箱为 9 槽 PXI 专用机箱带有 10MHz 晶振，安装在机箱内的采集卡均统一使用机箱的晶振作为数据采集时钟源，如此可以保证所有信号的采集可以同步在 100ns 以内。此外，为了便于时钟源的溯源检定，本系统也可以采用专门的外置高稳晶振作为外部时钟源，外置晶振选用西安同步公司的 SYN3102 产品。

8.4.2.3 移动标准系统

主要完成对移动检定车被检流量计相关数据采集，数据处理与校准计算，输出检定证书。数据采集处理和检定校准计算、计算表格及证书的打印与工作标准系统类似。

8.5 设计、施工及运行经验

8.5.1 设计经验

8.5.1.1 与依托分输站共用管道

采用直排式的检定站一般依托分输站建设，利用分输站分输气量进行在线实流检定，在设计上往往与分输站共用放空管道、排污管道及部分天然气管道。为保证生产安全，应在共用管道之间安装单向阀，防止两站之间在操作设备时造成天然气回流，消除安全隐患。

8.5.1.2 单向阀选型

对于直排式设计的检定站，在出站前应设置单向阀，防止天然气倒流。安装时应尽量远离调压区等管道振动强烈的区域，延长单向阀使用寿命。因部分单向阀内部结构采用螺纹固定方式，长时间受到振动和脉动流体冲击可能会导致单向阀内部解体，零部件阻塞管道，严重影响安全生产。若只能安装在调压区，应选择一体式设计的单向阀或带定位销的单向阀，从根本上消除安全隐患。

8.5.1.3 氮气使用

管道打开作业属于各检定站的日常作业，氮气吹扫变得尤为重要。可根据年检定能力安装一套制氮装置，并通过管道与被检台位连接，将氮气置换操作变得简单高效。制氮系统为变压吸附式制氮装置，它是以压缩空气为原料，利用碳分子筛的吸附特性，结合加压吸附、减压解吸，实现空气中的氮、氧分离，从而获得产品氮气。该装置一次投入，可持续使用数年，操作简单易上手，氮气压力低于设定值自动补充，避免了更换液氮瓶等操作。除制得氮气外，还能额外提供压缩空气，为气动扭矩扳手提供动力源。

8.5.2 施工经验

8.5.2.1 被检台位前后强制密封阀安装方向

被检台位前后球阀一般选用的是轨道式强制密封球阀，为单面密封，阀门全关到位后，由执行机构的压紧力和球阀两侧压差形成的推力共同完成密封作用。如安装方向不正确，在进行管线打开作业时，由于球阀两侧存在压差，则会大大增加阀门内漏概率，存在安全隐患。建议轨道式强制密封球阀安装时将密封面向被检台位，在被检台位放空后，阀门执行机构压紧力和阀门压差产生的推动力方向一致，最大限度发挥强制密封球阀的密封效果。

8.5.2.2 被检台位的安装

相邻被检台位支路管段不宜采用汇管形式安装，每条支路应保持独立。汇管安装有以下缺点：(1)在日常管线打开作业时，人员进出不便，需要单独设置扶梯；(2)相邻两条支路距离较近，空间狭窄，不方便拆装作业；(3)同一汇管的两条支路不能同时进行作业，否则受管道张力影响两侧汇管会向外扩张，且可能发生位移。

8.5.3 运行经验

8.5.3.1 涡轮流量计超速保护

工作级标准装置一般采用涡轮流量计，当流速超过上限后，测量芯极易解体损坏，在没有限流装置的情况下，就需要通过安全控制逻辑对涡轮流量计进行有效保护，通过当前测量流量和标准表支路阀门状态，以及设定流量值进行综合判断，基本原则可参照如下：(1)上调流量时，应先开启支路阀门后进行流量调节，且流量设定值小于开启各支路流量总和；(2)下调流量时，应先进行流量调节后关闭支路阀门，且流量设定值小于开启各支路流量总和；(3)对于小口径涡轮，当流量测量值大于小涡轮流量上限时，锁定该支路开阀命令；(4)当小涡轮所在支路阀门为开启状态时，输入流量设定值不得大于小涡轮流量上限。

8.5.3.2 UPS供电

鉴于在实流检定过程中，流量需要达到流量计的使用上限。对于直排式检定站，若在大口径流量计检定过程中发生停电突发事件，会导致调压阀失去电力，无法及时关闭。持续大量向下游输气会导致出站压力升高，存在爆管风险。建议关键阀门（如流量调节阀等）采用UPS供电，在停电状态下，可以紧急关闭阀门，保证生产安全。

9 沈阳分站

9.1 机构概述

沈阳油气计量中心成立于2018年8月，同年11月完成管道沈阳油气计量中心注册。沈阳油气计量中心实行"一个机构，三块牌子"的管理机制，对内负责国家石油天然气大流量计量站沈阳分站和辽宁省原油流量计量站的管理，对外分别以国家石油天然气大流量计量站沈阳分站、辽宁省原油流量计量站的名义开展计量检定业务。

中心机关设在辽宁省沈阳市浑南区。下设5个机关科室和3个基层单位，分别是综合科、质量安全环保科、生产运行科、计划财务科、技术科，以及石油计量检定站、天然气计量检定站（即沈阳分站）、齐河移动天然气计量站。中心机构定员50人。

9.1.1 建站由来

2019年1月，国家市场监督管理总局下达同意筹建国家石油天然气大流量计量站沈阳分站的文件。

2019年4月，中国石油天然气股份有限公司下达《关于中俄东线天然气管道工程（长岭—永清）初步设计的批复》，沈阳分站初设批复包含再内。

2020年5月，沈阳分站工程正式开工。

2021年12月，沈阳分站站内建筑、工艺设备（除次级标准装置）安装完成，完成投产前验收。

2022年3月，沈阳分站开始投产吹扫。

2022年7月，移动标准装置到达齐河移动天然气检定站。

计划2022年9月完成沈阳分站投产工作，2022年12月完成移动标准装置建标工作，2023年3月前完成工作级和次级标准建标，2023年3月依托移动标准装置取得法定计量检定机构授权，2023年4月具备检定流量计条件。

9.1.2 建站目的

东北地区已建有天然气骨干管网4条，分别为哈尔滨—沈阳管道工程、秦皇岛—沈阳管道工程、大连—沈阳管道工程、长岭—长春—吉林管道，使用了天然气流量计230台。随着中俄东线天然气管道的建设投产，设计输量将由$380×10^8 m^3/a$逐渐增输到$480×10^8 m^3/a$。届时东北地区天然气管道流量计数量将达500台，天然气流量计的检定需求日益增加。东北地区还没有高压、大流量天然气计量检定站，无法满足东北地区尤其是中俄东线出现的高压、大流量天然气流量计的检定需求。为了解决东北地区天然气流量计的供需矛盾,填补国内DN500mm以上高压大流量天然气流量计检定技术空白,开展了沈阳分站的建设工作。

9.1.3 建站意义

沈阳分站是国家市场监督管理总局授权建立的法定计量检定机构,行政挂靠在沈阳油气计量中心,取得授权后可在压力范围(2.5~9.85)MPa,工况流量范围(16~30000)m^3/h,对准确度等级1.0级及以下的流量计开展实流检定/校准工作,年检定能力800台。沈阳分站的建立填补了东北地区高压大流量天然气计量检定站的空白,满足了东北地区尤其是中俄东线高压大流量天然气流量计的检定需求,建标授权完成后可解决中亚、中俄、中缅等国际贸易计量中使用的DN500mm和DN600mm高压大流量天然气流量计的实流检定难题,对于提高今后中国在国际天然气贸易计量中的话语权和权威性具有重要意义。

在已建立的高压天然气检定站中,国家管网集团无论在站点数量上,还是天然气计量检定技术上都是起主导作用的,但是在站点分布上,唯有东北地区还缺少1个高压、大流量的天然气计量检定站。沈阳分站的建立填补这一区域空白,推进了国家管网集团在国内天然气计量检定体系的整体布局,在压力范围和流量范围上进一步完善天然气流量量值溯源与传递体系,巩固和提升国家管网集团天然气计量检定的主导地位,保持国家管网集团在国内天然气贸易计量检定中的主动权、控制权和话语权。

9.2 量值溯源传递构成

9.2.1 量值溯源传递体系

沈阳分站量值溯源与传递体系包括次级标准装置、工作级标准装置,由于未建立原级标准装置,需依托南京分站/武汉分站的原级标准装置构成完善的量值溯源与传递体系。在次级标准装置取得建标考核证书前,次级标准装置与工作级标准装置均需依托外部检定机构开展量值溯源,次级标准装置取得建标考核证书后,工作级标准装置可通过站内次级标准装置进行量值溯源。具体方式如下。

(1)第一次天然气流量量值溯源和传递方案。

① 天然气原级标准装置(南京分站/武汉分站)→天然气次级标准装置(沈阳分站)。

② 天然气次级标准装置(南京分站/武汉分站)→天然气工作级标准装置(沈阳分站)→国内送检的被检流量计。

到南京分站/武汉分站量值溯源时,应把次级标准装置中每一路临界流喷嘴及配套的前、后直管段、温度变送器和压力变送器一起送到(安装到)南京分站/武汉分站的原级标准装置检定校准台位上,用原级标准装置对每一路喷嘴进行检定校准。

(2)工作级自主量值溯源和传递方案。

天然气原级标准装置(南京分站/武汉分站)→天然气次级标准装置(沈阳分站)→天然气工作级标准装置(沈阳分站)→国内送检的被检流量计。具体如图9.1所示。

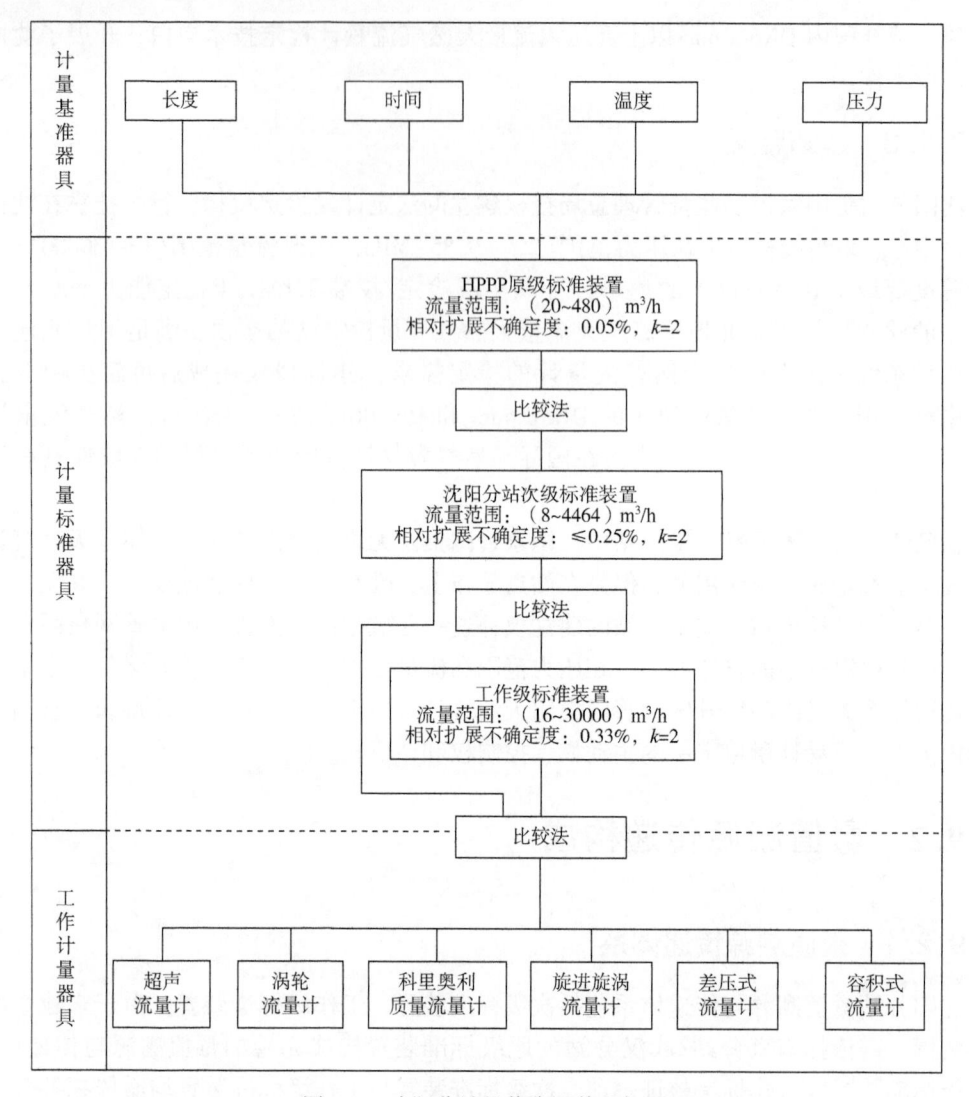

```
计量基准器具:  长度 — 时间 — 温度 — 压力

计量标准器具:
  HPPP原级标准装置
  流量范围：(20~480) m³/h
  相对扩展不确定度：0.05%，k=2
    ↓ 比较法
  沈阳分站次级标准装置
  流量范围：(8~4464) m³/h
  相对扩展不确定度：≤0.25%，k=2
    ↓ 比较法
  工作级标准装置
  流量范围：(16~30000) m³/h
  相对扩展不确定度：0.33%，k=2
    ↓ 比较法

工作计量器具: 超声流量计 | 涡轮流量计 | 科里奥利质量流量计 | 旋进旋涡流量计 | 差压式流量计 | 容积式流量计
```

图9.1 沈阳分站量值溯源传递框图

9.2.1.1 次级标准装置

（1）组成及工作原理。

沈阳分站次级标准装置由15个并联安装的临界流文丘里喷嘴组件、前后汇管等组成。每个临界流喷嘴组件由前后直管段、管束整流器、临界流文丘里喷嘴、压力变送器、温度变送器和伸缩器构成。主要用于对工作级标准装置的标准涡轮流量计、核查超声流量计进行量值传递，开展标准涡轮流量计的期间核查。

次级标准装置采用橇装结构，分为大、小次级标准装置橇。大流量橇座包括9路ANSI 600#临界流音速喷嘴计量检定回路，小流量橇座包含6路ANSI 600#临界流音速喷嘴计量检定回路，其中DN50mm喷嘴管路4个，DN100mm喷嘴管路11个，如图9.2所示。

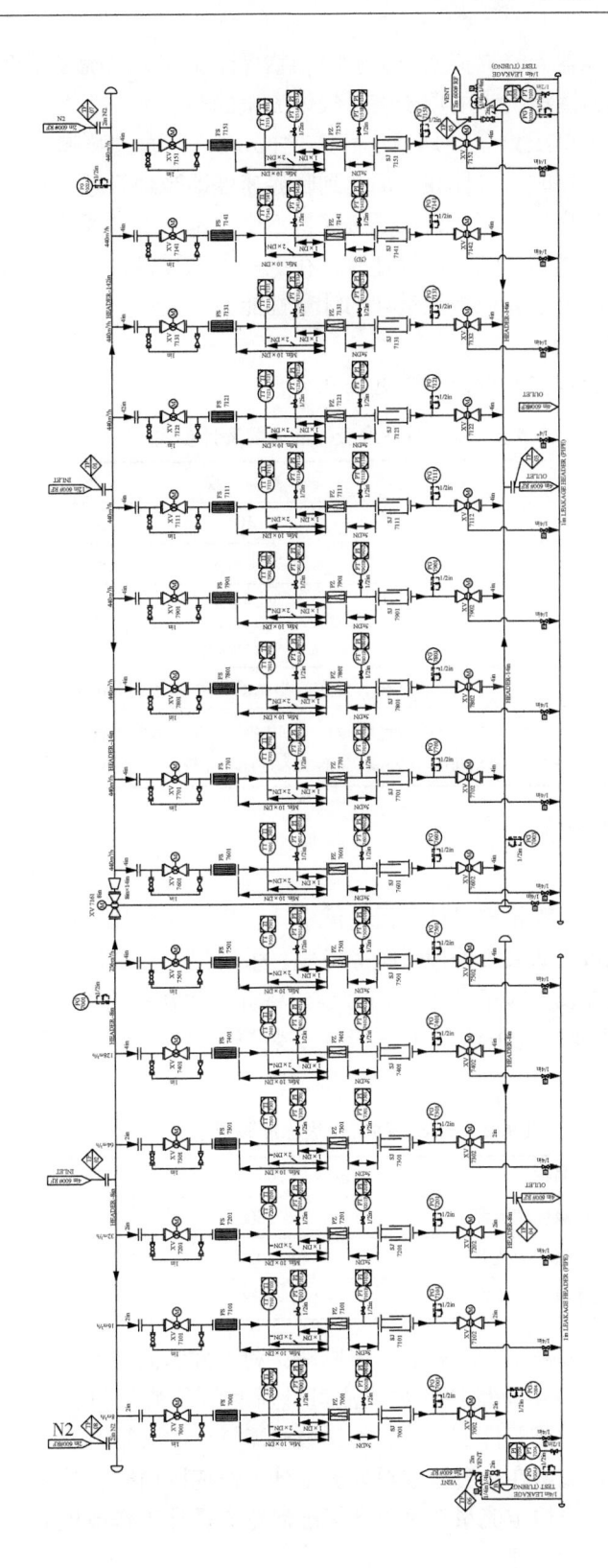

图9.2 沈阳分站次级标准装置工艺系统示意图

次级标准装置主标准器为临界流文丘里喷嘴,临界流文丘里喷嘴是一个入口孔径逐渐减小到喉部,经过喉部又逐渐扩大的用于测量气体流量的测量管。当上游滞止压力 p_0 保持不变,逐渐减小喷嘴的出口压力 p_2,即减小背压比(p_2/p_0),通过喷嘴的气体流量先是不断增加。当达到临界压力比时,气体在喉部达到临界速度即当地音速,流过喷嘴的气体质量流量达到最大。进一步降低背压比,流量将保持不变。基于上述原理,当天然气流经临界状态下的临界流文丘里喷嘴和被检流量计时,在统一了工况条件后,比较同一时间间隔内两者的输出流量值,就可判断被检流量计的计量性能。

(2)主要设计参数。

沈阳分站次级标准装置主要设计参数见表9.1。

表9.1 沈阳分站次级标准主要设计参数

项　　目	参　　数
设计压力/MPa	10
工作压力范围/MPa	2.5~9.85
流量范围/(m³/h)	8~4464
系统不确定度	优于0.25%($k=2$)
喷嘴路数	15路,分大、小流量两个次级标准橇座
喷嘴管路配置	DN100mm×9mm,(440×9)m³/h,大流量标准橇座 DN50mm×4mm+DN100mm×2mm,(8+16+32+64)m³/h,(128+256)m³/h,小流量标准橇座

9.2.1.2 工作级标准装置

(1)组成及原理。

工作级标准装置主要由腰轮流量计、涡轮流量计、超声流量计、温度变送器、压力变送器、在线气相色谱仪和数据采集处理系统等组成。采用腰轮流量计、涡轮流量计作标准表,用超声流量计作核查表。为了减小附加管容,将标准表法标准装置采用分区域设置,分为小流量工作级标准装置、中流量工作级标准装置、大流量工作级标准装置,详见表9.2。

表9.2 沈阳分站工作级标准装置组成

序号	装置名称	流量范围/(m³/h)	不确定度/%
1	小流量工作级标准装置	16~2500	0.33
2	中流量工作级标准装置	40~5000	0.33
3	大流量工作级标准装置	100~30000	0.33

沈阳分站工作标准装置采用标准表法工作原理,利用流体流动的连续性原理,将标准表和被检表串联,将标准涡轮流量计与被检流量计所测量的流量值相比较,经压力、温度、组分补偿换算至同一工况条件下,计算得到被检流量计的流量测量误差,确定被检流量计的技术指标。当检定流量在单台标准涡轮流量计工作范围内时,选用指定的单台标准流量计作为流量标准器;当检定流量超过单台标准涡轮流量计工作范围时,选用多台标准涡轮流量计并联作为流量标准器。

① 小流量工作级标准装置。

小流量工作级标准装置主要由1台DN100mm腰轮流量计、1台DN150mm涡轮流量计、1台DN250mm涡轮流量计及配套的温度、压力变送器、在线气相色谱仪组成，测量流量范围为(16~2500)m³/h，可对DN50mm、DN80mm、DN100mm和DN150mm被检流量计进行全量程检定，见表9.3。

表9.3 沈阳分站小流量工作级标准装置的标准流量计配置表

流量计功能	流量计类型	口径/mm	台数	流量范围/m³/h	单台流量计测量时最大允许误差/%	重复性/%
工作级流量计	腰轮流量计	100	1	8~160	±0.20	0.05
工作级流量计	涡轮流量计	150	1	100~1000	±0.20	0.05
工作级流量计	涡轮流量计	250	1	250~2500	±0.20	0.05
核查流量计	涡轮流量计	100	1	20~200	±0.30	0.10
核查流量计	超声流量计	150	1	100~2000	±0.30	0.10
核查流量计	超声流量计	250	1	200~3000	±0.30	0.10

② 中流量工作级标准装置。

中流量工作级标准装置由1台DN100mm涡轮流量计、2台DN250mm涡轮流量计及配套的温度、压力变送器、在线气相色谱仪组成，测量流量范围为(40~5000)m³/h，可对DN200mm、DN250mm被检流量计进行全量程检定，见表9.4。

表9.4 沈阳分站中流量工作级标准装置的标准流量计配置表

流量计功能	流量计类型	台数	流量范围/(m³/h)	单台流量计测量时最大允许误差/%	重复性/%
工作级流量计	涡轮流量计	1	40~400	±0.20	0.05
工作级流量计	涡轮流量计	2	250~2500	±0.20	0.05
核查流量计	超声流量计	1	40~1000	±0.30	0.10
核查流量计	超声流量计	2	100~2000	±0.30	0.10

③ 大流量工作级标准装置。

大流量工作级标准装置由1台DN150mm涡轮流量计、8台DN300mm涡轮流量计及配套的温度、压力变送器、在线气相色谱仪组成，测量流量范围为(100~30000)m³/h，可对DN300mm、DN400mm、DN500mm、DN600mm被检流量计进行全量程检定，见表9.5。

表9.5 沈阳分站大流量工作级标准装置的标准流量计配置表

流量计功能	流量计类型	口径/mm	台数	流量范围/m³/h	单台流量计测量时最大允许误差/%	重复性/%
工作级流量计	涡轮流量计	150	1	100~1000	±0.20	0.05
工作级流量计	涡轮流量计	300	8	400~4000	±0.20	0.05
核查流量计	超声流量计	150	1	100~2000	±0.30	0.10
核查流量计	超声流量计	300	8	200~5000	±0.30	0.10

工作级标准装置为非定点使用，通过不同口径的标准流量计组合及轴流式流量调节阀对所需流量点的调节，可以对DN50mm至DN600mm的超声流量计、涡轮流量计开展全量程的检定校准。

（2）主要参数。

工作级标准装置主要技术参数见表9.6。

表9.6 沈阳分站工作级标准装置主要技术指标

项　　目	参　　数	
设计压力/MPa	10	
工作压力范围/MPa	2.5~9.85	
流量范围/(m³/h)	16~30000	
系统不确定度	优于0.33%(k=2)	
单台流量计检定校准结果不确定度	优于0.25%(k=2)	
检定台位(10路)	小流量工作级标准装置	3路
	中流量工作级标准装置	3路
	大流量工作级标准装置	3路
	高精度检定台位	1路
检定口径/mm	50~600	

9.2.2 检定能力

沈阳分站建成后可开展DN600mm及以下口径流量计的实流检定/校准工作，年检定能力800台，详见表9.7。

表9.7 沈阳分站(在建)天然气流量量值溯源能力情况统计

标准装置	类型	不确定度/%	最大口径/mm	流量范围/m³/h	压力范围/MPa	建标时间	挂靠单位	年检定能力/台	取得资质
次级	临界流文丘里喷嘴法	0.25	200	8.00~4464.00	2.5~9.85	在建	北方管道公司	800	暂无
工作级	标准表法	0.33	600	16.00~30000.00	2.5~9.85	在建	北方管道公司		

9.3 工艺流程

沈阳分站依托中俄东线、秦沈线、大沈线、哈沈线四路检定气源，采用直排方式进行检定作业。站内建有进出站阀组、过滤单元、压力调节单元、流量调节单元、计量标准装置及配套的辅助系统，如图9.3所示。

沈阳分站与沈阳联络压气站共用放空系统、排污管线。站内有3条放空管线，在末端与压气站放空立管连接；站内有1条排污管线，与压气站工艺排污池进池管线连接。

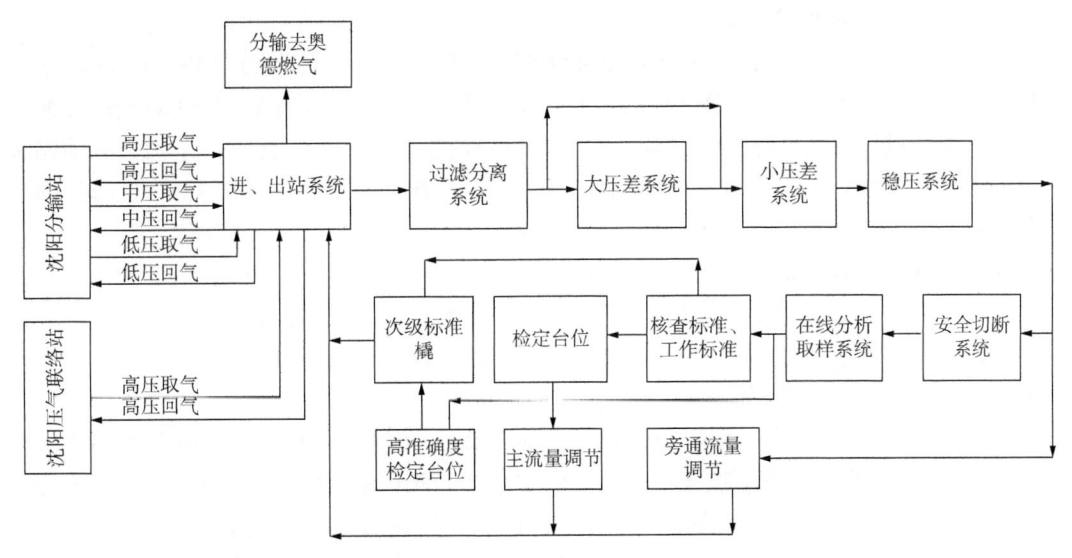

图 9.3 沈阳分站站内工艺示意图

9.3.1 用工作级标准装置检定被检流量计流程

(1) 当从沈阳联络压气站进站取气。

计量检定时，关闭压气站进站主管线上的 DN1200mm 线路截断阀（编号 1203），同时打开其上、下游处的 DN1200mm 线路截断阀（上游阀编号 1216、下游阀编号 1217），这时高压天然气按下面方式进行流动：

高压天然气→压气站内 DN1200mm 截断阀（编号 1216）→沈阳分站内 ESD 阀（编号 1009）→过滤分离器→调压、稳压系统→串联安全切断阀（编号 4001A、4001B）→组分测量系统→核查流量计→工作标准流量计→检定台位→流量调节系统→沈阳分站内 ESD 阀（编号 1013）→压气站内 DN1200 截断阀（编号 1217）→高压回气至压气站进站主管线下游。

(2) 当从沈阳联络压气站出站分支管线取气，回沈阳分输站去秦沈线盘锦方向。

计量检定时，关闭沈阳分输站进站主管线上的 DN700mm 线路截断阀（编号 0102），同时打开其上、下游处的 DN700mm 线路截断阀（上游阀编号 1019、下游阀编号 1018），这时高压天然气按下面方式进行流动：

高压天然气→分输站内 DN700mm 截断阀（编号 1019）→沈阳分站内 ESD 阀（编号 1009）→过滤分离器→调压、稳压系统→串联安全切断阀（编号 4001A、4001B）→组分测量系统→核查流量计→工作标准流量计→检定台位→流量调节系统→沈阳分站内 ESD 阀（编号 1013）→分输站内 DN700mm 截断阀（编号 1018）→高压回气至分输站进站主管线下游去盘锦方向。

(3) 当从沈阳联络压气站出站分支管线取气，回沈阳分输站去沈阳末站的加热炉进口阀上游或出口阀下游。

计量检定时，关闭沈阳分输站进站主管线上的 DN700mm 线路截断阀（编号 0102），同时打开其上、下游处的 DN700mm 线路截断阀（上游阀编号 1019、下游阀编号 1018），这时高压天然气按下面方式进行流动：

高压天然气→分输站内 DN700mm 截断阀（编号 1019）→沈阳分站内 ESD 阀（编号 1009）→过滤分离器→调压、稳压系统→串联安全切断阀（编号 4001A、4001B）→组分测量系统→核查流量计→工作标准流量计→检定台位→流量调节系统→沈阳分站内去分输站加热炉出站分支管线阀（编号 1017）→视是否需要加热打开分输站内加热炉上游回气阀（编号 1030）或加热炉下游回气阀（编号 1022）→高压回气至分输站去沈阳末站方向。

（4）当从沈阳分输站加热炉出口下游取气。

计量检定时，关闭沈阳分输站加热炉出口主管线上的 DN550mm 截断阀（编号 0102），同时打开其上、下游处的 DN550mm 取回气阀（上游阀编号 1021、下游阀编号 1022），这时高压天然气按下面方式进行流动：

高压天然气→分输站内加热炉下游取气阀（编号 1021）→沈阳分站内 ESD 阀（编号 1009）→过滤分离器→调压、稳压系统→串联安全切断阀（编号 4001A、4001B）→组分测量系统→核查流量计→工作标准流量计→检定台位→流量调节系统→沈阳分站 DN550mm 出站分支阀（编号 1017）→分输站内加热炉下游回气阀（编号 1022）→高压回气至分输站去沈阳末站方向。

（5）当从沈阳分输站调压橇出口下游取气，回调压橇下游。

计量检定时，关闭沈阳分输站调压橇出口主管线上的 DN600mm 截断阀（编号 1025），同时打开其上、下游处的 DN550mm 取回气阀（上游阀编号 1023、下游阀编号 1024），这时高压天然气按下面方式进行流动：

高压天然气→分输站内调压橇下游取气阀（编号 1023）→沈阳分站内 ESD 阀（编号 1009）→过滤分离器→调压、稳压系统→串联安全切断阀（编号 4001A、4001B）→组分测量系统→核查流量计→工作标准流量计→检定台位→流量调节系统→沈阳分站内 DN550mm 出站分支阀（编号 1017）→分输站内调压橇下游回气阀（编号 1024）→回气至分输站去沈阳末站方向。

（6）从沈阳分输站调压橇出口下游取气，回奥德燃气输气管网。

计量检定时，关闭沈阳分输站调压橇出口主管线上的 DN600mm 截断阀（编号 1025），同时打开其上游处的 DN550mm 取回气阀（上游阀编号 1023、下游阀编号 1024），这时高压天然气按下面方式进行流动：

高压天然气→分输站内调压橇下游取气阀（编号 1023）→沈阳分站内 ESD 阀（编号 1009）→过滤分离器→调压、稳压系统→串联安全切断阀（编号 4001A、4001B）→组分测量系统→核查流量计→工作标准流量计→检定台位→流量调节系统→沈阳分站内 DN300mm 出站分支阀（编号 1018）→回气至去奥德燃气输气管网方向。

9.3.2 用次级标准装置检定校准工作级标准装置或核查超声流量计流程

（1）用次级标准装置检定校准小流量工作级标准装置或小流量核查流量计流程。

高压天然气进入沈阳分站→站内 ESD 阀（编号 1009）→过滤分离器→调压、稳压系统→串联安全切断阀（编号 4001A、4001B）→组分测量系统→小核查流量计→小工作标准流量计→6401 阀门→6402 阀门→次级标准装置→主流量和旁通流量调节系统→沈阳分站内ESD阀(编号1013)→从沈阳分站出站管线出站。

(2) 用次级标准装置检定校准中流量工作级标准装置或中流量核查流量计流程。

高压天然气进入沈阳分站→站内ESD阀(编号1009)→过滤分离器→调压、稳压系统→串联安全切断阀(编号4001A、4001B)→组分测量系统→中核查流量计→中工作标准流量计→6701阀门→6702阀门→次级标准装置→主流量和旁通流量调节系统→沈阳分站内ESD阀(编号1013)→从沈阳分站出站管线出站。

(3) 用次级标准装置检定校准大流量工作级标准装置或大流量核查流量计流程。

高压天然气进入沈阳分站→站内ESD阀(编号1009)→过滤分离器→调压、稳压系统→串联安全切断阀(编号4001A、4001B)→组分测量系统→大核查流量计→大工作标准流量计→6801阀门→6802阀门→次级标准装置→主流量和旁通流量调节系统→沈阳分站内ESD阀(编号1013)→从沈阳分站出站管线出站。

9.3.3 用次级标准装置检定校准高准确度流量计流程

高压天然气进入沈阳分站→站内ESD阀(编号1009)→过滤分离器→调压、稳压系统→串联安全切断阀(编号4001A、4001B)→组分测量系统→6001阀门→被检流量计→6002阀门→次级标准装置→管线8401阀门和旁通流量调节系统→沈阳分站内ESD阀(编号1013)→从沈阳分站出站管线出站。

9.3.4 旁通(越站)流程

当短时间不开展流量计检定时,可通过沈阳分站越站流程将上游来气直接通过该流程返回压气站或分输站下游管线;当长时间不开展流量计检定时,需将流程切换回压气站/分输站流程,打开压气站/分输站线路截断阀门,天然气不再经沈阳分站流程输送至下游。

9.3.5 取回气流程

(1) 当实流检定压力为(7.14~9.85)MPa时,有两路气源。

① 当实流检定压力为(7.14~8.56)MPa时,检定最高流量(1187~7976)×10^{4}m^3/d,温度(-0.7~14.9)℃时。

自沈阳联络压气站进站阀XV1203上游取气,回沈阳联络压气站进站阀XV1203下游。打开联络压气站阀ESDV1216、联络压气站阀ESDV1217,关闭XV1203,导通取气回路。

联络压气站阀ESDV1216→取气汇管→ESDV1009→站内检定环节→ESDV1013→XV1016→回气汇管→联络压气站阀ESDV1217,如图9.4所示。

② 当实流检定压力为(7.37~9.85)MPa时,检定最高流量(500~3772)×10^{4}m^3/d,温度(2.1~32.6)℃时,自沈阳联络压气站出站分支管线ESDV1311阀后取气,回沈阳分输站去秦沈线盘锦方向。打开分输站阀XV1018、

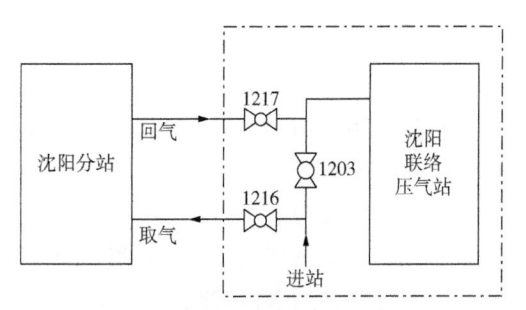

图9.4 沈阳联络压气站取气、回气示意图

分输站阀 XV1019，关闭分输站阀 XV0102，导通取气回路，如图 9.5 所示。

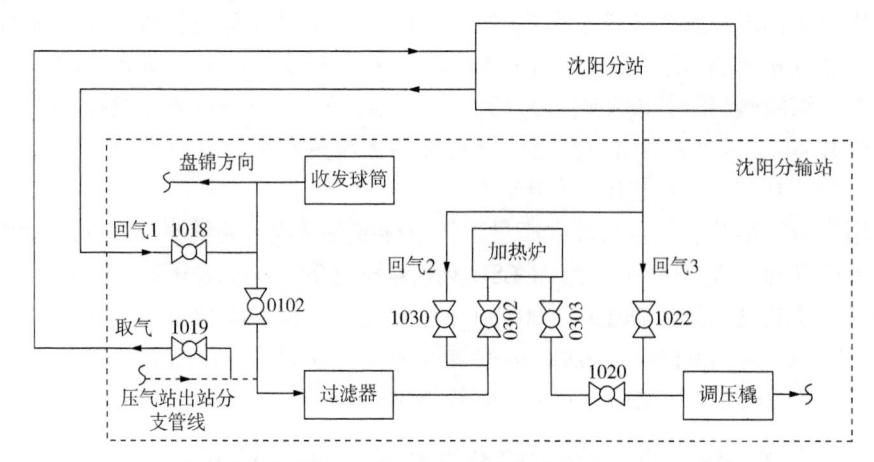

图 9.5　沈阳联络压气站出站分支管线在沈阳分输站内取气、回气示意图

ESDV1311→分输站阀 XV1019→取气汇管→ESDV1009→站内检定环节→ESDV1013→XV1016→回气汇管→分输站阀 XV1018→去盘锦方向。

（2）当实流检定压力为(4.2~7.14)MPa 时，检定最高流量 $585.71×10^4 m^3/d$，有一路气源。

自沈阳分输站加热炉出口截断阀 XV1020 上游取气，回加热炉出口截断阀 XV1020 下游。打开分输站阀 XV1021、分输站阀 XV1022，关闭 XV1020、加热炉出口阀 XV0303，导通取气回路，如图 9.6 所示。

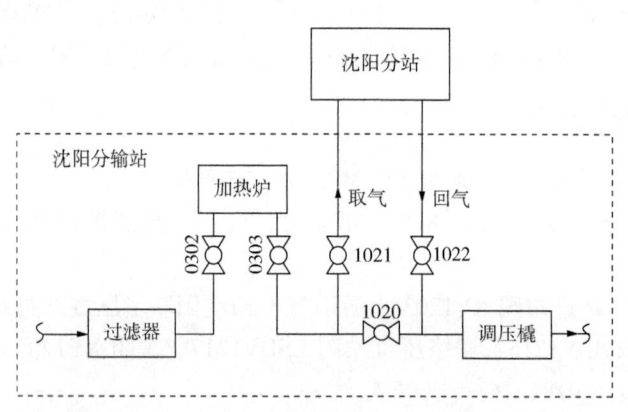

图 9.6　沈阳分输站加热炉下游取气、回气示意图

分输站阀 XV1021→XV1015→取气汇管→ESDV1009→站内检定环节→ESDV1013→XV1016→回气汇管→XV1014→分输站阀 XV1022→分输站调压橇→去沈阳末站方向。

（3）当实流检定压力为 4MPa 时，检定最高流量 $585.71×10^4 m^3/d$，有一路气源。

自沈阳分输站调压橇出口截断阀 XV1205 上游取气，回调压橇出口截断阀 XV1205 下游。打开分输站阀 XV1023、分输站阀 XV1024，关闭 XV1025，导通取气回路，如图 9.7 所示。

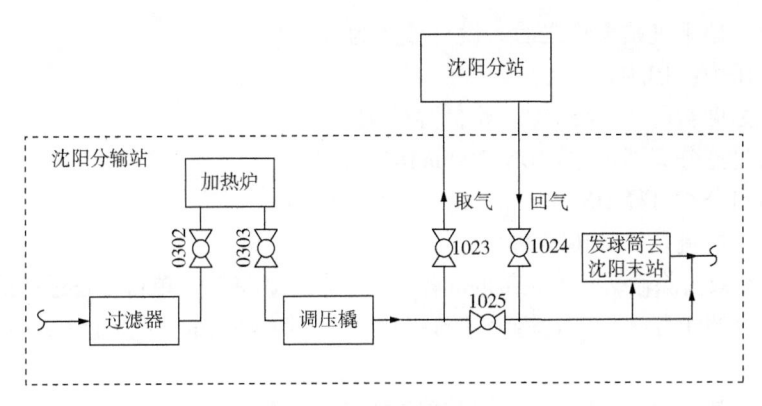

图9.7 沈阳分输站调压橇下游取气、回气示意图

分输站阀 XV1023→XV1015→取气汇管→ESDV1009→站内检定环节→ESDV1013→XV1016→回气汇管→XV1014→分输站阀 XV1024→去沈阳末站方向。

(4) 当实流检定压力为2.5MPa时，检定最高流量$180×10^4 m^3/d$，有一路气源。

自沈阳分输站调压橇出口截断阀 XV1205 上游取气，回调压橇出口截断阀 XV1205 下游或向奥德燃气外输。

① 打开分输站阀 XV1023、分输站阀 XV1024，关闭 XV1025，导通取气回路。

分输站阀 XV1023→XV1015→取气汇管→ESDV1009→站内检定环节→ESDV1013→XV1016→回气汇管→XV1014→分输站阀 XV1024→去沈阳末站方向。

② 打开分输站阀 XV1023、XV1018，关闭 XV1016、分输站阀 XV1024、XV1025，导通取气回路，如图9.8所示。

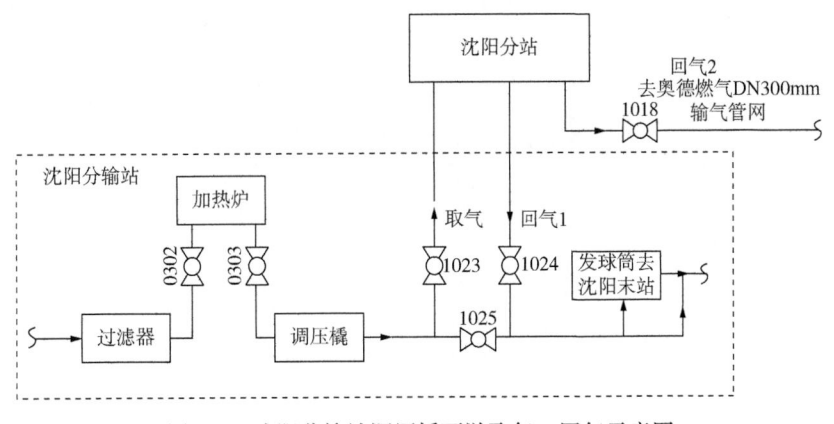

图9.8 沈阳分输站调压橇下游取气、回气示意图

分输站阀 XV1023→XV1015→取气汇管→ESDV1009→站内检定环节→ESDV1013→XV1018→外输气计量橇→奥德燃气。

9.3.6 过滤单元

沈阳分站过滤单元由3台并联卧式过滤分离器组成，给检定过程提供清洁干净的气源条件，防止杂质对涡轮流量计、腰轮流量计、次级临界流文丘里喷嘴造成损伤，确保检定结果的准确度。位于进站汇管之后。设计参数为：
（1）设计压力：10.0MPa。
（2）设计温度：（-31~45）℃，耐低温碳钢。
（3）卧式过滤分离器尺寸：DN1200mm×3600mm。
（4）进出口公称直径 DN600mm、筒身 DN1200mm。
（5）过滤工况流量：≤10000m³/h。

该设备能有效去除输送气体夹带的固体颗粒、粉尘和液滴。单台设备过滤效率不小于：
（1）粉尘过滤能力：≥5μm 粉尘过滤率 99.9%；（1~5）μm 粉尘过滤率 99.0%；≤1μm 粉尘过滤率 95%。
（2）液滴过滤能力：≥5μm 液滴过滤率 99.9%。

9.3.7 压力调节单元

沈阳分站压力调节单元位于过滤单元下游，由一级大压差调节系统、二级大压差调节系统、稳压系统组成，主要为检定工作提供稳定的压力条件。为了保证控制精度，控制特性选用等百分比控制，阀门开度在10%~90%之间，为了保证下游流态稳定，阀门出口的流速应低于20m/s。轴流式调节阀的电动执行机构的输出信号是(4~20)mA，其调节精度可达±1%，如图9.9所示。

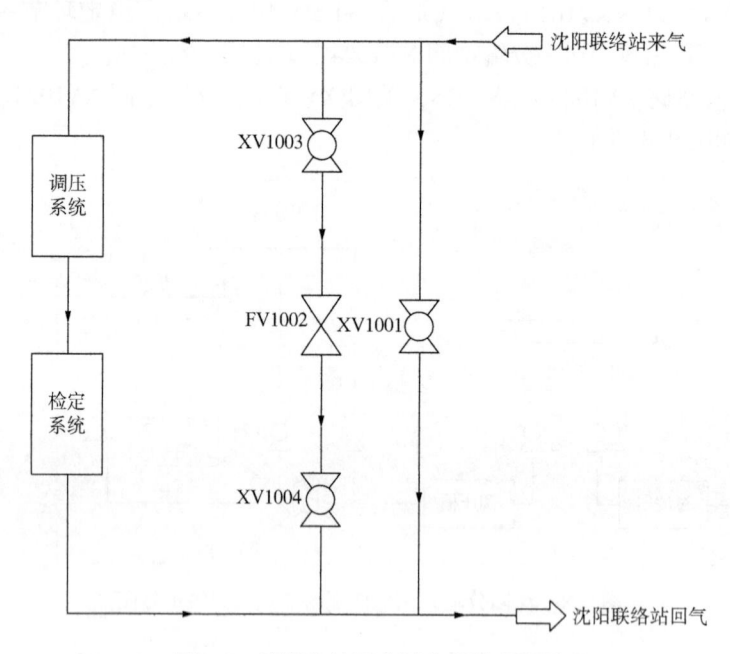

图9.9 沈阳分站压力调节简易流程图

压力调节系统的使用方案：

当需要检定低压、小口径的流量计时，使用一级和二级大压差调节系统，以便把压气站出口来的高压天然气（该天然气为压缩机出口，其压力和流量波动相对较大，温度较高）进行二级降压，再用稳压系统进行稳压处理，以满足检定低压、小流量的天然气流量计。

当需要检定高压天然气流量计时,使用稳压系统,以便对天然气进行稳压处理,以满足检定高压天然气流量计的需求。

(1) 一级大压差调节系统。

由于沈阳分站天然气入口压力较高,首先,在过滤分离器出口汇管下游处设有2路并联的大压差调节阀组,其中在经过一级大压差调节阀组调节后,由阀前压力(7.5~9.9)MPa调节到阀后压力6MPa。经计算,沈阳分站一级大压差调节阀组主要参数见表9.8。

表9.8 沈阳分站一级大压差调节阀组主要参数

序号	口径/in	阀前压力/MPa	阀后压力/MPa	工况流量范围/m³/h	设置	数量	前后接管/mm×mm	备注
1	8	7.5~9.9	6	500~3000	并联	1	323.9×16	多龙套
2	16			2000~8000		1	508×20	

在使用中,流量稳定调节过程分两种情况:

① 当需要检定的工况流量小于3000m³/h时,打开8in(DN200mm)的调节阀,关闭另1个调节阀。

② 当需要检定的工况流量大于2000m³/h时,打开16in(DN400mm)的调节阀,关闭另1个调节阀。

这2个并联的压力调节阀不能同时工作,只能单路进行压力调节。

(2) 二级大压差调节系统。

沈阳分站在一级大压差调节阀组的下游出口处,设有2台并联的二级大压差调节阀组,其中在经过二级大压差调节阀组调节后,由阀前压力6MPa调节到阀后压力(2.5~4)MPa。这个压力就可满足检定低压流量计时所需的检定压力值(2.5~4)MPa,其中当把压力调节到4MPa以下时,将取决于沈阳分输站下游分输支线的允许运行压力值(可根据季节或者通过调控中心来调整)。经计算,沈阳分站二级大压差调节阀组主要参数见表9.9。

表9.9 沈阳分站二级大压差调节阀组主要参数

序号	口径/in	阀前压力/MPa	阀后压力/MPa	工况流量范围/m³/h	设置	数量	前后接管/mm×mm	备注
1	8	6	2.5~4	500~4000	并联	1	323.9×16	多龙套
2	16			3000~8000		1	610×20	

在使用中,流量稳定调节过程分两种情况:

① 当需要检定的工况流量小于4000m³/h时,打开8in(DN200mm)的调节阀,关闭另1个调节阀。

② 当需要检定的工况流量大于3000m³/h时,打开16in(DN400mm)的调节阀,关闭另1个调节阀。

这2个并联的压力调节阀不能同时工作,只能单路进行压力调节。

(3) 稳压调节系统。

沈阳分站在一级、二级大压差调节阀组之后,设有稳压调节阀组,以便对一级、二级大压差调节阀组出口的天然气进行稳压调节或者把进入沈阳分站的高压天然气直接进行稳压调节,来确保进入工作级标准装置或者次级标准装置的天然气流量更加稳定,以满足计量检定中天然气流量和压力的稳定性要求。经计算,沈阳分站稳压调节阀组主要参数见表9.10。

表 9.10 沈阳分站稳压调节阀组主要参数

序号	口径/in	阀前压力/MPa	阀前后压差/MPa	工况流量范围/m³/h	设置	数量	前后接管/mm×mm	备注
1	8	2.5~9.9	0.1	500~1500	并联	1	219.1×12.5	单龙套
2	32			1200~30000		1	813×20	

在使用中,流量稳定调节过程分两种情况:

① 当需要检定的工况流量小于1500m³/h时,打开8in(DN200mm)的调节阀,关闭另1个调节阀。

② 当需要检定的工况流量大于1200m³/h,打开32in(DN800mm)的调节阀,关闭另1个调节阀。

这2个并联的压力调节阀不能同时工作,只能单路进行压力调节。

沈阳分站设置了一、二级大压差调节阀组和稳压阀组,在被检流量计下游和旁通管线设置了流量调节阀组,其中在被检流量计下游和旁通管线设置的流量调节阀在流量调节时产生的温降不会对上游的计量、检定系统产生影响;另外,由于稳压调节阀组进行稳压时,产生的压降最大只有0.2MPa,而引起的最大温降只有1℃,这个温降只会对计量、检定结果产生微小的影响,并且这个影响已在天然气流量的计算中进行了温度修正计算。而在沈阳分站中,只有设置的一、二级大压差调节阀组产生的温降将对计量、检定结果产生影响。因此,沈阳分站主要采取了以下技术措施:

在一、二级大压差调节阀组及下游管线中设置了电加热器,以防止管线结冰,并对这些地面管线进行了保温设计优化,即在工程的取气管线到检定台位管线和次级标准装置之间的管线进行保温设计。

当需要检定低压、小口径的天然气流量计(一般口径小于250mm)时,沈阳分站将从沈阳压气站的压缩机出口进行取气,这时出口的天然气温度将超过40℃、压力将达到9.85MPa。如果天然气从9.85MPa降到2.5MPa时,天然气的温度将降到4℃左右。为了减小温降对计量检定的影响,沈阳分站主要将采取高温取气、加电热带、地面管线保温及天然气流量温度修改计算等方法来减少降温影响,以提高计量、检定结果的准确性。

9.3.8 流量调节单元

沈阳分站流量调节单元由进出站分流调节系统及主流量调节和旁通流量系统组成,为检定工作提供稳定的流量条件。

(1) 进出站分流调节系统。

沈阳分站采用干线截断的方式取气,天然气流经沈阳分站工艺流程后,再回到主干线球阀的下游管线。在检定过程中根据设置的检定流量调节进入检定工艺流程的流量,干线多余的气体将通过分流调节系统直接返回主干线。沈阳分站进出站分流流量调节系统包括:

① 在DN1000mm旁通管线上，设1个40in电动双活塞密封球阀。当短期不检定时，打开该阀(阀位号1001)，导通沈阳分站总进出口，来气旁通越过沈阳分站工艺系统直接返回到主干线切断阀的下游管线。

② 在DN1000mm分流调节管线上，设2个40in电动双活塞密封球阀、1个32in电动轴流式流量调节阀(单层笼套结构)，具体参数见表9.11。当检定时，通过控制该调节阀(阀位号1006)，控制进入沈阳分站计量检定系统的流量大小，其余天然气经该调节阀返回到检定站总出口主干线切断阀的下游管线。

表9.11 沈阳分站进出站分流量调节系统主要设备参数表

序号	名称	口径/in	工况流量范围/m³/h	数量	前后接管/mm×mm	备注
1	电动轴流式流量调节阀	32	2000~50000	1	1016×21	分流调节阀
2	电动双活塞密封球阀	40	—	1	1016×21	越站阀
3	电动双活塞密封球阀	40	—	2	1016×21	分流调节阀、上下游关断阀

(2) 主流量调节和旁通流量系统。

根据天然气流量计的检定规程要求，在调节不同流量点检定时，检定压力需始终保持不变。沈阳分站在检定台位下游设主流量调节系统。主流量调节系统由三路并联电动轴流式调节阀组成，各路调节阀口径分别为3in、8in、32in。在安全切断系统进口及主流量调节阀出口之间设有旁通流量调节系统，由三路并联电动轴流式调节阀组成，各路调节阀口径分别为3in、8in、32in。具体参数见表9.12。

表9.12 沈阳分站主流量调节和旁通流量调节阀组主要设备选型表

序号	功能	口径/mm	工况流量范围/m³/h	数量	阀前压力/MPa	阀前后压差/MPa	前后接管/mm×mm
1	主流量调节	80	20~200	1	2.5~10	0.1	88.9×5
		200	150~1500	1	2.5~10	0.1	219.1×12.5
		800	1200~30000	1	2.5~10	0.1	813×20
2	旁通流量调节	80	20~200	1	2.5~10	0.1	88.9×5
		200	150~1500	1	2.5~10	0.1	219.1×12.5
		800	1200~30000	1	2.5~10	0.1	813×20

在使用中，流量调节过程分三种情况：

① 当需要检定的工况流量小于200m³/h时，打开DN80mm的调节阀，关闭其他口径的调节阀。

② 当需要检定的工况流量为150~1500m³/h，打开DN200mm的调节阀，关闭其他口径的调节阀。

③ 当需要检定的工况流量为1200~30000m³/h时，打开DN800mm的调节阀，关闭其他口径的调节阀。

这3个并联的压力调节阀不能同时工作，只能单路进行流量调节。

9.3.9 辅助系统工艺流程

(1) 排污系统。

沈阳分站对过滤分离器、一、二级大压差调压系统汇管、稳压系统汇管、核查流量计上游汇气管等处设排污流程。室外地上排污管线及埋地过渡段设电伴热保温。过滤分离器设磁翻板液位计，运行人员根据液位显示确定排污时机，实施现场人工排污。

沈阳分站排污依托沈阳联络压气站的排污池，设置 1 条 DN150mm 排污管线汇入压气站排污池进池管线末端，排污管线上设置止回阀。具体流程为：汇气管→排污阀→排污管线→沈阳联络压气站排污池。

(2) 放空系统。

沈阳分站进、出站管线设置与全站 ESD 触发命令联锁的电动放空阀门，当执行全站 ESD 命令时，打开电动放空阀门，放空站内天然气。为方便设备的检修与检定管段更换，对每一路的站内过滤分离器、一级、二级压差调压系统、稳压系统、主流量及旁通流量调节系统、检定台位、次级标准、工作标准流量计和核查流量计等管路或者汇气管上均设有手动放空管路。手动放空采用双阀，前端为球阀，后端为具有节流截止功能的放空阀，便于维修与更换。为防止工作标准流量计、检定台位与次级标准橇间的放空阀内漏影响检定结果，放空根部阀采用强制密封球阀。

沈阳分站依托相邻的沈阳联络压气站的放空系统。沈阳分站共有一条 DN200mm 中压放空管线、一条 DN50mm 中压放空管线及一条 DN200mm 高压放空管线，分别连接至沈阳联络压气站相应放空管线去放空立管末端。在碰头处设止回阀。具体流程为：放空点→放空阀→放空管线→沈阳联络压气站放空系统。

(3) 消防系统。

按照等级划分沈阳分站为四级站场。站内计量检定装置及检定厂房为消防用水量最大的建筑单体，室外消火栓设计流量为 30L/s，室内消火栓设计流量为 10L/s，火灾延续时间 3h，一次消防用水量为 432m^3。

① 消防系统组成。

本站建有 1 座消防泵房和 1 座 500m^3 消防水罐，泵房内设电动消防主泵及柴油机消防备用泵各 1 套。消防气压给水设备 1 套，供站场建筑室内外消防用水。计量检定装置及检定厂房、综合值班室设室内消火栓，场区设环状消防管网，其上设室外消火栓，管道埋设在冻土层下，常充水。

② 消防系统控制。

消防系统的操作通过现场设置的消防控制柜实现自动控制和手动控制两种控制功能，平时设置为自动控制状态。

a. 自动控制。

由消防气压给水设备保证管网压力，当管网压力降低到 0.40MPa 时，自动启动电动消防主泵，如果主泵未启动，自动启柴油机备用泵。若主泵在运行过程中出现故障停机，自动启动备用泵。

b. 手动控制。

包括就地手动控制和站控室远程手动控制,消防人员可通过就地控制柜面板上的按钮手动启/停消防泵,也可通过站控机远程手动启/停消防泵,还可通过站控室消防控制箱的手动按钮强制启动消防泵。

本站消防水源为500m^3消防水罐,最高报警水位7.20m、最低报警水位7.05m、最低有效水位1.00m,液位高于7.15m时关闭补水阀,低于7.05m时打开补水阀。消防水泵按照1用1备的形式进行设置,稳压设备将管网压力稳定在(0.47~0.50)MPa,消防水泵出口汇管设压力开关,当管网压力低于0.40MPa时自动启动消防水泵。

③ 消防流程。

a. 室内消防。

计量检定装置及检定厂房、综合值班室设室内消火栓系统,发生火灾时按下室内消火栓报警按钮,发出报警信号,待人工确认后启动电动消防泵,若电动消防泵故障或断电,自动启动柴油机消防泵,打开消火栓即可进行灭火。

b. 室外消防。

当站场建筑着火时,现场打开室外消火栓,当消防管网压力下降到0.40MPa时,自动启动电动消防泵,若电动消防泵故障或断电,自动启动柴油机消防泵为消防系统供水。

c. 电动消防泵巡检。

电动消防泵巡检采用自动巡检的方式,消防泵房内设置自动巡检控制柜,巡检时以低频电源驱动电动消防泵,低速转动的时间为2min。

(4) 氮气置换。

沈阳分站设置1套氮气系统,制氮设备室内安装,安装在辅助生产区气动及制氮设备间内。用于流量计拆装过程中天然气或空气的置换。

沈阳分站氮气用气量2m^3/min,用气压力0.3MPa,间歇运行。制氮系统主要分为空气压缩系统、空气预净化系统、变压吸附系统和制氮系统。原料空气首先经过空压机压缩,然后进行除尘、除水等净化处理,使之达到制氮主机对压缩空气品质的要求。净化后的空气注入空气缓冲罐,空气缓冲罐分别为气动工具和PSA制氮机提供压缩空气。PSA制氮机以碳分子筛为吸附剂,采用双塔流程,在(0.6~0.8)MPa吸附压力下,利用氮气冲洗和常压解析流程,提取氮气。产生的氮气首先经过氮分析仪检验,不合格氮气放空,合格氮气分别进入氮气缓冲罐,各氮气缓冲罐与氮气汇管相接。

空压制氮机橇包括空气压缩系统、空气净化系统、PSA制氮系统。其中空气压缩系统的主要功能是为PSA变压吸附装置和站内气动工具提供足够的压缩空气。站场空压机的冷却方式为风冷型,有无油螺杆空压机2套。空气净化系统通过对压缩空气的后处理使空气达到PSA制氮机所需空气的质量等级。此系统设置压缩空气预处理系统橇座1套,包括微热再生吸附式干燥机(双塔)2套、过滤器组2套。PSA制氮机单台标准产氮量为120m^3/h,设计压力1.0MPa,氮气纯度≥99.5%(国标中规定的非氧含量),氮气出PSA系统压力为0.8MPa(表压)。

整套制氮系统为全自动化设备,设有高度自动化控制系统,实现无人值守。根据用气量的情况,控制系统对空压机和制氮机组的开停做出判断。为达到安全运行,节约能源,空分制氮站设置的主要计量仪表有压力表、温度计、流量计等。PSA制氮机及辅机中包括控制柜、气流分布系统、自动跟进压紧装置、高效消音器、氧分析仪、压力表等。

当被检流量计安装好后,为了防止空气进入天然气输气管道内,需要用氮气把被检流量计上、下游管线内的空气置换,通过放空管线放空,然后再打开被检流量计上、下游阀门。或者在被检流量计拆卸下来前,为了防止天然气进入检定区厂房内,对检定人员造成不安全影响因素,需要先用氮气把被检流量计上、下游管线内的空气置换,通过放空管线放空,然后再拆卸流量计。具体为:氮气系统→氮气阀→被检流量计上、下游管线→氮气把空气推出→放空管线→沈阳联络压气站放空系统。

（5）暖通系统。

① 采暖。

采暖热媒采用供回水温度为85℃/60℃的热水,压力0.4MPa。热源为供热间内2台电磁采暖炉。沈阳分站采暖系统的主要设备及参数见表9.13。

表9.13 沈阳分站采暖系统主要设备及参数

序号	设备名称	规格型号	数量/台
1	电磁采暖炉	$Q=300\text{kW}$ 供回水温度为85℃/60℃	2
2	循环水泵	$Q=(35\sim65)\text{m}^3/\text{h}$ $H=(35\sim28)\text{m}$ $N=7.5\text{kW}$	2
3	膨胀罐	$V=500\text{L}$	1

系统采用闭式机械循环,热网回水经除污器后,进入循环水泵加压送入电磁炉加热,加热到85℃后供至用户。系统失水由生水管直接补入循环水泵入口干管。供热系统补水采用生水,系统采用自动补水阀定压。电磁炉附膨胀罐、管道泵、进出口截断阀和补水阀。电磁炉为全自动运行,具有温度自动控制、漏电及缺水保护功能。

除配电室、机柜间、控制室、UPS间、通信机房采用电暖器采暖,其他房间设计采用热水散热器采暖。

② 通风。

a. 计量标准装置及检定厂房设置机械通风(事故通风)方式,屋顶设置低噪声防爆屋顶风机排风,自然补风,在房间下部设置保温过滤进风口。风机与可燃气体报警器联锁。风机在室内及靠近外门的外墙上设置开关。

b. 直管段存放库房、流量计存放间、水处理间、供热间采用自然通风方式,屋顶设置旋流型屋顶自然通风器,自然补风。

c. 消防泵房设置机械通风,墙面设轴流风机,自然补风。消防水泵启动与风机联锁。

d. 配电室优先使用的通风方式散热,墙面设轴流风机,自然补风。当通风不足以消除室内余热,或气候条件不允许使用通风散热时,开启空调降温。

e. 厨房设置事故通风,墙面设防爆轴流风机,自然补风。风机与可燃气体报警器联锁。风机在室内及靠近外门的外墙上设置开关。

f. 生活区公共卫生间、餐厅设置集成吊顶排气扇。宿舍内的卫生间设置采暖、排风、照明三合一浴霸。

(6) 阀门泄漏检测系统。

沈阳分站利用15路次级标准装置、15路工作级标准装置、9路被检流量计管路上安装的强制密封球阀的检漏孔(也称排气孔)，设置检漏系统，便于定期测试强制密封球阀是否有内漏。

每个区域的每台强制阀门球阀都分别用 $\phi6mm/\phi10mm$ 不锈钢管路连接到放空管线上，在该管路上设置电磁阀、手动开关阀、压力变送器等。在计量、检定操作前，定期进行检漏操作，当该检漏管路中的天然气压力逐渐升高时，说明这个阀门内漏，需要维修，否则将影响计量准确度。

(7) 气动工具系统。

沈阳分站设置1套气动工具系统，室内安装，与制氮设备一起安装在辅助生产区气动及制氮设备间内。用于为检定厂房内更换流量计、直管段等作业用气动工具提供压缩空气。该系统主要由压缩空气系统、干燥器、储气罐组成。含组合式套筒扳手，能对WN-RFCLASS600[(2~16)in]带颈对焊突面钢制法兰的螺母、螺栓拧紧松。其压缩空气系统参数、干燥器、储气罐等性能指标与氮气系统相同。

9.4 检定控制系统

沈阳分站检定控制系统包括控制系统与检定系统，主要实现现场工艺流程的远程控制、状态参数显示、故障报警、检定数据的采集与处理等功能。

9.4.1 站控系统

站控系统包括过程控制系统、安全仪表系统、可燃气体检测报警、火灾报警系统。

站控系统负责流量计检定工作过程中所需压力和流量控制、与流量计检定系统数据交换、与沈阳分输站、沈阳联络压气站及调度中心进行数据通信，负责检定站超压切断及放空、关停站场进出站管线、可燃气体检测报警、火灾报警等安全监控，如图9.10所示。

9.4.1.1 过程控制系统

过程控制系统监控内容包括检定过程的温度、压力、流量检测和控制、流程切换控制等，I/O监控规模420~460点，采用DCS系统，其硬件、软件及数据网络要具有扩展能力，重要部位为冗余设置(如CPU控制器、电源模块、数据总线等)，当运行主路发生故障时，能自动进行主备切换，自动对系统的数据进行备份，为运行管理提供可靠的保障，以保证系统正常、可靠、平稳的工作。

采用冗余工业以太网与工作级标准装置及流量计检定系统、次级标准装置及流量计检定校准系统进行数据通信，实现检定校准过程无缝连接。

计量检定站与沈阳压气站采用光缆数据通信，满足两站之间生产运行管理对双方信息数据的要求。

检定站主要耗能设备和辅助耗能设备的能耗数据，由电力管理系统采用RS485通信方式上传至站控系统。

检定站有关阴极保护信息采用硬线信号电缆接入站控系统。

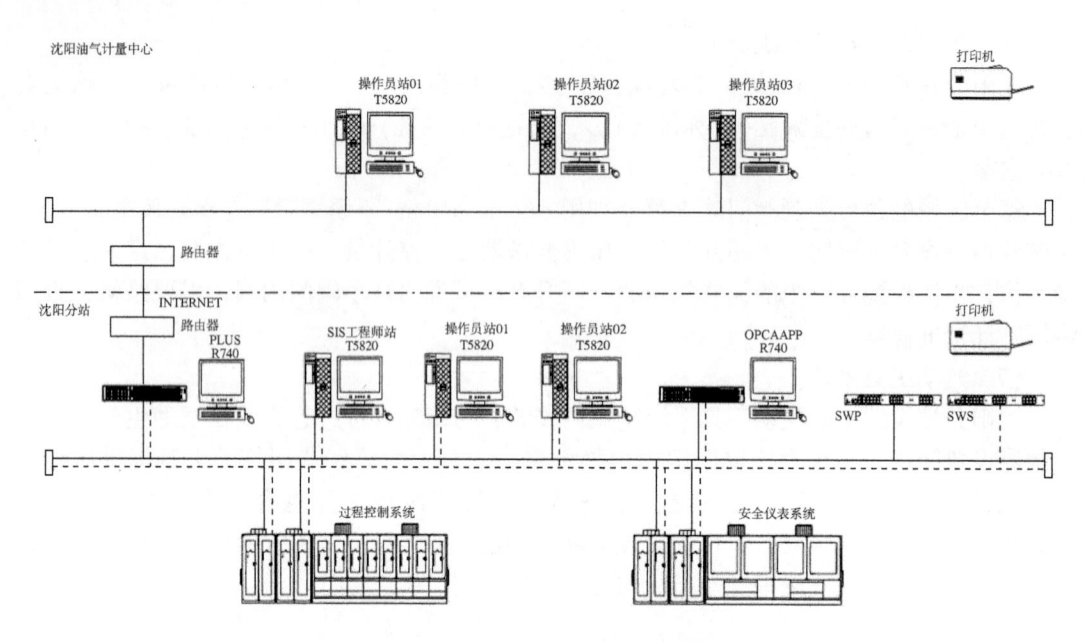

图 9.10　沈阳分站控制系统结构框图

9.4.1.2　安全仪表系统

安全仪表系统监控流量计检定、校准过程中，是否在正常工况条件下运行，一旦监测到工艺运行参数严重超限，安全仪表系统触发紧急切断放空程序，确保人员、设备及环境安全，见表9.14。

在被检流量计上游超压时，将执行紧急关断进入检定系统的气源，打开放空旋塞阀；或接收到分输站、压气站停站指令，将执行紧急关断来气、返回气，打开放空阀等。

表 9.14　沈阳分站计量检定站安全仪表功能回路

编号	功能	传感器	执行元件	SIL 等级	备注
SIF01	标准装置入口超压关断放空	压力变送器 PT-4001A/B/C	紧急关断阀 SSV-4001A/B 标准装置汇管放空阀 BDV-5003 5005 次级出口控制阀关闭 XV-8001 旁通调节阀组控制阀打开 XV-8601 8602、FV-8601	SIL2	保护被检流量计
SIF02	控制室人工触发关计量检定站	按钮 ESD-4001	取气关断阀 ESDV-1009 回气关断阀 ESDV-1013 站出口管线 BDV-1016 过滤器入口汇管放空阀 BDV-2101	SIL2	发生事故，如地震、火灾、严重泄漏等
SIF03	阀组区人工触发关计量检定站	按钮 ESD-4002A/B/C/D/E/F	取气关断阀 ESDV-1009 回气关断阀 ESDV-1013 站出口管线放空阀 BDV-1016 过滤器入口汇管放空阀 BDV-2101	SIL2	发生事故，如地震、火灾、严重泄漏等

续表

编号	功能	传感器	执行元件	SIL等级	备注
SIF04	检定厂房人工触发关计量检定站	按钮 ESD-4003A/B/C/D/E/F	取气关断阀 ESDV-1009 回气关断阀 ESDV-1013 站出口管线放空阀 BDV-1016 过滤器入口汇管放空阀 BDV-2101	SIL2	发生事故，如地震、火灾、严重泄漏等
SIF05	沈阳压气站关站指令	硬线信号 ESD-0001A	取气关断阀 ESDV-1009 回气关断阀 ESDV-1013 站出口管线放空阀 BDV-1016 过滤器入口汇管放空阀 BDV-2101	SIL2	沈阳压气站 ESD 开关
SIF06	沈阳分输站关站指令	硬线信号 ESD-0001B	取气关断阀 ESDV-1009 回气关断阀 ESDV-1013 站出口管线放空阀 BDV-1016 过滤器入口汇管放空阀 BDV-2101	SIL2	沈阳分输站 ESD 开关

安全仪表系统将独立于过程控制系统，逻辑控制器按 SIL2 级设计，I/O 监控规模约 80~100 点，检测仪表和控制阀为独立设置，操作员站和工程师站与过程控制系统共用，设置操作权限，实现功能独立和操作安全。

正常情况下，安全仪表系统监测检定站运行为自动状态，不需人工干预，根据操作要求自动触发关断放空程序。若遇突发事件，经人为判断需要进行 ESD 紧急关断放空，通过人工按动 ESD 紧急停车按钮（按钮设在控制室和现场），同样可实现紧急关断放空。在事故处理完成，满足投运条件后，需人工复位，才能恢复生产。

9.4.1.3 紧急关断系统

计量检定站紧急关断时，不触发相关取气站（沈阳压气站或分输站）关断，计量检定站关断信号，采用硬线常闭接点方式发送至沈阳压气站、分输站。当沈阳压气站或分输站 ESD 关断时，采用硬线常闭接点方式，发送并触发计量检定站安全仪表系统，实现计量检定站联锁关断。安全仪表系统设计时，来自现场传感器元件仪表信号，在信号输入组件或在软件编程时进行延时滤波处理，防止误动作，以提高系统可靠性。

9.4.1.4 可燃气体报警系统

可燃气体检测系统独立于过程控制系统，控制器为非冗余配置，I/O 监控规模 140~160 点，操作员站和工程师站与过程控制系统共用。在检定厂房内设置可燃气探测器，厂房内设手动报警按钮和声光报警器，用于提醒工作和巡检人员，同时为巡检人员配置便携式可燃气体检测报警器。

9.4.2 检定系统

沈阳分站计量检定系统包括次级标准检定控制系统、工作标准检定控制系统和移动标准系统的检定校准计算、计算表格及证书的打印，以及负责计量检定工艺过程的监控及流程手自动切换、压力和流量调节控制操作等。通过键盘输入检定流量、检定次数和被检表的基本信息,向检定控制系统提供必要的数据,使其完成相应的检定操作(包括瞬时流量检定和累积流量检定),并可实时查看检定结果。次级检定系统能对气体涡轮流量计、气体超声流量计、容积式流量计、差压式流量计、质量流量计的天然气流量计进行检定校准,显示被检流量计不同流量点的重复性、流出系数、雷诺数及相关异常数据报警。针对运行单位管理流程的计量检定管理系统,实现基于网络的流量计收发、出入库、作业票办理、被检表信息录入、上台位检定、证书报告出具、证书报告签发等功能。

  检定系统主要由数据采集处理系统和检定操作工作站组成。检定系统主要实现对检定站中天然气工作标准涡轮流量计、核查标准超声流量计、压力变送器、温度变送器、被检流量计、在线色谱分析仪等的现场测量信号的采集、处理。同时对检定数据进行处理、计算、量值确认、报表及检定证书打印等。

  计量检定系统主要包含检定系统和辅助控制,检定系统脉冲采集采用 NI 公司的 PXI 高速脉冲采集平台,主要负责标准涡轮流量计、质量流量计、核查超声流量计,以及被检流量计的脉冲信号采集及处理;模拟量电流信号采集采用 NI 公司的 PXI 高精度电流采集卡,主要完成次级喷嘴、标准涡轮流量计、核查超声流量计,以及被检流量计的温度、压力采集。与检定结果相关的温度变送器和压力变送器均采用 FF 总线协议传输信号,每支总线的终端均设有终端电阻和终端电容,有效降低外界干扰对总线数据传输的影响,且在现场接线箱和控制室接线柜内分别设置浪涌保护器,使得 FF 总线两端均具备抗浪涌能力。检定辅助控制功能由过程控制系统协助完成,如图 9.11 所示。

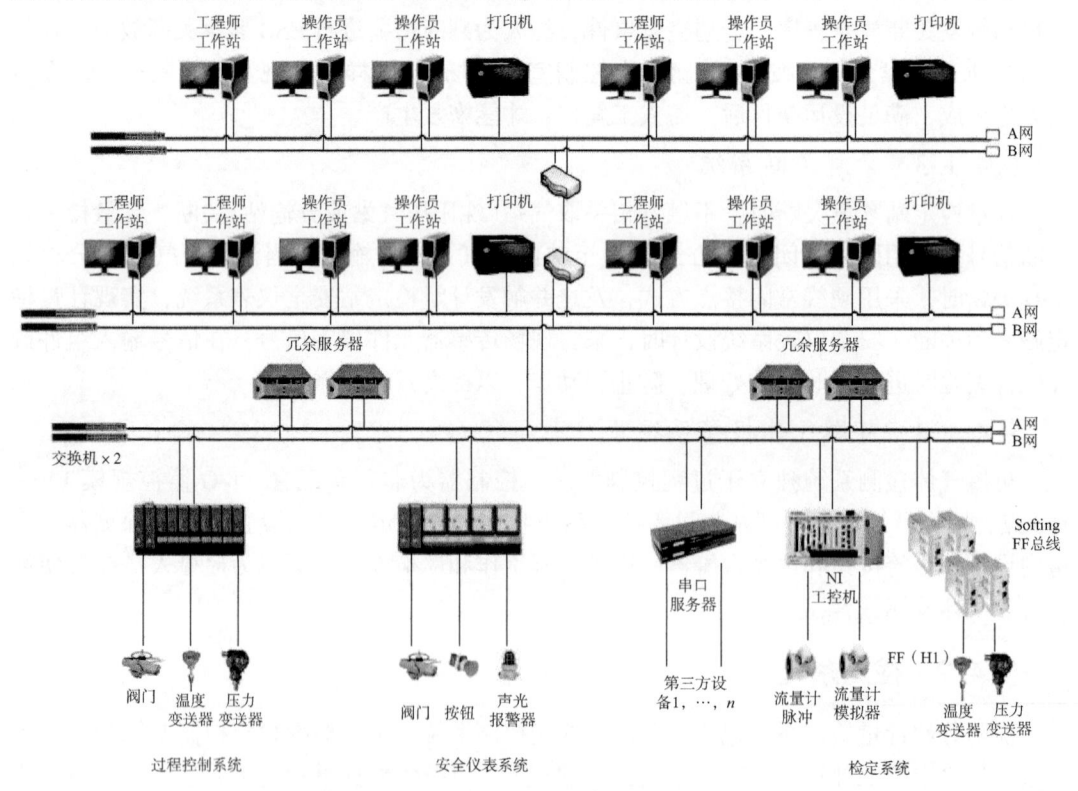

图 9.11 沈阳分站检定控制系统结构图

检定软件采用 C/S 模式开发。S 即数据采集软件，主要负责与流量计检定相关所有的数据采集处理和数据库存储；C 即检定客户端软件，主要负责计量器具的基础数据存储维护、检定任务的配置下发、检定数据的数据库读取计算、检定数据存储、生成检定证书报告等。

9.4.2.1 次级标准系统

次级标准系统主要完成次级标准流量计算，对工作级标准涡轮流量计、核查超声波流量计和高准确度流量计的检定校准，以及检定计算表和证书的打印等，如图 9.12 所示。

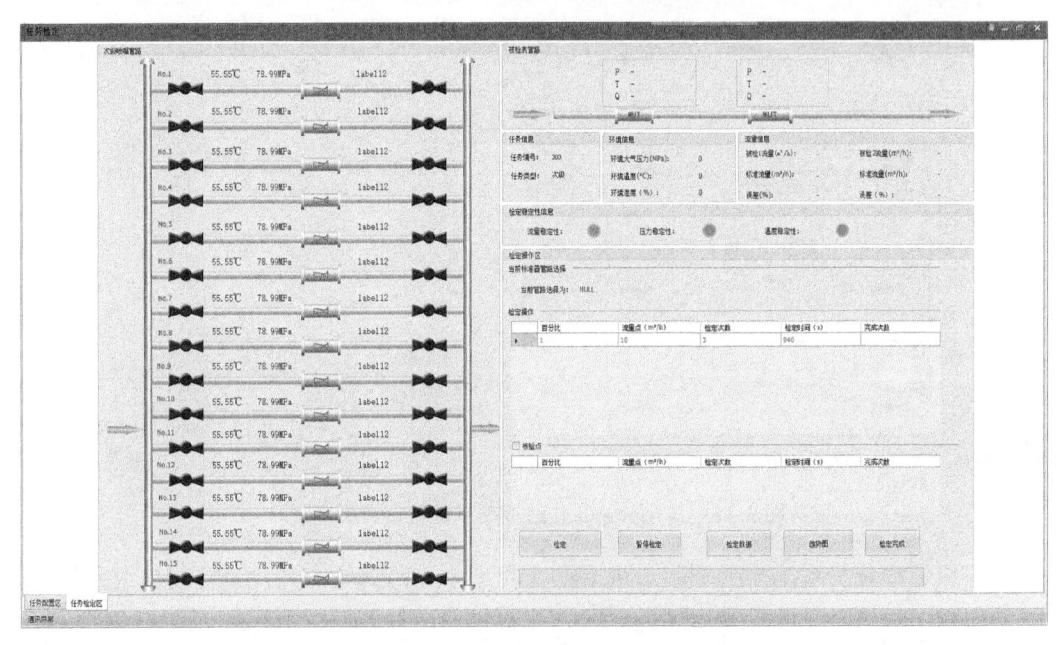

图 9.12 沈阳分站次级标准系统检定典型画面

次级喷嘴的流路选择是通过站控系统控制相关阀门的开关来完成的，确定了喷嘴的流路，就确定了检定流量点，再通过分流阀门调整喷嘴的背压比，当达到喷嘴的临界背压比要求后，通过喷嘴和被检流量计的质量流量不再变化，就可以开始检定了。

流量信号：被检流量计的脉冲信号经过光电隔离和整形放大后进入脉冲/频率/时间采集系统。"双表同检"的 2 台流量计各自有 1 路脉冲信号输出。脉冲信号采集模块通过"双计时"法提高脉冲采集精度。

压力信号：次级喷嘴上下游压力信号、被检流量计压力信号通过 FF 总线协议进入 H1 型总线控制器内，检定系统通过实时通信读取这些数值。大气压力计变送器的(4~20)mA 信号经过浪涌保护器后，进入检定系统的多通道模拟量采集卡。

温度信号：次级喷嘴上游温度信号、被检流量计温度信号通过 FF 总线协议进入 H1 型总线控制器内，检定系统通过实时通信读取这些数值。环境温湿度的(4~20)mA 信号经过浪涌保护器后，进入检定系统的多通道模拟量采集卡。

组分信号：在线色谱分析仪的组分数据通过 modbus RTU 串口协议实时传送给检定系统和站控系统。

9.4.2.2 工作级标准系统

工作标准/核查流量计系统主要完成核查流量计对工作标准流量计核查，工作标准流量计对被检流量计的检定校准计算、计算表格及证书的打印，如图9.13所示。

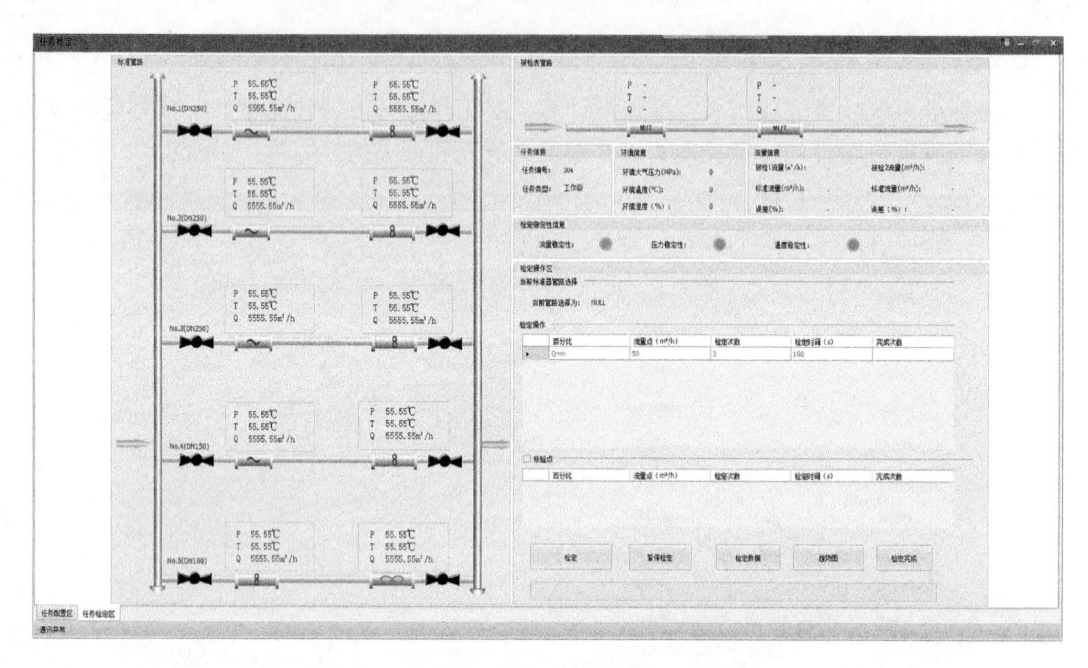

图9.13 沈阳分站工作级标准系统检定典型画面

工作级标准装置系统控制采用1路腰轮流量计、14路涡轮流量计直接输出两路脉冲信号，每路设1个压力变送器FF总线信号、1个温度变送器FF总线信号。采用14路核查超声流量计、1路涡轮核查流量计，超声流量计输出脉冲信号、RS-485信号或以太网信号，涡轮流量计输出两路脉冲信号，每路设1个压力变送器FF总线信号、1个温度变送器FF总线信号，对8路并联检定台位上被检流量计4种输出信号[脉冲、频率、(4~20)mA、RS-485]的流量计进行检定。同时计量检定系统以RS-485或以太网形式采集被检流量计相关数据，对被检流量计进行诊断(只单路检定，每路串联2台流量计)。

使用工作标准检定流量计的工艺相比次级要简单，只需要导通相关流程即可，整个操作都是在1个压力水平下进行。工作级标准涡轮流量计的流路选择是通过站控系统控制相关阀门的开关来完成的。

工作标准与次级标准的信号相比，有以下两方面的不同：

流量信号：除了被检流量计的脉冲信号，还有标准涡轮流量计的脉冲信号经过光电隔离和整形放大后进入脉冲/频率/时间采集系统。标准涡轮的脉冲信号均通过采集"整脉冲"法提高脉冲采集精度，被检流量计的脉冲信号通过"双计时"法提高脉冲采集精度。

超声流量计通信及诊断：核查超声流量计和被检超声流量计通过以太网/RS485信号向监控计算机传输诊断信息。操作者可在站控室内实时对超声流量计进行在线诊断。

9.5 设计、施工经验

9.5.1 设计经验

9.5.1.1 减小管容影响

与设计沟通协调，优化安装方案，将沈阳分站15路并联的工作标准流量计的每一路流量计单独设一条管线去次级标准装置，每条管线上游设一台零泄漏电动强制密封球阀。每台工作级流量计量值溯源时，无需经其所在编组下游汇管，可直接到达次级标准装置入口，减小了工作级与次级之间管容，提高系统测量不确定度。

9.5.1.2 小口径管道结构稳定性

流量计检定过程中管道流体的流速可达到30m/s，而管输天然气管道流体流速一般控制在20m/s以内，流速的增大对管道的结构稳定性有更高的要求，建议对小口径台位出口管道适当加粗，强化高流速下结构稳定性。

9.5.1.3 增设高精度检定台位

不同用户对流量计的准确度要求不同，尤其是一些检定站的高准确度流量计，工作级标准装置无法满足检定/校准的需要，建议在次级标准装置的上游设置1条DN300mm的检定台位系统（单台检定），可对工作标准流量计或者送检的高准确度流量计进行检定校准。

9.5.1.4 参与国产化阀门试制

国际形势多变，进口关键设备技术保护，维护维修周期长，成本较高，为全面提升国家管网输气管道设备的保障能力，建议响应国家管网集团科技部号召，在不影响项目建设和运行的前提下，以大口径强制密封球阀、轴流式调节阀新产品的研发为目标，结合国内强制密封球阀、轴流式调节阀的供货商，通过对强制密封球阀、轴流式调节阀的结构设计、性能优化、可靠性测试等方面开展研究工作，并结合依托新建工程进行验证与示范，从而进行推广。

9.5.2 施工经验

9.5.2.1 阀门的内部锈蚀检查

在开展严密试验时，由于阀门内部存在锈蚀情况，导致试验不合格。建议阀门出厂后需要进行水压试验，保存运输过程易造成阀门阀腔内部锈蚀，且内部锈蚀无法通过观测确认。建议在阀门的选择及技术要求上增加阀门内部防腐要求，在验收过程中要检查监造记录。

9.5.2.2 管线、管、阀墩沉降预防

管线、管、阀墩长时间会存在沉降，为防止沉降，建议：

（1）施工时管沟底部采用原状土，或保证回填夯实时间和夯实度，使土质有足够承载力；

（2）在管子下沟后不再在管底或管沟边缘进行开挖作业，核对管子基础标高与管底标高是否一致；

（3）阀、墩保证在原状土或在回填后夯实系数满足要求上方进行施工，回填时禁止使用冻土块进行回填，对被水泡过的管沟或基坑进行换填。

9.5.2.3 管内异物清洁

管道建成后，内部的异物会对标准涡轮流量计、阀门等设备造成损坏，建议：

（1）在施工过程中禁止工人在管内休息，禁止将工具、水杯等物品随手放在管口。施工期间做好自检自查，焊接前对管内进行检查。平时做好管线成品保护工作，将未进行焊接的管线做好封堵工作，管材、管件堆放时做好保护，防止因雨水造成管内堆积锈蚀情况发生。

（2）定期不定期对管内清洁度进行检查，做好管材、管件成品保护工作。发现异物及时清理。

9.5.2.4 防腐补口质量把控

防腐补口质量是管线投用后安全生产运行的一个关键环节，需要严格管控，建议：

（1）严格按照设计要求进行施工，保证防腐施工人员具备相应技术条件，满足施工需求。对防腐材料进行检查，并按要求进行复检。

（2）防腐材料不合格应及时进行更换，并将不合格批次的材料已完成的防腐口全部剥离，人员技术不达标，对人员进行更换。

9.5.2.5 管线试压注意事项

管线试压是对管线质量检验的一项重要手段，对试压质量要严格把关，建议在试验前做以下准备：

（1）检查现场布置是否按照已批复完成的试压方案进行。
（2）检查压力表、压力记录仪、压力天平等设备检定证书及水质报告。
（3）焊口核对完成。
（4）保证上水过程管内注满水。
（5）对阀门、法兰及二次密封阀、焊口处进行检查，确保无渗漏。
（6）按照规范要求进行试压过程操作，严禁带压操作。
（7）严禁施工人员在试压管线焊口及法兰口处休息，无必要就远离。
（8）扫水应彻底，吹扫过程要保证低点为爆破口，保证杂质顺利排出。

9.5.2.6 严格控制工期

在有限的施工时间内，点多面广交叉作业时，按照工序编制施工横道图，按照施工横道图进行各专业和工序进度监控，当发现与计划造成偏差时可以第一时间发现具体导致滞后项，及时分析原因，制订追赶方案，确保按期完成施工任务。

9.5.2.7 保证施工质量

加强细节管控，避免"低老坏"问题，此类问题是各项目建设的频发点，因为一些微小细节是很容易忽视的点，但往往这样小问题的整改会造成多余的资源浪费，所以为了避免浪费资源，应在施工期间多关注一些小细节。

9.5.2.8 吹扫过程中针对不同管径用不同流速进行吹扫

沈阳分站投产期间在进站管线加装夹持流量计，估算进站流量，根据吹扫管路不同，通过控制站外流量调节阀对进站流量进行调节，保证吹扫质量，同时在各检定支路上加装夹持过滤器，通过分辨吹扫时过滤器声音，确定吹扫进度。

10 国家管网集团西南管道有限责任公司油气计量中心

10.1 机构概述

国家管网集团西南管道有限责任公司油气计量中心设经理、党委书记1人，副经理1人，中心现有员工35人，其中高级工程师6人，硕士研究生学历10人。下设五部一所，具体为综合部、经营部、计量部、检测部、计量仪表部，以及贵阳天然气流量所。

10.1.1 建站由来

根据国家市场监督管理总局对天然气计量标准的设置原则，以及对贸易交接计量器具实施计量检定或校准的总体思路和中国石油提出的"管住原级、放开次级"的原则，西南管道公司于2019年8月12日向中国石油天然气集团有限公司申请建设国家石油天然气大流量计量站西南管道油气计量中心工程项目并获得批准。2019年10月11日，中油管道回函西南管道公司《关于国家石油天然气大流量计量站西南管道油气计量中心工程可行性研究报告的批复》，西南管道油气计量中心项目工程通过可行性研究报告批复（油气管道[2019]214号），西南管道油气计量中心为中高压、生产型天然气计量检定站，只建立次级和工作级标准装置。2020年2月28日，中油管道回函西南管道公司《关于国家石油天然气大流量计量站西南管道油气计量中心工程初步设计的批复》，西南管道油气计量中心项目工程通过初步设计批复（油气管道[2020]15号）。2020年9月16日，西南管道油气计量中心工程项目开工建设。

10.1.2 建站目的

随着西南地区天然气工业的快速发展，西南管道公司管理的油气管道已达到10022km，覆盖川、渝、滇、黔、桂、陕、甘、宁八省市自治区，天然气设计年输量$430×10^8 m^3$。在西南地区每年有大量的天然气流量计需要进行实流检定，因国内其他地区的国家级天然气流量计实流检定站的检定能力已经饱和，造成西南地区的天然气流量计无法按时检定。为完善国家计量量值溯源体系，解决西南地区高压天然气流量计检定困难的突出矛盾，满足西南地区天然气流量计的周期检定需求，拟计划在西南管道公司所属的贵阳压气站（贵阳输气站）设计建立西南管道油气计量中心。本工程依托中缅天然气管道、中贵联络线交汇点的西南管道公司的贵阳压气站，在贵阳压气站旁的预留地内，主要建有天然气流量次级标准装置和工作级标准装置及配套设施，天然气流量计检定口径（50～400/500）mm，年检定能力 700 台。

10.1.3 建站意义

西南管道油气计量中心将成为西南地区天然气流量计检定压力最高最宽、工况流量最大、检定口径最大的天然气计量检定站，对于提升国家高压、大口径天然气流量计的实流检定能力，完善国家天然气流量量传体系，保障西南战略通道天然气流量量值溯源的准确性和可靠性，解决西南地区天然气流量计的实流检定难题具有重要的意义。

10.2 量值溯源传递构成

10.2.1 量值溯源传递体系

国内完整的天然气流量量值溯源和传递体系为原级、次级和工作级标准装置三级量值溯源和传递体系，即首先使用天然气流量原级标准装置传递给次级标准装置，再用次级标准装置传递给工作级标准装置，最后再用工作级标准装置检定校准被检流量计。而本工程采用天然气流量次级和工作级标准装置二级量值溯源和传递体系。西南管道油气计量中心主要建有天然气流量次级标准装置和工作级标准装置及配套设施，天然气流量计检定口径(50~400/500)mm，年检定能力700台。西南管道油气计量中心所建立的次级标准装置和工作级标准装置可选南京分站和武汉分站(中高压系统)或者成都分站(中低压系统)的原级标准装置和次级标准装置，来分别对西南管道油气计量中心的次级标准装置、工作级标准装置进行量值溯源和传递。当西南管道油气计量中心通过了国家计量标准考核后，应把次级标准装置每5年送到南京分站和武汉分站(中高压系统)或者成都分站(中低压系统)的原级标准装置上进行量值溯源，然后再用该次级标准装置对西南管道油气计量中心内的工作级标准装置每年开展一次量值传递，如图10.1所示。

南京、武汉和成都分站
原级标准装置
(4/5/8~400/440) m³/h, U 为 0.05% ($k=2$)

↓

西南管道油气计量中心
次级标准装置
(4~2704) m³/h, U 优于 0.25% ($k=2$)

↓

西南管道油气计量中心
工作级标准装置
(8~12000/20000) m³/h, U 优于 0.29% ($k=2$)

↓

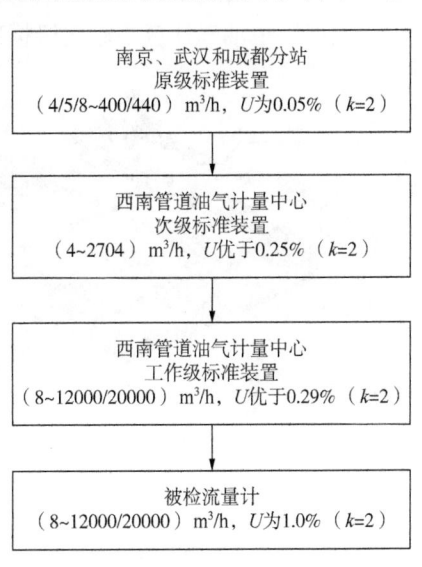

被检流量计
(8~12000/20000) m³/h, U 为 1.0% ($k=2$)

图 10.1 西南管道油气计量中心气体流量标准装置量值溯源图

(1) 第一次天然气流量量值溯源和传递方案。

① 天然气原级标准装置(南京/武汉/成都分站)→天然气次级标准装置(西南管道油气计量中心)。

② 天然气次级标准装置(南京/武汉/成都分站)→天然气工作级标准装置(西南管道油气计量中心)→国内送检的被检流量计。

(2) 建标后，每隔5年次级标准装置的量值溯源和传递方案。

天然气原级标准装置(南京/武汉/成都分站)→天然气次级标准装置(西南管道油气计

量中心)。

(3)建标后,每隔1年工作级标准装置的量值溯源和传递方案。

天然气次级标准装置(西南管道油气计量中心)→天然气工作级标准装置(西南管道油气计量中心)。

10.2.2 次级标准装置

(1)组成及工作原理。

次级标准装置的作用是把原级标准装置的量值传递至工作标准。临界流文丘里喷嘴流量计是常用的次级标准装置,使用不同管径和喷嘴喉部直径组合,达到要求的流量范围。临界流文丘里喷嘴流量计的设计、安装和使用要求详见 GB/T 21188—2007《用临界流文丘里喷嘴测量气体流量》,使用 JJG 620—2008《临界流文丘里喷嘴检定规程》进行系数检定或校准,要求为:

① 检定或校准压力范围应该包含使用压力范围。

② 检定或校准结果为雷诺数—流出系数及其重复性和不确定度,使用时进行插值或回归公式计算对应雷诺数的流出系数。

西南管道油气计量中心次级标准装置结构图如图 10.2 所示。

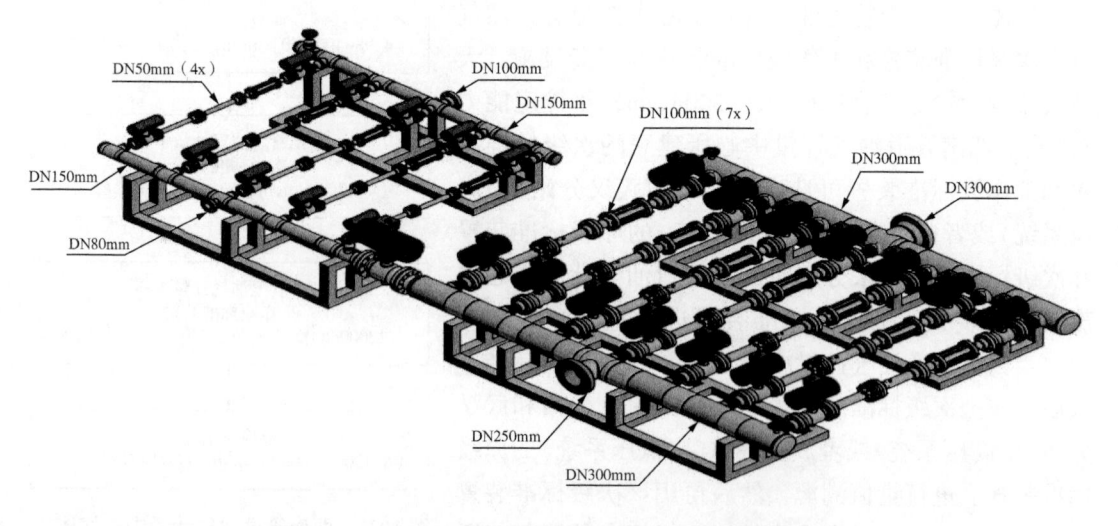

图 10.2 西南管道油气计量中心次级标准装置结构图

西南管道油气计量中心的次级标准装置将 12 路喷嘴流量计集成为一个计量橇,橇上 12 路并联的喷嘴流量计测量管路被分别安装在入口/出口汇气管之间,采用大、小流量喷嘴橇的结构形式。一是小流量喷嘴橇由流量为 $4m^3/h$、$8m^3/h$、$16m^3/h$、$32m^3/h$、$64m^3/h$ 组成的 5 路 DN50mm 喷嘴测量管路并联组成,上下汇管为 DN150mm,入口管线为 DN80mm,出口为 DN100mm,流量范围为 $(4\sim124)m^3/h$。二是大流量喷嘴橇由流量为 $128m^3/h$、$256m^3/h$、5 路 $440m^3/h$ 组成的 7 路 DN100mm 喷嘴测量管路并联组成,上下汇管为 DN300mm,入口管线为 DN250mm,出口为 DN300mm,流量范围为 $(128\sim2584)m^3/h$。

用1台DN150mm的电动强制密封球阀把大、小流量喷嘴橇在各自的上游汇管处连接起来。在2个前汇气管上分别设有DN50mm氮气管线,在2个后汇气管上分别设有DN50mm放空管线。西南管道油气计量中心喷嘴规格参数见表10.1。

表10.1 西南管道油气计量中心喷嘴规格参数

标准喷嘴	喷嘴数量	尺寸/in	喉径计算值/mm	量程/(m³/h)	单只喷嘴流出系数不确定度/%
喷嘴1	1	2	1.22	4	
喷嘴2	1	2	3.35	8	
喷嘴3	1	2	4.74	16	
喷嘴4	1	2	6.70	32	
喷嘴5	1	2	9.48	64	
喷嘴6	1	4	13.41	128	0.15
喷嘴7	1	4	18.95	256	
喷嘴8	1	4	24.92	440	
喷嘴9	1	4	24.92	440	
喷嘴10	1	4	24.92	440	
喷嘴11	1	4	24.92	440	
喷嘴12	1	4	24.92	440	
合计	12			2704[①]	

[①]设计时,最小量程喷嘴不和大量程喷嘴一起组合使用,因此最大量程为2704m³/h。

这套装置设计用于检定不同类型的高压天然气流量计,最大工况压力为10MPa。该检定系统包含12个喷嘴,组合后最大流量为2708m³/h。该喷嘴检定装置在(4~2708)m³/h的范围内可以建立2^7+5种稳定的不同流量点。在(4~256)m³/h范围内,流量进阶是二进制的。为了达到总的需要的流量,在系统中集成了额外的9路440m³/h的喷嘴。每路喷嘴串通过2个主汇气管连接。每路喷嘴串前端集成了一个管束式整流器。通过打开每路喷嘴串两端的球阀实现需要的流量。通过这种方式,这套系统可以建立2^7+5种不同的流量。整套设备包括:整个橇座、汇气管和直管段、球阀、经过标定的喷嘴、防爆接线箱、配电箱等。

(2)主要技术指标。

采用12路喷嘴并联组合。工况流量(4~2704)m³/h,流量测量不确定度优于0.25%,达到国内同类装置水平。主要参数:

① 工艺系统设计压力:10.0MPa。

② 天然气工作压力:(4~8)MPa。

③ 检定流量计运行压力:(4~8)MPa。

④ 天然气来气温度:(16~22)℃。

⑤ 天然气工况流量:(8~12000/20000)m³/h。

⑥ 次级标准装置工况流量:(4~2704)m³/h;系统流量测量不确定度:优于0.25%。

10.2.3 工作级标准装置

(1) 组成及工作原理。

在天然气计量检定工艺系统中,使用了一套工作级标准流量计和一对一的核查流量计用于对天然气流量进行准确的测量,以保证西南管道油气计量中心工作级标准装置天然气量值的准确可靠和对被检流量计进行准确的检定校准。另外,还包括调试建标用流量计和一套比对组件用于对工作标准装置进行测试建标和量值比对,或者把比对组件用于与国内其他国家级天然气检定站的工作标准装置等进行量值比对测试,以保证西南管道油气计量中心的天然气流量量值的准确性和一致性。工作级标准装置的作用是把次级或传递标准装置的量值传递至现场计量流量计。涡轮+超声流量计是常用的工作级标准,使用不同管径和流量组合,达到要求的流量范围。

涡轮流量计的设计、安装和使用要求详见 GB/T 21391—2008《用气体涡轮流量计测量天然气流量》,参照使用 JJG 1037—2008《涡轮流量计检定规程》进行校准,要求为:

① 校准压力和流量范围应该包含使用压力和流量范围。

② 校准结果为雷诺数(流量)、仪表系数或流量、示值误差及其重复性和不确定度,使用时进行插值或回归公式计算对应雷诺数(流量)的仪表系数,如果使用压力范围大,建议使用雷诺数—仪表系数的方式。

(2) 主要技术指标。

用 12 路涡轮及腰轮流量计并联组合。工况流量(16~12000)m^3/h,流量测量不确定度优于 0.29%,达到国内同类装置水平。

① 工艺系统设计压力:10.0MPa。

② 天然气工作压力:(4~8)MPa。

③ 检定流量计运行压力:(4~8)MPa。

④ 天然气来气温度:(16~22)℃。

⑤ 天然气工况流量:(8~12000/20000)m^3/h。

⑥ 工作级标准装置工况流量:(8~12000/20000)m^3/h;系统流量测量不确定度:优于 0.29%。

⑦ 被检流量计口径:(50~400/500)mm。

⑧ 被检流量计准确度:≤1.0 级。

为了更加准确地对被检流量计开展检定工作,减少气容影响,提高系统测量准确度,工作级标准装置的布置方案将分为两部分,具体配置如下:

小流量工作级标准装置:采用 1 台 DN100mm 腰轮流量计、2 台 DN150mm 涡轮流量计组成小流量工作级标准装置,可对 DN50mm、DN80mm、DN100mm 和 DN150mm 被检流量计进行全量程检定,测量流量范围为(8~2000)m^3/h。

大流量工作级标准装置:采用 1 台 DN100mm 涡轮流量计和 8 台 DN250mm 涡轮流量计组成大流量工作级标准装置,可对 DN200mm、DN250mm、DN300mm、DN400mm 被检流量计进行全量程检定,测量流量范围为(100~12000/20000)m^3/h。

西南管道油气计量中心腰轮流量计、涡轮流量计、超声流量计规格参数见表 10.2。

表 10.2 西南管道油气计量中心腰轮流量计、涡轮流量计、超声流量计规格参数

序号	名称	流量计流量范围/m^3/h	配置	原产地	校准要求	数量/套
1	工作标准腰轮流量计	8~160	DN100mm ANSI600，校准前准确度（最大允许误差）：0.25级；重复性：优于0.07%；$Q_t \leq 0.1Q_{max}$；四个转子结构	荷兰	国外出厂前空气校准；国外实流校准（1个压力点、8个点、3次）	2
2	工作标准涡轮流量计（含国外实流校准）CLASS600 DN100mm	40~400	配内置整流器、2个高频脉冲发生器	德国	国外出厂前空气校准；国外实流校准（1个压力点、6个点、3次）	1
3	工作标准涡轮流量计（含国外实流校准）CLASS600 DN150mm	100~1000	配内置整流器、2个高频脉冲发生器	德国	国外出厂前空气校准；国外实流校准（1个压力点、6个点、3次）	2
4	工作标准涡轮流量计（含国外实流校准）CLASS600 DN250mm	250~2500	配内置整流器、2个高频脉冲发生器	德国	国外出厂前空气校准；国外实流校准（1个压力点、6个点、3次）	8
5	调试建标涡轮流量计（含国外实流校准）CLASS600 DN100mm	40~400	配内置整流器、2个高频脉冲发生器	德国	国外出厂前空气校准；国外实流校准（1个压力点、6个点、3次）	1
6	调试建标涡轮流量计（含国外实流校准）CLASS600 DN150mm	100~1000	配内置整流器、2个高频脉冲发生器	德国	国外出厂前空气校准；国外实流校准（1个压力点、6个点、3次）	1
7	调试建标涡轮流量计（含国外实流校准）CLASS600 DN150mm	250~2500	配内置整流器、2个高频脉冲发生器	德国	国外出厂前空气校准；国外实流校准（1个压力点、6个点、3次）	2
8	核查超声流量计 CLASS600 DN100mm	20~1000	6声道	德国	国外出厂前进行干标	2
9	核查超声流量计 CLASS600 DN150mm	40~2500	6声道	德国	国外出厂前进行干标	2
10	核查超声流量计 CLASS600 DN250mm	130~2800	6声道	德国	国外出厂前进行干标	8
11	调试建标超声流量计 CLASS600 DN150mm	32~2000	6声道	德国	国外出厂前进行干标	1
12	调试建标超声流量计 CLASS600 DN500mm	200~20000	6声道	德国	国外出厂前进行干标	1

10.3 工艺流程

西南管道油气计量中心依托贵阳输气站气源条件和工艺条件，由于贵阳输气站担负着向中缅管道下游都匀、广西方向输送，中贵管道遵义、重庆方向的正反输，以及贵州管网公司孟关支线、贵州燃气集团南门站分输供气的重要任务，贵阳压气站具有较好的高压和低压管网条件，因此西南管道油气计量中心采用直排方案。贵阳输气站可接收中缅气源和中贵气源，中缅、中贵线设计压力均为10MPa，现运行压力约6.0MPa，增压后最高可至9.8MPa。计量调压后进入下游贵州燃气南门站和孟关站进行调压分输，分输用户为城市低压管网，还可以输至西环线（现运行压力3.6MPa）。检定站检定压力须至少覆盖(4.0~10)MPa，贵阳输气站的(中缅、中贵)干线气源完全可以满足这一条件，检定之后可根据检定流量大小选择进入"小流量"城市管网或"大流量"西环线。此外，中缅或者中贵线任一干线出现截断放空后，两条干线可互为弥补，保证检定站能实现所需的覆盖压力，从而降低了因特殊情况导致断检的概率，大大提升了检定站的功能效率。

西南管道油气计量中心建立1套天然气计量检定系统，将建有1套次级标准装置、1套工作级标准装置、1套核查流量计系统、8路检定台位和辅助系统及配套建构筑物等，能对西南地区及全国范围内所用的(4~8)MPa、DN50mm~DN400mm流量计进行全量程实流检定。西南管道油气计量中心采用直排系统计量检定系统，利用高低压天然气管线的压力差，从上游高压管线上取气，流经计量检定系统后，高压回气至下游高压管线或者取得的高压天然气流经计量检定系统后回气至低压管线。其主要参数如下：

（1）工艺系统设计压力：10.0MPa；
（2）天然气工作压力：(4~8)MPa；
（3）检定流量计运行压力：(4~8)MPa；
（4）天然气来气温度：(16~22)℃；
（5）天然气工况流量：$(8~12000/20000)m^3/h$；
（6）次级标准装置工况流量：$(4~2704)m^3/h$（系统流量测量不确定度：优于0.25%）；
（7）工作级标准装置工况流量：$(8~12000/20000)m^3/h$（系统流量测量不确定度：优于0.29%）；
（8）被检流量计口径：(50~400/500)mm；
（9）被检流量计准确度：≤1.0级。

贵阳检定点工艺流程如图10.3所示。

按上游来气，可以将流程分为：中贵转中缅流程、分输南门支线流程、分输孟关支线、中贵转中缅流程检定/校准流程、分输南门支线和孟关支线检定/校准流程。工作级标准装置检定或校准时，根据被检流量计情况，选择使用中贵转中缅分输流程或贵阳城市燃气流程（表10.3）。

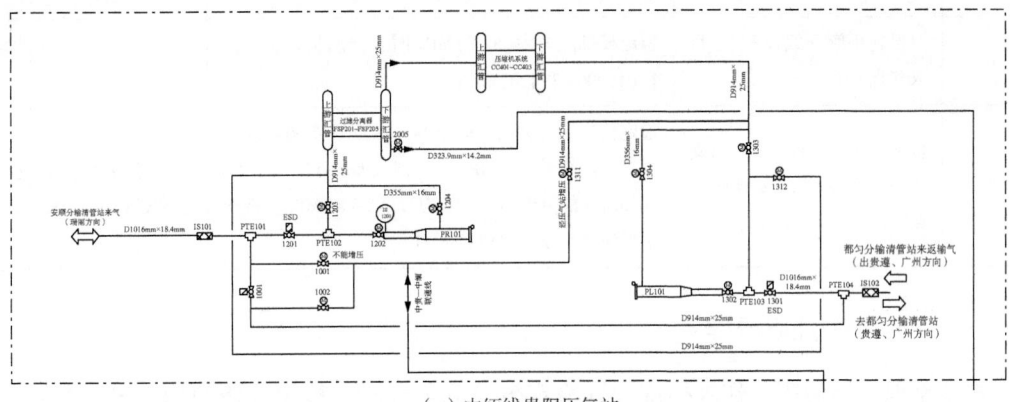

(a)中缅线贵阳压气站

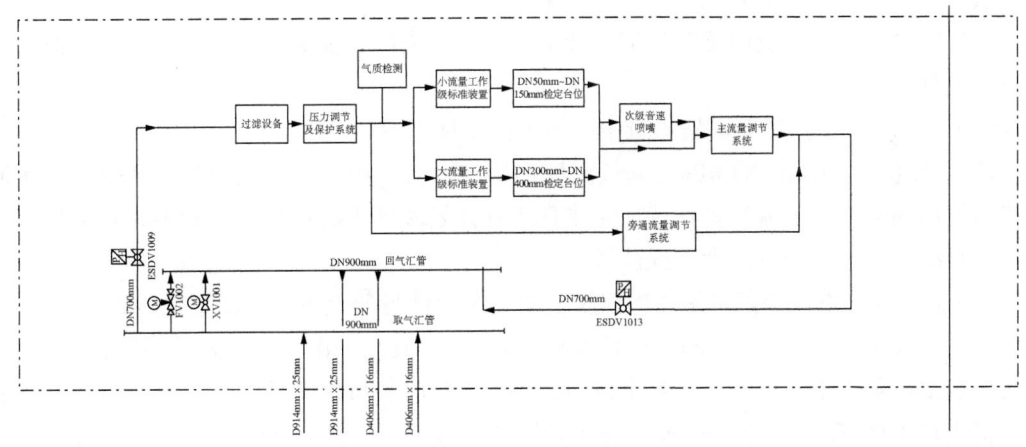

(b)计量检定站(贵阳分站)

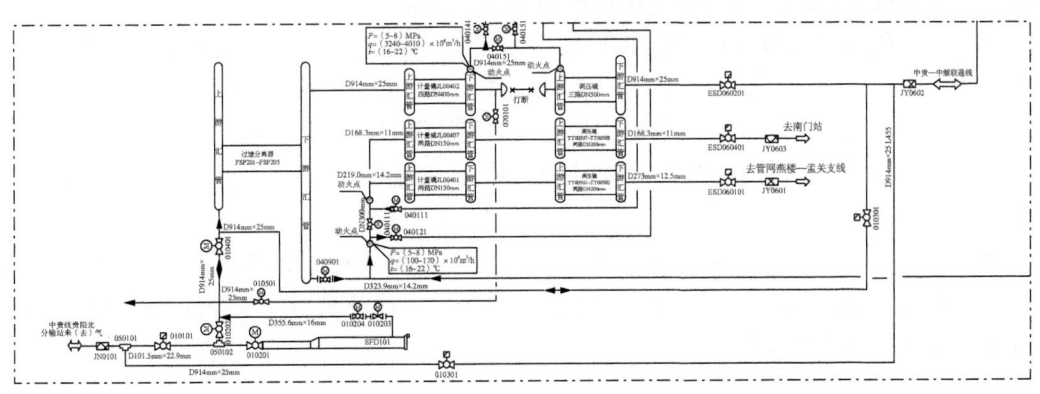

(c)中贵线贵阳末站

图 10.3 贵阳检定点工艺流程简易框图

表 10.3　西南管道油气计量中心流程选择原则

序号	切入流程	选用条件	备注
1	中贵转中缅干线流程(1号取气点)	检定校准压力为(5~8)MPa时,选用折合工况流量(16900~33420)m³/h	
2	贵阳城市燃气流程(南门支线和孟关支线)(2号取气点)	检定校准压力为(5~8)MPa,根据现场调研及与下游用户结合,可在7.5h内完成(100~170)×10⁴m³/d的分输量,检定压力(5~8)MPa,折合工况流量(1667~4533)m³/h。	第三条支线长顺支线正在建设中

10.3.1　进出站流程

进站流程：当使用工作级标准装置检定被检流量计时，检定气源使用三种来气组合，即中缅上游来气、中缅下游来气、中贵线来气。

取气位置可设在中贵中缅转供流量计下游、分输南门及孟关支线计量橇汇管上游，两处取气点具体为：

(1) 1号取气点：贵阳末站中贵中缅转供计量橇下游。

取气点气源压力(5~8)MPa、来气温度(16~22)℃。中贵、中缅间气量转供，由贵阳压气站发挥调配作用。输气量在保证完成日或月计划转供量的情况下，转供时长由贵阳压气站自行决定，有利于营造大工况流量。

(2) 2号取气点：贵阳末站去南门及孟关支线两计量橇上游连接汇管处。

取气点气源压力(5~8)MPa、分输量(100~170)×10⁴m³/d、来气温度(16~22)℃。该取气点通常在夏季来气量较小，冬季较高，每天供气时长可根据输气任务量自行决定，有利于提供较大的工况流量。根据现场调研及与下游用户结合，可在7.5h内完成(100~170)×10⁴m³/d的分输量，检定压力(5~8)MPa，工况流量(1667~4533)m³/h。

通过的天然气工况流量最高为20000m³/h，根据被检流量计的流量范围，拟选用2台每台工况流量约为10000m³/h的卧式过滤分离器。因西南管道油气计量中心内工作标准涡轮流量计、腰轮流量计、次级标准喷嘴和被检流量计等对过滤系统过滤精度要求高，需要把5μm以上颗粒过滤掉，根据过滤器的过滤能力，西南管道油气计量中心拟新建2台并联卧式过滤分离器。

如果天然气工况流量<10000m³/h时，则打开1台卧式过滤分离器；如果天然气工况流量为(10000~20000)m³/h时，则同时打开2台卧式过滤分离器并联运行。西南管道油气计量中心进出站流程图如图10.4所示。

10.3.2　压力调节

为了满足检定过程中天然气介质流动稳定、调节控制精度高、计量检定数据准确可靠、检定时间短、检定效率高及压力损失小、工艺系统振动小、噪声低等要求，其流程如下。

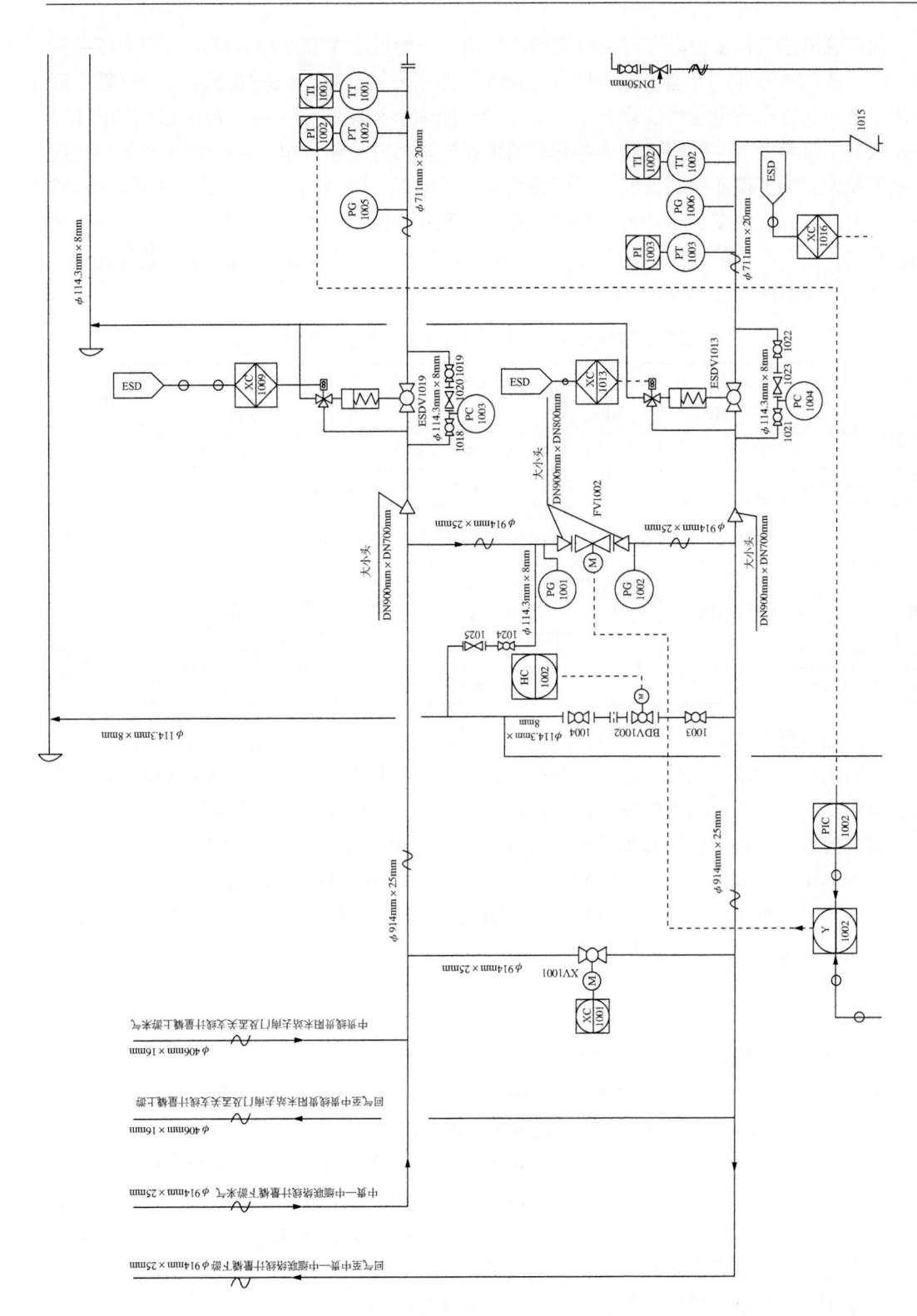

图10.4 西南管道油气计量中心进出站流程图

西南管道油气计量中心在过滤分离器出口汇管下游设有1套2路并联的一级大压差调节控制系统(表10.4)、1套2路并联的二级大压差调节控制系统(表10.5)、1套2路并联稳压系统。在进出站旁通管线设有1台主流量分流调节控制阀,在检定台位出口处设有3路并联的主流量调节控制阀组及3路并联的旁通流量调节控制阀组。由于最大和最小工况流量相差大,为了保证控制精度,控制特性应选用等百分比(或者等百分比和线性组合)控制,同时阀门开度应在10%~90%之间,阀门前后压降应不大于0.05MPa,为了保证下游流态稳定,阀门出口的流速应低于20m/s。轴流式控制阀的电动执行机的输出信号为(4~20)mA,调节精度可达±1%。

表10.4 西南管道油气计量中心一级大压差调节控制阀组主要参数

序号	口径	阀前压力/MPa	阀后压力/MPa	工况流量范围/m³/h	设置	数量	前后接管/mm×mm	备注
1	10in(250mm)	7~8	6	500~3000	并联	1	406.4×16	一级大压差调节阀、多龙套
2	16in(400mm)			2000~8000		1	610×20	

表10.5 西南管道油气计量中心二级大压差调节控制阀组主要参数

序号	口径	阀前压力/MPa	阀后压力/MPa	工况流量范围/(m³/h)	设置	数量	前后接管/mm×mm	备注
1	8in(200mm)	6	4	500~3000	并联	1	406.4×16	二级大压差调节阀、多龙套
2	16in(400mm)			2000~8000		1	610×20	

(1)当需要检定低压、小口径的流量计时,则使用一级和二级大压差调节系统,以便把压气站出口来的高压天然气(其压力和流量可能波动相对较大,温度较高)进行二级降压,再用稳压系统进行稳压处理,以满足检定低压、小流量的天然气流量计。

调节流程操作:通过西南管道油气计量中心大压差调节(PV3101、PV3201)、小压差调节(PV3301、PV3401)、稳压调节系统(PV3501、PV3601)调至检定压力。

(2)当需要检定高压天然气流量计时,则只使用稳压系统,以便对天然气进行稳压处理,以满足检定高压天然气流量计的需求。

稳压的调节流程操作:

西南管道油气计量中心稳压调节系统主要消除检定气源的微小波动,可控制的压力波动范围为(0~0.1)MPa,稳压(共2路):

第一路28in(PV3601),CLASS 600 范围为(1000~12000/20000)m³/h;

第二路8in(PV3501),CLASS 600 范围为(500~1500)m³/h。

(3)一级大压差调节控制系统用于检定校准低压流量计和次级标准装置。由于西南管道油气计量中心天然气入口压力较高,所以,在过滤分离器出口汇管下游处设有2路并联的大压差调节控制阀组,其中在经过一级大压差调节控制阀组调节后,由阀前压力(7~8)MPa调节控制到阀后压力6.0MPa。

在使用中,流量稳定压力调节控制过程分两种情况:

① 当需要检定的工况流量小于2000m³/h时,打开10in(250mm)的调节控制阀,关闭

另 1 个调节阀。

②当需要检定的工况流量为(2000~8000)m³/h，打开 16in(400mm)的调节控制阀，关闭另 1 个调节控制阀。

这 2 个并联的压力调节控制阀不能同时工作，只能单路进行压力调节。

(4) 二级大压差调节控制系统用于检定校准低压流量计和次级标准装置。西南管道油气计量中心在一级大压差调节控制阀组的下游出口处，设有 2 台并联的二级大压差调节控制阀组，其中在经过二级大压差调节控制阀组调节后，由阀前压力 6.0MPa 调节控制到阀后压力 4MPa。这个压力就可满足检定低压流量计时所需的检定压力值 4MPa，其中当把压力调节到 4MPa 以下时将取决于贵阳压气站下游分输支线的允许运行压力值(由下游分输场站来调整)。

在使用中，流量稳定调节控制过程分两种情况：

当需要检定的工况流量小于 3000m³/h 时，打开 8in(200mm)的调节控制阀，关闭另 1 个调节控制阀。

当需要检定的工况流量为(2000~8000)m³/h，打开 16in(400mm)的调节控制阀，关闭另 1 个调节控制阀。

这 2 个并联的压力调节控制阀不能同时工作，只能单路进行压力调节控制。

10.3.3 流量调节

(1) 主流量调节和旁通流量调节流程。

根据天然气流量计的检定规程要求，在调节不同流量点检定时，检定压力始终不变，所以本工程在被检流量计检定台位下游设置了主流量调节阀组，在稳压系统的下游和主流量调节阀组下游之间设置了旁通流量调节阀组，以便在某个压力点下完成被检流量计的全量程检定。

(2) 主干线分流调节流程。

西南管道油气计量中心将主干线上设置的干线球阀进行切断，从该主干线球阀的上游取气，天然气流经西南管道油气计量中心的计量检定系统后，再回到主干线球阀的下游管线。由于主干线的工况天然气最大流量为 33420m³/h，所以需要使用设置在主干线球阀的上、下游管线之间的进出站分流调节控制系统进行分流调节，把多余的天然气进行分流调节控制。

西南管道油气计量中心流量调节分为分流调节、主流量调节、旁通流量调节三种模式，主要调节被检定流量计的检定流量点，在流量调节过程中，需要三系统共同调节来实现，在调节过程中，可保证进出分站的流量保持不变。

分流调节(1 路)：32in(FV1002)，CLASS 600 范围为(300~33420)m³/h。

主流量调节(3 路)：第一路 28in(FV8301)，CLASS 600 范围为(1200~12000/20000)m³/h；第二路 8in(FV8201)，CLASS 600 范围为(150~1500)m³/h；第三路 3in(FV8101)，CLASS 600 范围为(20~200)m³/h。

旁通流量调节(3 路)：第一路 28in(FV8601)，CLASS 600 范围为(1200~12000/20000)m³/h；第二路 8in(FV8501)，CLASS 600 范围为(150~1500)m³/h；第三路 3in(FV8401)，CLASS 600 范围为(20~200)m³/h。

10.3.4 辅助系统工艺流程

(1) 排污。

西南管道油气计量中心将利用1根工艺排污管线与贵阳压气站的工艺排污罐进罐管线连接，依托其排污。对过滤分离器、一、二级大压差调压系统汇管、稳压系统汇管、核查流量计上游汇气管等处设排污。室外地上排污管线及埋地过渡段设电伴热保温。过滤分离器设磁翻板液位计，运行人员根据液位显示确定排污时机，实施现场人工排污。

(2) 放空。

西南管道油气计量中心将利用1根工艺排污管线与贵阳压气站的工艺排污罐进罐管线连接，依托其排污。对过滤分离器、一、二级大压差调压系统汇管、稳压系统汇管、核查流量计上游汇气管等处设排污。室外地上排污管线及埋地过渡段设电伴热保温。过滤分离器设磁翻板液位计，运行人员根据液位显示确定排污时机，实施现场人工排污。

(3) 消防。

贵阳压气站已建1座有效容积为500m³的消防水罐、消防泵房、消防给水设备。西南管道油气计量中心拟从贵阳压气站消防管网就近引进两条DN200mm的管线至本站形成环网。消防水来自原输气站集水池，由升压泵提升至消防水罐。消防泵房内设XBD型消防泵2台，流量40L/s，扬程60m；稳压装置1套，能够满足新建西南管道油气计量中心消防的需要。

(4) 氮气置换。

制氮系统主要分为空气压缩系统、空气预净化系统、变压吸附系统和制氮系统。

氮气提取流程：原料空气首先经过空压机压缩，然后进行除尘、除水等净化处理工艺，使之达到制氮主机对压缩空气品质的要求。净化后的空气注入空气缓冲罐，空气缓冲罐分别为气动工具和PSA制氮机提供压缩空气。PSA制氮机以碳分子筛为吸附剂，采用双塔流程，在(0.6~0.8)MPa吸附压力下，利用氮气冲洗和常压解析流程，提取氮气。产生的氮气首先经过氮分析仪检验，不合格氮气放空，合格氮气分别进入氮气缓冲罐，各氮气缓冲罐与氮气汇管相接。

置换流程：

① 在拆卸被检流量计之前，把被检流量计前后直管段内的低压天然气吹扫到放空系统，以免天然气排放在检定厂房内。

② 在重新安装被检流量计之后，把管段内的空气吹扫出去，防止空气进入天然气管线内，以保证检定和生产安全。

(5) 阀门泄漏检测。

当西南管道油气计量中心发生阀门泄漏事故时，自动触发西南管道油气计量中心的ESD系统，西南管道油气计量中心进出站ESD阀紧急关断，进出站放空阀自动打开，放空站内天然气。如果调压系统出现故障或者阀门出现内漏，天然气压力超过被检流量计的设计压力时，两个超压截断阀将切断检定来气，避免被检流量计超压。

(6) 紧急安全切断流程。

西南管道油气计量中心设置Class600 30in进、出站ESD紧急切断球阀各1台，在工艺系统出现泄漏、超压或者站内着火等事故时进行紧急切断、放空。

ESD 阀设置位置位于分流调节阀内侧,因为当检定站 ESD 时,在贵阳末站取回气截断阀打开前,需使来气经分流调节阀全部还回截断阀下游,以免截断气源站正常流通,所以分流调节阀需位于 ESD 阀之外。若位于 ESD 阀内,则 ESD 阀关闭且取回气截断阀尚未打开时将切断气源站正常流通,影响压气站正常输气,造成憋压。西南管道油气计量中心及贵阳压气站的进出站 ESD 阀由两站各自管理,但两者存在关联,具体流程情况如下:

当西南管道油气计量中心发生事故时(如火灾、管线爆炸、可燃气体泄漏等),自动触发西南管道油气计量中心的 ESD 系统,西南管道油气计量中心进出站 ESD 阀紧急关断,进出站放空阀自动打开,放空站内天然气。贵阳压气站由其站场操作人员判断后确定是否执行压气站的 ESD。贵阳压气站进出站 ESD 阀紧急关断时,西南管道油气计量中心自动触发进出站 ESD 阀紧急关断,进出站放空阀不动作。

(7) 暖通。

综合值班室采暖热媒采用热水采暖,采暖热媒采用供回水温度为 80℃/60℃ 热水,压力 0.3MPa。热源为贵阳压气站供热间。配电间、综合值班室内的机柜间及 UPS、控制室采用电暖器采暖,其余房间设计采用热水散热器采暖,热水供暖系统采用上供下回垂直单管式系统。采暖管道系统的最高点和最低点,分别设置自动排气和手动泄水装置。

计量检定装置及检定厂房设置机械通风(事故通风)方式,屋顶设置低噪声防爆屋顶风机排风,其中包括正常全面通风换气(6 次/h)风机和事故通风(12 次/h)风机,事故通风由正常使用的通风系统和事故排风系统共同承担,正常排风和事故排风的风机可互为备用,自然补风,在房间下部设置保温过滤进风口,事故状态可燃气体报警器联锁开启风机及厂房电动大门(5.2m×2.7m,4 个),风机在室内及靠近外门的外墙上设置开关。流量计中转库房、直管段存放库房采用有组织自然通风方式,屋顶设置无动力风机排风,自然补风,在房间下部设置保温过滤进风口。

10.3.5 各级计量标准工作流程

(1) 次级标准工作流程(图 10.5)。

① 对工作级标准装置进行检定校准及期间核查流程。

次级标准装置的主要用途是定期对工作级标准装置中的单台工作标准流量计进行检定校准。在检定校准时,首先通过阀门切换,使得上游的单台工作标准流量计和下游的次级标准装置相串联,然后再用次级标准装置对该工作标准流量计进行检定校准,实现量值的传递。用次级标准装置还可对核查超声流量计进行非满流程的检定校准。另外,也可定期开展工作级标准流量计的期间核查,确保工作标准流量计的测量值准确、稳定和可靠。

② 对其他高准确度的标准流量计进行检定校准流程。

次级标准装置的另外一个用途是对其他高准确度的工作标准流量计或者超声流量计进行检定校准。在检定校准时,通过阀门切换,使得安装的次级标准装置上游检定台位上的高准确度涡轮流量计或者超声流量计等进行串联连接,实现用次级标准装置对高准确度涡轮流量计或者超声流量计进行检定校准。

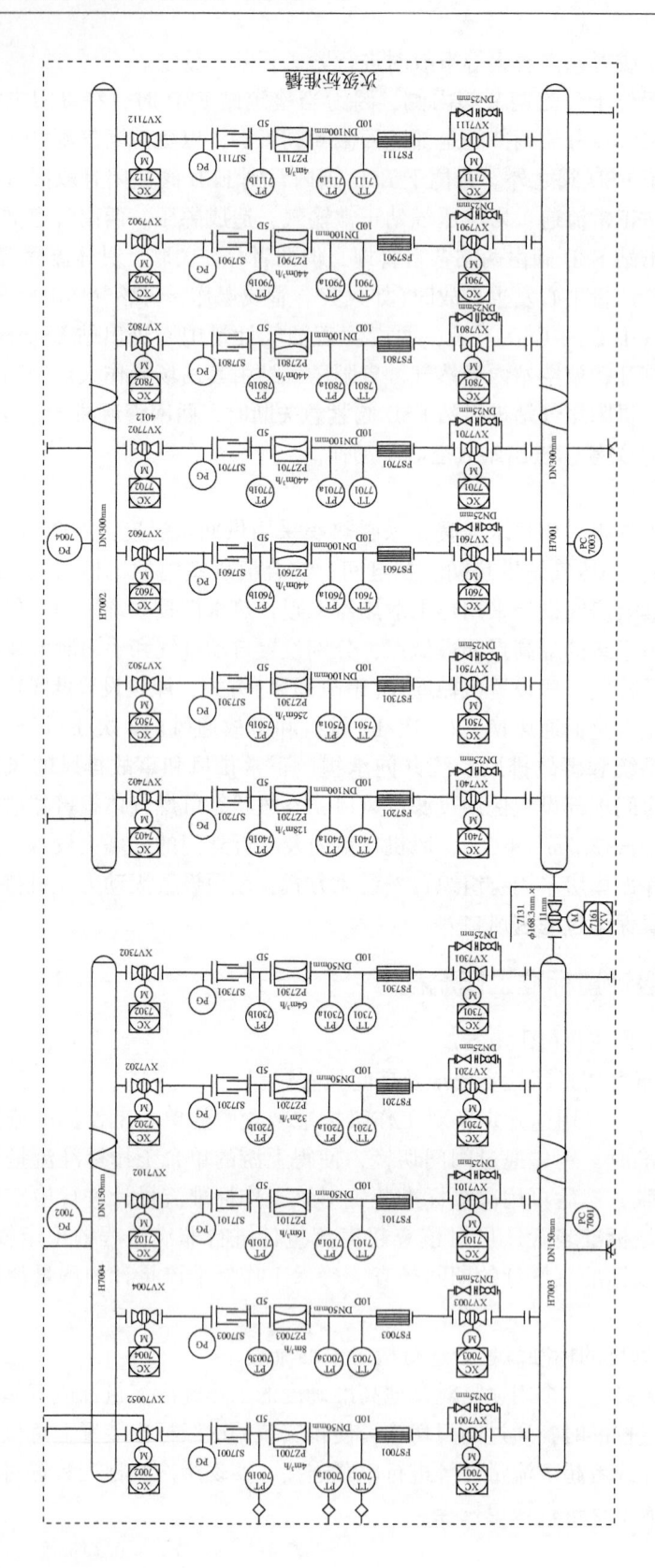

图10.5 西南管道油气计量中心次级工作标准装置流程图

(2) 工作标准工作流程。

西南管道油气计量中心建立的工作级标准装置的流量范围应为 $(8\sim12000/20000)\,\mathrm{m}^3/\mathrm{h}$,为了更加准确地对被检流量计开展检定工作,减少气容影响,提高系统测量准确度,工作级标准装置的布置方案将分为两部分,具体配置如下:

① 小流量工作级标准装置流程。

采用 1 台 DN100mm 腰轮流量计、2 台 DN150mm 涡轮流量计组成小流量工作级标准装置,可对 DN50mm、DN80mm、DN100mm 和 DN150mm 被检流量计进行全量程检定,测量流量范围为 $(8\sim2000)\,\mathrm{m}^3/\mathrm{h}$。

② 大流量工作级标准装置。

采用 1 台 DN100mm 涡轮流量计和 8 台 DN250mm 涡轮流量计组成大流量工作级标准装置,可对 DN200mm、DN250mm、DN300mm、DN400mm 被检流量计进行全量程检定,测量流量范围为 $(100\sim12000/20000)\,\mathrm{m}^3/\mathrm{h}$。

流程 1(1 号取气点):贵阳末站中贵中缅转供计量橇后的截断阀上游取气,回截断阀下游。取气口设置在贵阳末站中贵中缅转供计量橇截断阀 040131 上游,排气口设在截断阀 040131 下游。计量检定时,先打开 1 号取气点的取气阀 040141,再开回气阀 040151,再关闭截断阀 040131,这时天然气按下面方式进行流动:

天然气→1 号取气点取气阀(编号 040141)→西南管道油气计量中心内 ESD 阀(编号 ESDV1009)→过滤分离器→调压、稳压系统→串联安全切断阀或旁通球阀→组分测量系统→核查流量计→工作标准流量计→检定台位→流量调节系统→西南管道油气计量中心内 ESD 阀(编号 ESDV1013)→1 号取气点回气阀(编号 040151)→回气至 1 号取气点截断阀下游(图 10.6)。

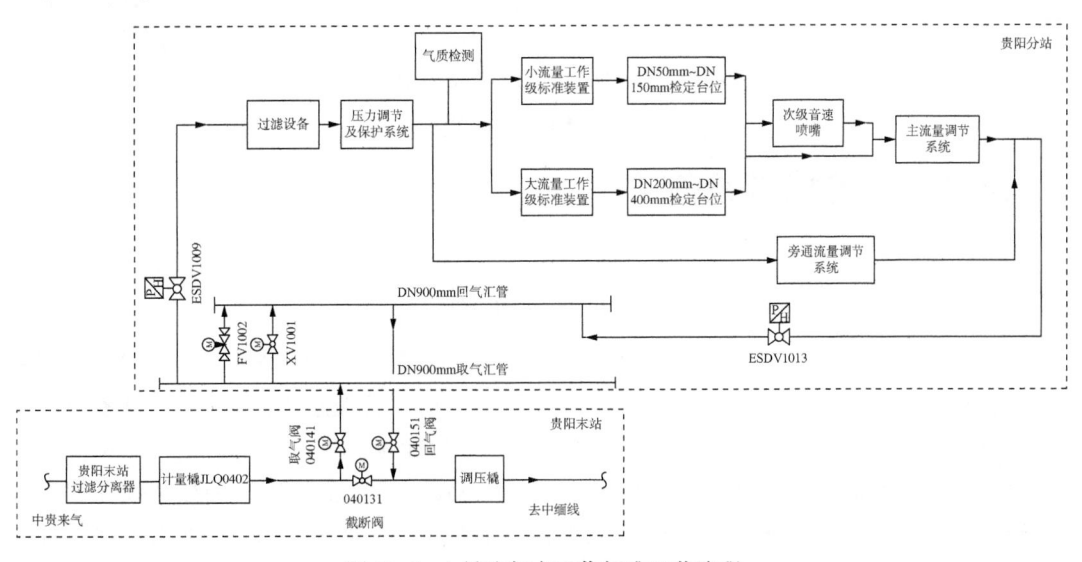

图 10.6 1 号取气点工作标准工艺流程

流程 2(2 号取气点):贵阳末站去南门及孟关支线两计量橇上游连接汇管前的截断阀上游取气,回截断阀下游。

取气口设置在贵阳末站去南门及孟关支线两计量橇上游连接汇管前截断阀040111上游，排气口设在截断阀040111下游。当需要利用贵阳末站两路分输支线计量橇上游来气检定时，先打开1号取气点的取气阀040121，再开回气阀040101，再关闭截断阀040111，这时天然气按下面方式进行流动：

天然气→2号取气点取气阀（编号040121）→西南管道油气计量中心内ESD阀（编号ESDV1009）→过滤分离器→调压、稳压系统→串联安全切断阀或旁通球阀→组分测量系统→核查流量计→工作标准流量计→检定台位→流量调节系统→西南管道油气计量中心内ESD阀（编号ESDV1013）→2号取气点回气阀（编号040101）→回气至2号取气点截断阀下游（图10.7）。

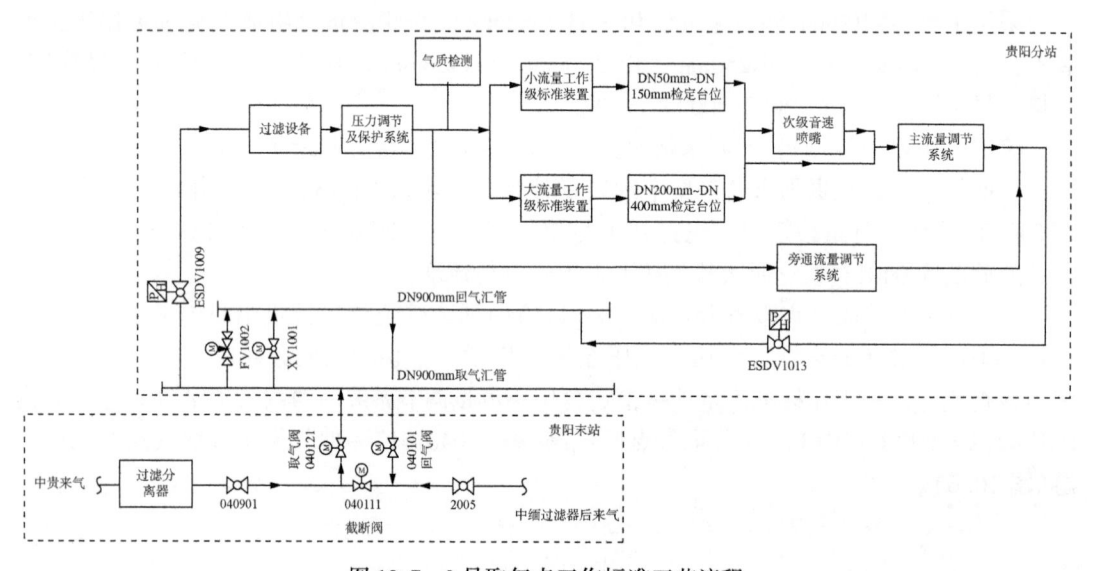

图10.7 2号取气点工作标准工艺流程

10.4 检定控制系统

10.4.1 西南管道油气计量中心站控系统

西南管道油气计量中心出具的天然气流量计检定证书、校准证书满足计量检定管理要求，实现检定业务的流程化管理，设置了一套流量计检定管理系统（与检定控制系统一样是一个独立的系统）。该流量计检定管理系统的基本功能是把来自计量检定控制系统的次级标准装置（包括前一次量传时间、流量范围、测量压力、单个喷嘴的编号、喉径和流量值等）、工作级标准装置（包括前一次量传时间、流量范围、测量压力、单个标准流量计的编号、口径和流量值等）及配套的压力、温度和组分等原始数据，以及被检流量计的原始信息（被检流量计的使用单位、名称、用途、联系人、联系电话及流量计的出厂日期、规格型号、口径、流量范围、准确度等级、前次检定校准数据等）和检定校准数据（包括采集和处理计算的流量、压力、温度、组分等数据）等进行采集读取、处理计算，按照检定证书或者校准证书的要求和格式，出具和打印检定或校准证书，实现次级标准装置、工作级标准装置及配套温度、压力和组分仪表、被检流量计的信息管理、检定校准数据处理计算、检定校准证书的编制、核验、核准和签发等功能，还将扩展到数据统计分析、检定校准计划编制、调度指挥、生产计划安排、合同管理、任务审批、规范作业、送检委托、进度查询、证书查询等功能。可通过建设内网业务管理系统和内网业务管理 APP 系统等实现，系统架构如图 10.8 所示。

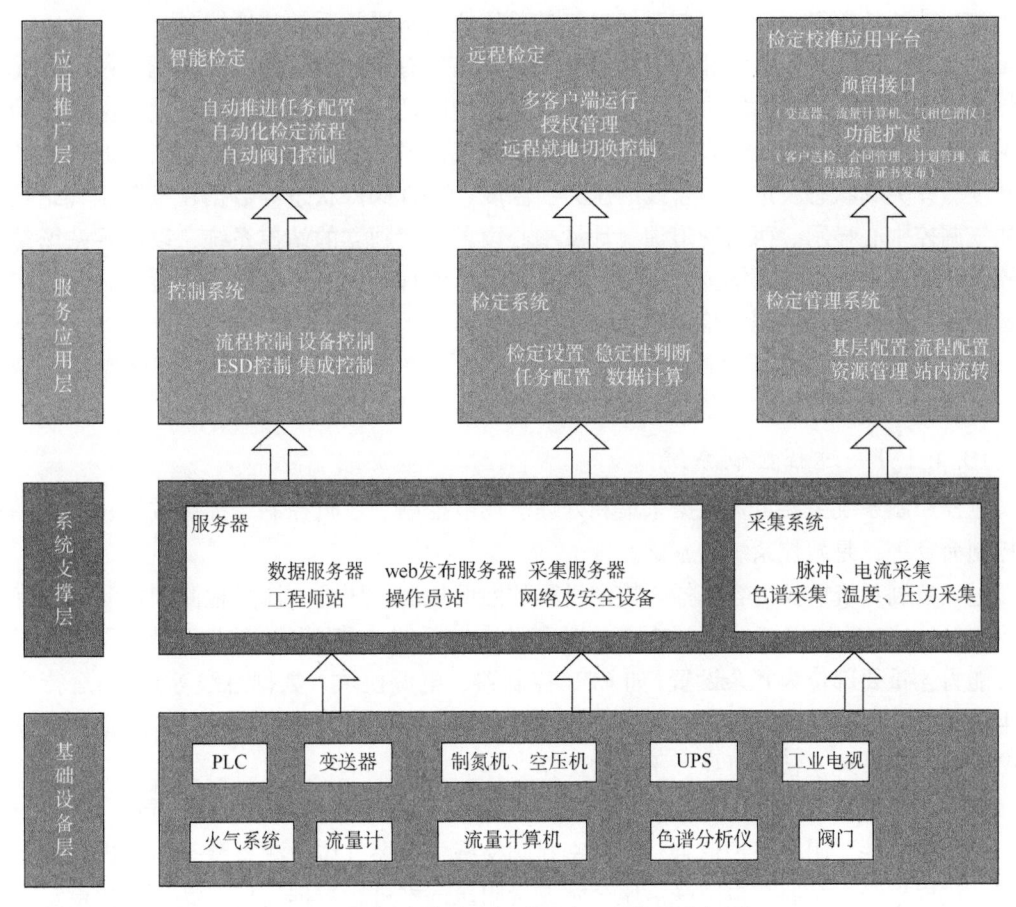

图 10.8 西南管道油气计量中心站控系统框图

自控系统由两部分组成，分别是站控系统、流量计检定系统。

站控系统包括：过程控制系统、安全仪表系统、可燃气体检测报警系统、火灾报警系统。流量计检定系统包括：工作级标准流量计检定系统、次级标准流量计核查系统、被检流量计台位。

站控系统负责流量计检定工作过程中所需压力和流量控制、与流量计检定系统数据交换、与压气站及调度中心进行数据通信，负责检定站超压切断放空、关停站、可燃气体检测报警、火灾报警等安全监控。流量计检定系统负责客户流量计检定、客户工作级标准流量计或核查级流量计进行次级核查、检定站内工作级标准流量计、核查级流量计进行次级标准核查，负责检定及核查工作过程所有数据处理、文件归档、评价报告生成等。工作级与次级标准装置系统独立设置。

西南管道油气计量中心仪表与控制系统设置按照安全、成熟可靠的原则进行。

采用三级控制模式：计量中心控制级、站场控制级及就地控制级。

（1）计量中心控制级：远程检定操作和监控指挥，可实现一键检定全自动化。

（2）站场控制级：站场设置站控系统，对站内工艺变量及设备运行状态进行数据采集、监视控制及联锁保护；

（3）就地控制级：就地控制系统对工艺单体或设备进行手动就地控制。

西南管道油气计量中心邻近的已建贵阳压气站建有光通信系统，贵阳压气站建有光同步传输设备，通过光传输网络连通北京油气调控中心及成都油气计量中心。西南管道油气计量中心的所有数据均经贵阳压气站传至成都油气计量中心。其中，取回气连通管路调节阀开度、开关阀状态及进出站管线的压力、温度、ESD阀门状态等数据在贵阳压气站及北京油气调控中心显示。西南管道油气计量中心设置一套独立的站控系统，以满足站场整体的控制功能需求。站控系统负责压力、流量控制、流程控制、辅助设备、检定区域的工艺设备控制、ESD相关控制、检定系统超压保护等。

站控系统由以下几部分构成：过程控制系统、安全仪表系统、可燃气体检测报警系统、操作员工作站、网络设备、数据通信设备、站控系统硬件、软件。

10.4.1.1 过程控制系统

过程控制系统主要负责数据采集和处理、调节控制、逻辑控制、提供数据、接收并执行控制命令等，是站控系统的基础。

过程控制系统监控内容包括：检定过程的温度检测，压力、流量检测和控制，流程切换控制等，I/O监控规模420~460点，拟采用DCS系统，其硬件、软件及数据网络要具有扩展能力，重要部位为冗余设置（如CPU控制器、电源模块、数据总线等），当运行主路发生故障时，能自动进行主备切换，自动对系统的数据进行备份，为运行管理提供可靠的保障，以保证系统正常、可靠、平稳的工作。

对检定站所有温度、压力、流量检测，流量和压力控制，流程切换控制，外输计量，耗能设备的能耗，阴极保护信息，强制密封阀检漏，可燃气体检测报警等数据进行采集与监控。过程控制系统要与贵阳联络压气站或贵阳压气站进行数据通信，满足计量检定站与贵阳联络压气站（贵阳分输站）之间生产运行管理对双方信息数据的需求。过程控制系统要与流量计检定控制系统数据通信，满足不同被检流量计控制参数及检定流程要求，确保检定、核查过程准确可靠，流程平稳切换，充分满足流量计检定、核查过程中人工赋值与操作需求。同时检测检定厂房内可燃气浓度报警、联锁通风，接收厂房内设手动报警按钮信号，驱动现场声光报警器，用于提醒工作和巡检人员。实现过程变量的巡回检测和数据处理，并将集中监视相关数据上传至调度中心；具备工艺站场的运行状态、工艺流程、动态数据的画面或图形显示，报警、存储、记录和打印功能；可以对压力和流量进行精准控制；实时监视配电系统、发电机、压缩机、UPS、色谱分析仪、液氮罐、污水池、火灾、天然气泄漏检测等系统运行状态；过程控制数据保留不少于6个月，报警数据和检定数据保留不少于12个月。

10.4.1.2 安全仪表系统

安全仪表系统主要用于使工艺过程从危险的状态转为安全的状态，保障输气管道能够在紧急的状态下安全的停输，同时使系统安全地与外界截断不至于导致故障和危险的扩散。安全仪表系统按照故障安全型进行设计，系统主要由检测仪表、控制器和执行元件三部分组成，其安全度等级为SIL2级（其中PSHH4001回路为SIL2，全站的火气探测回路为SIL2），功能包括：ESD功能、安全联锁功能、紧急放空功能。正常情况下，安全仪表系统监测检定站运行为自动状态，不需人工干预，根据操作要求自动触发关断放空程序。若遇突发事件，经人为判断需要关断放空，通过人工按动ESD紧急停车按钮（按钮设在控制室和现场），同样可实现紧急关断放空。在事故处理完成，满足投运条件后，需人工复位，才能恢复生产。

安全仪表系统监控流量计检定或核查过程中，是否在正常工况条件下运行，一旦监测到工艺运行参数严重超限，安全仪表系统触发紧急切断放空程序，确保人员、设备及环境安全。被检流量计上游超压时，将执行紧急关断进入检定系统气源，打开放空阀；或接收到分输站、压气站停站指令，将执行紧急关断来气、返回气，打开放空阀等。

检测仪表和控制阀为独立设置，操作员站和工程师站与过程控制系统共用，需设置操作权限，实现功能独立和操作安全。

10.4.1.3 紧急关断系统

站场的ESD系统用以完成安全的逻辑控制，无论ESD命令从何处下达及站控系统处于何种操作模式，ESD控制命令均能到达被控设备，并使它们按预定的顺序动作。ESD命令优先于任何操作方式，任何ESD命令均为最优先的工作模式。所有ESD系统的动作将发出闭锁信号，在未接到人工现场复位的命令前不能再次启动。

西南管道油气计量中心设置Class600 30in进、出站ESD紧急切断球阀各1台，在工艺系统出现泄漏、超压或者站内着火等事故时进行紧急切断、放空。

ESD阀设置位置位于分流调节阀内侧，因为当检定站ESD时，在贵阳压气站（中贵工艺区）取回气截断阀打开前，需使来气经分流调节阀全部返回截断阀下游，以免截断气源站正常流通，所以分流调节阀需位于ESD阀之外。若位于ESD阀内，则ESD阀关闭且取回气截断阀尚未打开时，将切断气源站正常流通，影响压气站正常输气，造成憋压。

西南管道油气计量中心及贵阳压气站的进出站ESD阀由两站各自管理，但两者存在关联，具体情况如下：

当西南管道油气计量中心发生事故时（如火灾、管线爆炸、可燃气体泄漏等），自动触发西南管道油气计量中心的ESD系统，西南管道油气计量中心进出站ESD阀紧急关断，进出站放空阀自动打开，放空站内天然气。贵阳压气站由其站场操作人员判断后确定是否执行压气站的ESD。

贵阳压气站进出站ESD阀紧急关断时，西南管道油气计量中心自动触发进出站ESD阀紧急关断，进出站放空阀不动作。

贵阳压气站进出站ESD阀紧急关断且放空时，西南管道油气计量中心自动触发进出站ESD阀紧急关断，进出站放空阀自动打开，放空站内天然气。

(1) 西南管道油气计量中心紧急关断(ESD)分为两级。

一级：进出站关断，站内放空。

二级：检定超压关断，检定装置内放空，即检定区上下游关断，检定区(工作级、检定台位、次级之间管容)放空。

(2) 西南管道油气计量中心站场 ESD 触发的条件。

① 站控室设 ESD 按钮盘(3 个 ESD 按钮)，设一级、二级、三级触发按钮。

② 现场设 ESD 按钮，触发一级关断。

③ 接到贵阳压气站的一级关断命令(依托站一级关断指令关站、全站放空，由压气站核实关断等级定义)，触发一级关断。

10.4.1.4 超压安全截断系统(电控—气驱轴流式安全截断控制阀)

西南管道油气计量中心在工艺系统中，设有一级大压差调节、二级大压差调节和稳压系统，可对来自贵阳压气站的(4~8)MPa 高压天然气进行调节降压，以便检定 4.0MPa、5.0MPa、6.3MPa 三个压力等级的流量计。检定上述压力等级流量计时，关闭 XV4001、XV4002 电动球阀，使检定来气先经 SSV4001A、SSV4001B 超压截断阀，再进被检定流量计检定台位。

如果调压系统出现故障或者阀门出现内漏，天然气压力超过被检流量计的设计压力时，两个超压截断阀将切断检定来气，避免被检流量计超压。

根据国家标准 GB 50251《输气管道工程设计规范》8.4.6 要求，本工程在进入核查流量计入口汇气管前设置 2 台串联安装的轴流式安全截断控制阀，以防止超压时进行快速关断，其中阀门的关断动力来自所安装的天然气管线压力，要求该天然气管道的天然气压力 ≥0.6MPa。2 台 DN450mm 串联安装的轴流式安全截断控制阀的电控制信号将取自于安装在其下游的 3 个压力变送器给出的压力信号，当 3 个压力变送器中的 2 个压力信号超压时(3 选 2 控制方式)，将由本工程的控制系统发出信号使得这 2 台电控气动安全截断控制阀进行同时快速切断，可确保被检流量计或下游管线不超压。

电控气动轴流式安全截断控制阀的控制方法为：本工程的控制系统将实时监测压力变送器的测量压力信号，当 3 个压力变送器的测量信号值中 2 个超过所设定的压力测量值时(表明已经超压)，控制系统将发出控制信号切断该安全控制阀的电磁阀 24V 供电信号，则气动安全截断控制阀立刻自动关断。

当 SSV4001A、SSV4001B 超压截断阀关断时，同时开启旁通流量调节阀组 XV8501，使得旁通流量调节阀组保持管路畅通，由其作为已关断的工作标准上游汇管至主流量调节阀组间管路的并联管路，建立起检定回气通道，不会造成下游管网憋压，不影响管网生产运行。

10.4.1.5 可燃气体报警系统

根据天然气组分和工艺设施释放源位置，确定探测器位置与数量。在检定装置厂房内及工艺防雨防晒棚设置可燃气体探测器，当检定装置厂房和控制室内发生异常时，可以实现自动报警。在检定装置厂房内设置防爆风机，风机与可燃气体探测器连锁，当可燃气体探测器检测到可燃气体含量高时将自动联锁启动风机。可燃气体探测器除采用点式探测器外，还采用激光云台式可燃气体探测器。可燃气体报警信号进入可燃气体报警器，报警器输出浓度信号(4~20)mA及高报警信号进入过程控制系统；输出高高报警信号进入安全仪表系统。

10.4.2 检定系统

西南管道油气计量中心标准装置采用一套独立的检定系统，主要分为数据采集处理系统和检定管理系统两个较为独立的部分，数据采集处理系统主要负责现场设备的数据实时采集、流量计算，以及检定结果处理；检定管理系统是流量计检定流程切换的管理系统，主要负责协助工作人员完成流量计检定的流程管理工作。检定系统硬件主要包括：检定服务器、检定管理工作站、检定管理终端、串口服务器、脉冲信号采集设备、总线控制器和网络设备等。

检定控制系统监控内容包括：检定过程的温度检测，压力、流量、组分检测或控制，流程切换，数据处理等，I/O监控规模820~840点。拟采用DCS系统配置专用计量评价软件，其硬件、软件及数据网络要具有扩展能力，重要部位为冗余设置(如CPU控制器、电源模块、数据总线等)，当运行主路发生故障时，能自动进行主备切换，自动对系统的数据进行备份，为运行管理提供可靠的保障，以保证系统正常、可靠、平稳的工作。

检定系统的主要功能为数据采集、控制和处理分析。其采集的信号主要包括：工作级标准流量计、核查流量计、被检流量计的流量信号以脉冲信号形式进入脉冲采集模块；工作级标准流量计、核查流量计、被检流量计和次级喷嘴上游等用于检定流量补偿的测量压力和温度的变送器均通过总线协议接入检定系统，其他变送器采用(4~20)mA信号；用于分析气体组分的在线色谱分析仪将分析结果通过RS485以太网协议上传至检定系统；检定系统网络独立于站控系统网络，检定系统所需的站控系统信息通过OPC方式从站控系统读取。

(1) 检定数据采集及处理系统。

用标准表法检定/校准流量计依据连续性原理，就是利用相同时间内流经标准流量计(标准表)和被检表的累积体积或者质量流量相等的原则，将被检表与工作级标准流量计进行比较，对两台流量计在近似压力和温度下的差值进行计算，可以确定被测流量计的偏差。根据流量的大小可以选择一台或多台工作标准进行检定/校准。在进行检定时首先需要进行流路的选择，流路选择通过系统控制阀门的开关来完成。流量检定点的设定由操作人员在上位机上手动输入完成，并通过调节阀，将流量调节到检定流量点附近。可通过操作员工作站和检定系统屏幕对被检流量计的温度、压力及流量稳定情况进行监视，被检流量计的温度、压力及流量稳定后开始检定采样测试。检定系统使用独立的多通道脉冲/时间采集模块来采集核查流量计、标准流量计和被检流量计的脉冲和标准时间，频率采样范围为(0.1~10)kHz，脉冲采集精度测量时间内整脉冲个数采集误差为零，测量时间和整脉冲时间由计时计数器的计时功能完成，采用硬件方式或软件方式控制采集闸门(优先采用硬件方式)，不确定度应不低于0.1ms。检定系统利用脉冲/时间采集模块测量得到的整脉冲数、整脉冲时间和测量时间，计算实际脉冲数，经温度、压力补偿后得到同一状态下流经标准流量计的累积流量和流经被检流量计的累积流量，通过比较累积流量间的差值得到此流量点下的被检流量计表相对于标准流量计的相对误差。通过对被检流量计在多个流量点上的多次测量得到该流量计在各点上的相对误差和重复性。

(2) 检定系统功能。

用标准表法检定/校准流量计依据连续性原理,就是利用相同时间内流经标准流量计(标准表)和被检表的累积体积或者质量流量相等的原则,将被检表与工作级标准流量计进行比较,对两台流量计在近似压力和温度下的差值进行计算,可以确定被测流量计的偏差。根据流量的大小可以选择一台或多台工作标准进行检定/校准。

在进行检定时首先需要进行流路的选择,流路选择通过系统控制阀门的开关来完成。流量检定点的设定由操作人员在上位机上手动输入完成,并通过调节阀,将流量调节到检定流量点附近。可通过操作员工作站和检定系统屏幕对被检流量计的温度、压力及流量稳定情况进行监视,被检流量计的温度、压力及流量稳定后开始检定采样测试。

检定系统使用独立的多通道脉冲/时间采集模块来采集核查流量计、标准流量计和被检流量计的脉冲和标准时间,频率采样范围为(0.1~10)kHz,脉冲采集精度测量时间内整脉冲个数采集误差为零,测量时间和整脉冲时间由计时计数器的计时功能完成,采用硬件方式或软件方式控制采集闸门(优先采用硬件方式),不确定度应不低于0.1ms。检定系统利用脉冲/时间采集模块测量得到的整脉冲数、整脉冲时间和测量时间,计算实际脉冲数,经温度、压力补偿后得到同一状态下流经标准流量计的累积流量和流经被检流量计的累积流量,通过比较累积流量间的差值得到此流量点下的被检流量计表相对于标准流量计的相对误差。通过对被检流量计在多个流量点上的多次测量得到该流量计在各点上的相对误差和重复性。

① 对计量检定系统的工作标准涡轮流量计、核查超声流量计、在线色谱分析仪进行控制,以及对被检流量计处流量、温度、压力数据进行采集、处理、计算。

② 对上述各点的测量数据和工艺流程进行实时动态显示。

③ 对检定系统的故障报警信息及检定区域的工艺参数能显示并上传至过程控制系统。

④ 具有累积流量和瞬时流量检定功能。对于频率/脉冲输出类型的流量计,可以使用瞬时流量或者累积流量进行检定或校准,一般情况下使用累积量来检定或者校准,此时采集被检流量计的脉冲数和相对应的累积时间;如果被检流量计的输出频率为高频,也使用瞬时流量法来检定或者校准流量计。频率信号采集卡频率采集范围能覆盖(0.01~5)kHz,采集精度不低于0.01%。系统时钟精度要求同步,包括系统时钟、多回路流量同步计算,要求所有标准器和被检流量计在规定的时间周期内同步完成,不允许采用轮询方式。

⑤ 在DN150mm、DN200mm、DN250mm、DN300mm四种规格检定支路上具备同时采集3台被检流量计信号的功能。

西南管道油气计量中心控制与数据采集系统结构如图10.9所示。

10.4.2.1 次级标准系统

次级标准系统主要有三大功能,第一是对工作级标准装置进行检定校准及期间核查;第二是对其他高准确度的标准流量计进行检定校准;第三是定期开展对工作级标准流量计的期间核查,确保工作标准流量计的测量值准确、稳定和可靠。西南管道油气计量中心次级标准系统设12路计量回路,每个计量回路由临界流喷嘴流量测量组件管路、喷嘴上下

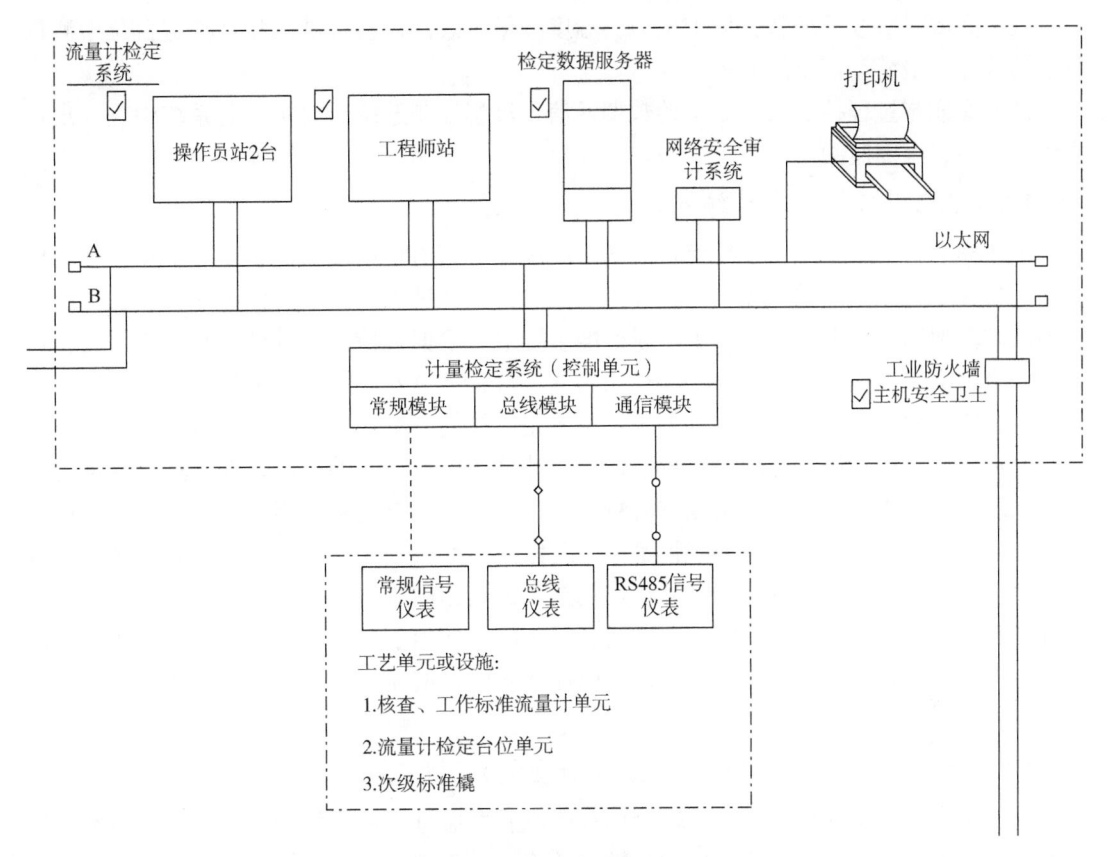

图 10.9　西南管道油气计量中心控制与数据采集系统结构

游压力变送器、喷嘴上游温度变送器及上下游电动开关阀组成。根据被核查工作标准涡轮流量计、核查超声波流量计的口径流量，确定由哪路或哪几路临界流喷嘴流量计进行核查。系统采集次级标准橇计量回路的温度、压力数据进行处理计算；同时采集工作标准涡轮流量计、核查超声波流量计(或检定台位的高准确度流量计)计量回路的流量、温度、压力测量数据进行处理计算；过程控制系统配合次级标准核查规程，对流程进行切换和流量进行控制，实现次级标准对工作标准涡轮流量计、核查超声波流量计或检定台位的高准确度流量计进行核查计算、计算表格和证书打印等，系统具体操作控制如下：

（1）完成对次级标准橇上温度变送器、压力变送器测量数据的采集、流量计算与数据处理。

（2）完成对工作标准、核查流量计及其计量回路的流量、温度和压力信号的采集、流量计算与数据处理，实现对工作标准和核查流量计的检定校准工作。

（3）完成对检定台位高准确度被检流量计的流量、温度和压力信号的采集，流量计算与数据处理，实现对高准确度被检流量计的检定校准。

（4）根据相应的标准规范完成被检工作标准流量计、核查标准流量计、高准确度被检流量计的检定校准计算操作和计算报表、检定证书的打印等。

（5）完成对上述各点的测量数据和工艺流程进行实时动态显示。

— 223 —

(6) 完成对次级标准装置橇上压力、温度测量仪表、被检标准流量计检定台位中测量仪表的故障、报警等信息的显示。

(7) 完成与过程控制系统之间的数据通信，过程控制系统对检定工艺系统中进、出口主管线压力、温度监测。

10.4.2.2 工作标准系统

工作标准系统主要是用于检定校准被检流量计。西南管道油气计量中心采用国标操作方法是把高压天然气经过一级和二级降压系统后，再通过稳压系统，保证降压后的天然气压力波动范围满足要求后再进入工作级标准装置中。根据被检流量计的实际工作压力，选择工作级标准装置在 8.0MPa、6.0MPa 或者 4.0MPa 时的天然气流量量值曲线，对被检流量计进行实流检定测试。工作标准系统：主要完成核查流量计对工作标准流量计核查，工作标准流量计对被检流量计的检定校准计算、计算表格及证书的打印。在天然气计量检定工艺系统中，使用了一套工作级标准流量计和一对一的核查流量计用于对天然气流量进行准确的测量，以保证西南管道油气计量中心工作级标准装置天然气量值的准确可靠和对被检流量计进行准确的检定校准。另外，还包括调试建标用流量计和一套比对组件用于对工作标准装置进行测试建标和量值比对，或者把比对组件用于与国内其他国家级天然气检定站的工作标准装置等进行量值比对测试，以保证西南管道油气计量中心的天然气流量量值的准确性和一致性。

10.4.2.3 智能检定系统(一键自动检定)

(1) 贵阳站检定系统工作级、次级标准建成后可通过检定软件和控制系统的逻辑编程组态，在人工手动检定之外还可实现一键自动检定，不增加其他硬件。

(2) 检定系统自动推荐流量点及管路组合，当被检表信息录入检定系统之后，检定系统根据被检表的类型、量程、检定校准信息及相应被检表检定规程为被检表自动推荐所需要检定的流量点信息，并根据工艺状况自动推荐每个流量点的管路组合信息。信息检定员既可以采纳也可以进行手动修改。

(3) 检定系统检定设置完成后，自动将控制信息推送至控制系统。检定系统与控制系统连锁自动进行检定。从最大流量点开始检定，当一个流量点检定完成且合格后系统自动开始下一个流量点检定，重复工艺流程切换→压力自动调节→流量自动调节→流体稳定性判断→自动开始检定→合格判断→流量点自动切换。检定完成后控制系统自动恢复检定前工艺流程。

(4) 检定完成后检定系统自动根据被检表类型、准确度等级等相关信息判断检定结果是否合格。检定时分为修正系数清零检定和带上次修正系数检定。若被检流量计为新表或维修后首次检定(无上次修正系数)，则无需进行插值计算，直接给出修正系数；若被检表检定时为带上次修正系数检定，则将上次检定数据换算至本次检定的检定点所得到检定数据，将本次检定的所有检定流量点代入上次检定数据进行插值计算，给出修正系数。

(5) 检定过程中检定系统实时判断流体的稳定性，包括流体的温度、压力、流量，若任意一个参数超出了报警阈值，系统都会给出异常提示，选择舍弃该流量点或在该流量点追加检定次数，同时将该相关信息推送至控制系统。控制系统在检定过程中若遇到异常情况，则及时发出报警，通知检定系统停止检定，并将工艺流程切换至安全状态。

应先判断现场是否具备条件，方可实现一键自动检定功能。

10.4.2.4 远程检定系统

计量远程诊断及监控室内设置2个工作员操作站（其中一台兼工程师站），安装站控系统上位软件、检定客户端及相应流量计厂家的流量计诊断软件，实现生产数据监控、计量检定操作、远程诊断。

正常状态下，可实现远程操作控制或者现场操作控制2种模式。当通信中断或其他突发事件时，从远程操作控制模式自动切换至现场操作控制模式。按照远程操作控制-现场操作控制两级控制模式的要求，需要将信号使用专用光缆传输至成都油气计量中心。

10.5 设计、施工、运行经验

10.5.1 设计经验

10.5.1.1 远程检定两种远程模式选择比较

目前国内远程检定的实现通常有两种方式，即远程桌面方式和独立客户端方式（表10.6）

表10.6 远程检定方案比较

远程方式	远程桌面	独立客户端
通信协议	微软RDP协议	工控软件内部协议
优势对比	升级改造量小，网络连通后即可实现	一个客户端操作时，其他客户端只能监视不能控制，保证了操作的唯一性
安全性	远程检定时，远程和本地同时拥有操作权限，存在安全风险	远程检定时，本地可以实时监视，并可做应急处理

（1）远程桌面方式。

通常使用远程桌面软件，登录到分站操作员工作站，通过分站操作员工作站实现远程检定操作，不需要增加额外软硬件。其优点是投资低，只需要打开远程桌面软件权限即可；缺点为远程和就地可以同时操作，安全性差，存在一定风险。

（2）独立客户端方式。

检定系统软件和站控系统均增加远程操作专用客户端软件，客户端通过工业隔离网关连接服务器，并且系统具有账号权限管理模块，可根据账号级别实现权限管理功能。此方案优点是具有较高安全性，具有权限管理功能，一个客户端操作时，其他客户端只能监视不能控制，保证了操作的唯一性；缺点是需要增加客户端软件和硬件，增加部分投资。

西南管道油气计量中心工程采用独立客户端方式，在数据中心设置独立的检定系统和控制系统硬件及客户端软件，系统具有权限管理功能，能够根据不同权限的账号进行权限限制和管理工作。系统应支持同时运行开启多个客户端，远程检定时，其他开启的检定客户端可以在线实时查看检定任务、检定数据等信息，但同时只能其中一个客户端进行检定操作，保证操作的唯一性和安全性。计量中心与西南管道油气计量中心服务器之间设置防火墙，并且客户端与服务器采用加密协议通信，确保数据的安全性和可靠性。

10.5.1.2 仪表选择原则

（1）仪表设备设计和选择，要以性能稳定、可靠性高、能够满足所需测控精确度要求、能够满足现场环境及工艺条件要求、符合环保要求等为原则。

（2）用于检定参数测量的仪表应选用高灵敏度、高准确度、高稳定性型智能仪表与高分辨率、高准确度数据采集设备，降低天然气流量计量值传递各环节的不确定度分量。

（3）监控用工艺参数仪表，应以电子智能型仪表为主，输出信号为(4~20)mA DC，24V DC，二线制。开关型仪表的输出接点采用无源触点，触点容量最小为24V DC，1A。

（4）计量用工艺参数仪表，压力变送器应选用FF现场总线、智能、绝压型、高灵敏度的压力变送器，输出信号为基金会现场总线的数字信号，供电电源应为24V DC。

（5）环境温度变化及静压力对变送器的测量准确度影响应尽量小。通常压力变送器采用露天安装或室内安装，应注意环境温度的影响。压力变送器应具有良好的温度特性，环境温度每变化50℉(28℃)，其零点和量程所受的影响应优于：±(0.018%量程上限+0.08%量程)。静压每变化1000psi(6.9MPa)的影响应优于：±0.25%量程上限。

（6）现场测控仪表根据安装场所、测控介质、环境温度、危险等级等条件，选择适宜的仪表材质、安装方式、防爆等级和防护等级。隔爆型仪表防爆等级不低于Ex.dⅡBT4，仪表防护等级不低于IP65。

（7）为了提高检定精度和运行安全，调节阀和紧急切断阀宜采用国内外高质量产品。

10.5.2 施工经验

仪表及电缆安装时应注意：

（1）仪表安装应参照仪表设备安装图进行，并参照到货的仪表说明书，严格核对仪表位号后进行。

（2）现场电气仪表设备的电缆保护管露出地面部分应根据现场安装情况采用U型螺栓、角钢或槽钢进行支撑固定。

（3）现场电气仪表、接线箱、穿线(电缆)管电缆铠装层等，需做保护接地，保护接地采用$1×6mm^2$(黄绿色)导线和扁钢与装置区内电力保护接地系统就近连接，并做防腐处理。

（4）仪表支架、电缆保护管的安装位置不得影响工艺和仪表的操作和维护。安装过程中要遵循操作和维护方便、合理的原则。

（5）室外电缆主要沿桥架敷设，出桥架直埋敷设，埋于冻土层以下。直埋敷设底部应平整夯实，铺上100mm厚经筛过的细砂，电缆敷设后上面再铺100mm厚的细砂，在细砂上面盖一层砖，然后覆土。砖的覆盖宽度应超过电缆边缘两侧50mm。

（6）所有电缆不应有中间接头，敷设后应排列整齐；每根电缆的终端应设电缆标志；电缆敷设时，应以每根电缆实测的长度为准，并应留有一定余量。

(7) 连接现场仪表端控制电缆的备用线芯，须用聚氯乙烯绝缘胶带封装于仪表接线盒内。控制电缆的钢铠层在现场端须固定在铠装电缆密封接头上，并通过扁钢就近连接至站场的接地网。

(8) 所有从室外进入机柜间内的电缆均应在防静电活动地板下敷设，并在活动地板下安装槽式电缆桥架用于归拢和固定电缆。

(9) 铠装电缆进入机柜间在机柜/仪表盘的底座上固定后，按规范要求将钢铠除锈处理后连接到保护接地端子排上。电缆备用芯线应在机柜/盘内捆扎好后连接到工作接地端子排上，电缆的屏蔽层应连接到工作接地端子排上。

(10) 电缆保护管进行弯制时，一般采用冷弯，其最小弯曲半径不应小于电缆外径的12倍。电缆保护管口处应光滑无毛刺，以免划伤电缆。

(11) 直埋敷设的电缆，不应沿任何地下管道的上方或下方平行敷设。当沿地下管道两侧平行敷设或与其交叉时，最小净距离应符合以下规定：与易燃、易爆介质的管道平行时为1000mm，交叉时为500mm。

10.5.3 运行经验

10.5.3.1 次级标准装置和工作级的质量控制措施

用喷嘴标准装置及工作级标准装置检定气体流量计，流量计尺寸、温度变化、被检表的温度、压力测量、气体组分、信号采集及检定员的操作等均会影响检定结果。结合建设及流量计检定实践发现，需要加强以下几方面的过程质量控制措施。

(1) 流量计尺寸控制。

喷嘴喉部直径会随温度变化而变化，导致喉部面积的变化。喷嘴通常采用不锈钢材质，其线膨胀系数为 $16×10^{-6}/℃$，即1m长度不锈钢每变化1℃，其长度变化为0.016mm。线膨胀系数与体膨胀系数有所不同，膨胀系数且不是线性。喷嘴的喉部是随温度减低而减小还是增大或近似不变，与喷嘴形状及壁厚有关。检定喷嘴时采用高精度的长度测量装置进行实际测量，得到测量结果与喷嘴的检定证书进行比对无误后才能实施检定工作。在检定软件中输入喷嘴喉径时小数点位数尽可能多，一般在4位。

(2) 压力测量质量控制。

通过采用准确度更高等级的压力变送器并定期校准压力变送器，在开展检定前，比对核查各点压力，减小由取压和测量因意外故障因素对压力测量结果不确定度影响，数据采集时关注标准装置和被检表处的压力稳定度等措施控制被检表的压力测量。

(3) 温度测量质量控制。

通过采用准确度等级更高的温度变送器、定期比对核查温度计量器具、减少环境温度对温度测量质量的影响、确保不同流量点的温度稳定度等措施控制被检表的温度测量。

(4) 气体组分控制。

在流量计算中，组分值将通过计算出的密度值、压缩因子、高位发热量等值，直接影响流量计检定过程当中示值误差的计算，需有严密的控制措施将其控制到要求的范围之内。通过检定控制、标气核查控制、定期相互对比控制和声速核查来实施，确保量值准确可靠。

① 检定控制。所有组分所用分析仪表，在 JJG 700《气相色谱仪检定规程》规定期限内送到相应的检定机构进行检定和量值溯源。

② 标气核查控制。新购标准气体至少应满足二类气的要求，对新购标准气都要用旧标准气对其进行核查，其核查结果应当满足 GB/T 13610《天然气的组成分析 气相色谱法》对其再现性的要求。

③ 定期相互对比控制。每半年，将不同厂家的色谱分析仪进行比对，其比对数据应当在 GB/T 13610《天然气的组成分析 气相色谱法》对其再现性的要求范围之内，若不符合则需查明原因。

④ 声速核查。定期对核查所使用的超声波流量计进行核查，若理论声速与测得的平均声速差小于标准所规定的 0.3%，则需要查明原因。

⑤ 数据采集系统中组分的要求。要求在线色谱仪的数据能够实时传到数据采集系统当中，通信方式最好能选择网线传输形式。在数据采集系统中，由于组分的数据相对要滞后 8min 左右，所以在进行流量计算时应当采用 8min 之后的组分，并且要求在相邻两次组分变化不超过 GB/T 13610《天然气的组成分析 气相色谱法》中对再现性的要求才可进行采数。

(5) 信号传输影响控制。

现场温度变送器、压力变送器、差压变送器到控制室的信号传输非常重要，它对于降低次级标准装置及被检流量计的不确定度至关重要。最好采用 FF 总线，采用专用信号电缆，选用带有屏蔽的导线和现场导线穿管，以及电线接头的防屏蔽等。

(6) 系数修正控制。

为保证压力变送器和差压变送器及温度变送器的使用精度，系统需引入线性修正函数，将变送器按照经常使用区间段分成若干段，经线性修正函数修正后，能够更加准确地描述当前的压力值及温度值。

(7) 环境温度影响控制。

通过确保标准装置处和被检表处的温度稳定度、减少环境温度的影响等措施控制环境温度测量。

(8) 定期开展装置量值比对。

在国际上，实验室为进一步保证标准装置量值的准确可靠，实验室数据互认，实验室间标准装置量值比对已成为一种重要的技术手段。日常检定时很难发现临界流文丘里喷嘴装置的微漏，因此应尽可能每周试压一次。一般的装置没有专门检漏设备，可以用滞止容器的压力传感器进行检漏。检定人员应严格按照检定规程及实验室过程质量控制措施进行操作，确保计量检定的准确可靠。

(9) 标准表的信号采集。

对涡轮流量计进行检定时，在计数过程中，因设定的检定时间内，分辨率的问题可能产生正负一个脉冲的误差。比如不论频率的高低都可以使用计数的方式来实现检定，但对于低频脉冲信号的流量计，就必须延长检定时间以满足采集过程造成的误差并降低到最小，如果校准过程中收集 100 个脉波，对于流量累计将有±1.0%（100 个脉波中的 1 个脉波）的扩充不确定度；当流量计收集 1000 个脉波，此时流量指示计的不确定度将降为

0.1%；但如果时间够久，流量计可以收集超过10000个脉波，则不确定度为0.01%。因此，一次检定过程最好能够采集到10000个脉冲以上，即使丢失一个脉冲，造成的不确定度也小于0.01%，对于高频信号的流量计，最好采用计频的方式进行检定操作。

（10）时间测量同步性。

时钟是系统的计时单元，其准确度需满足相关检定规程和本系统定时不确定度分量的需要，且要具有检定时钟的输出功能。保证时间与采集信号的同步，并提供时标信号，保证其准确度与分辨率。因此，检定时各自计时器的时间同步误差应满足相关检定规程要求且小于1ms，计时器的准确度应满足相关检定规程要求且小于1ms；对于任何情况下，配套温度、压力仪表相互间的时间同步误差应满足相关检定规程要求且小于500ms；FF总线的时钟控制，以及脉冲等信号的采集都应集成在一个主控设备上，便于数据的同步性；此外，系统应具备时间同步与准确度的检测手段。

10.5.3.2 气相色谱仪的安全操作

（1）打开天然气取样阀，检查载气、柱头、标准气压力，开进色谱仪的标准气阀，进、出色谱仪的样品（天然气）阀门，并及时填好相应巡回检查记录。

（2）检查系统控制器信号灯是否正常，开中控室远程计算机电源，进入仪器操作系统。

（3）运行色谱分析软件，联机，清除报警记录，再选择仪器常规校准。仪器校准完成后若有红色报警，必须查清原因后再重新校准。

（4）待检定、校准、检测过程中天然气组分符合取样分析规程规定的要求时，即可开展检定工作。

（5）每月进行一次分析装置放空系统排污操作。仪器每年检定一次，每次更换标准气时做一次比对。如仪器停用低于24h，需预热10h后才能进行分析；如仪器停用超过24h，需预热24h后才能进行分析。

10.5.3.3 有力保证措施

（1）标准气体保管与使用。

① 接收标准气瓶时，核实标准气瓶的颜色、字体，以及气瓶的公称工作压力，标准气瓶的有效期为两年，标准物质有效期为一年。接收标准物质后写好标准物质信息并在标签上注明满瓶，最后标签挂在瓶上，放在存储柜并挂上链子。最后在标准物质记录单上做好登记。

② 分析新购标准气或需核查的标准气，每批新购的标准气只抽查一瓶。如果所有组分的分析结果与标准气证书上的标称值的偏差均满足GB/T 13610《天然气的组成分析 气相色谱法》规定的再现性的要求，则新购或核查的标准气质量符合要求。如乙烷分析结果不满足GB/T 13610规定的再现性的要求，需要加长样品吹扫时间，确保取样管线吹扫干净后再重新分析被验收或检查的标准气，直至满足GB/T 13610对再现性的要求。如正戊烷的分析结果不满足GB/T 13610对再现性的要求，需要检查载气压力和色谱仪柱头压力，确保仪器正常后再重新分析被验收或核查的标准气。分析操作均无误的情况下，分析结果仍不能满足GB/T 13610对再现性的要求，应更换一台色谱仪再次分析确认。如不能满足

GB/T 13610对再现性的要求，则标准气不能作为天然气分析标准气使用，应退货或作为非标准物质使用。

(2) 减少标准表和被检表间管容。

由于装置中大流量直排系统的管容较大，对整个系统不确定度的影响相对小流量直排系统较小，故一般只考虑小流量涡轮工作标准的管容。

公式：

$$\frac{管道容积}{流量 \times 时间} \times (压力波动量 + 温度波动量) \leqslant 不确定度值\%$$

当然，在前期设计一定要保持较小的管容，但是当管容是一定值，在无法减少的情况下，如果需减少管容对不确定度的影响，减少不确定度值，则必须增加测量的时间。

但是在实际测量时，按照检定规程，一般测量时间为(60~100)s。在无法提高测量时间情况下，提高低流量值，则不确定度值会相应减小。同时，通过调压的手段可以减少压力波动量和温度波动量，可以减小不确定度值。

11 展　　望

11.1 发展趋势

伴随着国家能源结构的不断优化，天然气作为一种清洁能源，消费量和进口量逐年提升。为了保证天然气资源经济效益最大化，为国家节能降耗提供科学依据，准确可靠的天然气计量数据显得尤为重要。2021年12月，国务院正式发布了《计量发展规划（2021—2035年）》，该规划分析了我国计量业务的发展现状和面临的形式，提出了我国发展计量工作的指导思想、基本原则和发展目标。规划提出了到2025年，国家现代先进测量体系初步建立，计量科技创新力、影响力进入世界前列，部分领域达到国际领先水平。计量在经济社会各领域的地位和作用日益凸显，协同推进计量工作的体制机制，进一步完善作为国家法定授权的国家天然气流量计量检定机构，应确保计量检定工作开展符合"科学公正、准确可靠、优质服务、顾客满意"质量要求，同时应加大科研投入和技术创新力度，不断提升计量标准装置能力，积极开展科学技术研究工作，引领行业标准、规程、规范制修订工作，通过计量新技术推广应用，促进计量系统优化和升级，抢占技术制高点，争夺专业话语权。

11.1.1 能量计量

天然气计量方式主要包括体积计量和能量计量。国际天然气贸易和欧美等发达国家多采用能量计量，目前中国仍以体积计量为主。在复杂的天然气供应格局环境下，体积计量方式将会衍生出以下4个问题：一是不利于项目投资回报和价值体现；二是无法满足下游客户差异化需求；三是加剧上游企业持续亏损；四是贸易结算中产生计量争议。可见，因体积计量而导致的市场贸易交接问题较多，不利于我国天然气行业的健康发展。而能量计量能体现天然气作为能源的价值属性，更有利于体现贸易公平、减少结算纠纷和推动天然气行业的健康发展。国家发展和改革委员会、国家能源局、住房和城乡建设部、国家市场监督管理总局等联合发布了《油气管网设施公平开放监管办法》，以规范天然气输送，建立更加合理、科学、公平和公正的计量方式。办法中第十三条明确提出：天然气管网设施运营企业接收和代天然气生产、销售企业向用户交付天然气时，应当对发热量、体积、质量等进行科学计量，并接受政府计量行政主管部门的计量监督检查。国家推行天然气能量计量计价，于本办法施行之日起24个月（2021年5月23日）内建立天然气能量计量计价体系。天然气能量计量改革社会关注度高，技术性强，社会各方已启动了天然气采用能量计量的相关工作。天然气流量计量，发热量测定，量值溯源，能量计量关键设备国产化，以及基于大数据分析的天然气管网能量平衡、多气源下的质量跟踪与监控、新能源检测与计量技术，能量计量标准体系等方面的需求是今后各计量站面临的主要攻坚方向。

11.1.2 智能检定

智能检定系统是将人工智能、大数据分析等技术引入天然气计量检定领域，突破了传统的检定过程人工切换流程、手动操作系统的模式，通过系统自主识别检定任务，完成智能化决策、精准化执行、数字化感知等动态过程，大幅提升了检定效率和检定质量控制水平。依据工艺管线布局、设备技术参数与运行工况数据，同步开发了相对应的数字孪生体，将工艺系统的流动形态与控制状态同步映射到该模型中，直观形象地对检定过程进行数字化模拟，起到了执行前模拟验证工具的作用。智能控制器计算得出的控制策略，需经过数字孪生体进行仿真和迭代运算，以确保输出的结果符合检定所需方可下达并执行。打破了原有壁垒，使数据自下而上传输，指令自上而下下达，实现多系统间数据的采集、存储、计算、分析、控制等互联共享。检定任务通过智能检定系统下达并触发各系统协同工作，现场设备采集检定所需的数据并汇入数据库。运用数据挖掘和大数据分析等技术，在检定前可判断标准装置的完好性，检定过程中实时确认检定数据的稳定性和准确性，实现智能检定的全过程质量监控，确保每次检定结果的准确可靠。

11.1.3 数据中心

数据中心由虚拟化平台、数据库软件、大数据分析系统、可视化系统和网络安全设备等构成。可以对日常流量计检定数据开展归集、整理、分析，为计量标准管理提供了数据支撑，可为天然气流量计量器具的全生命周期管理提供数据支持，为客户制订计量器具维护保养方案提供依据，为智慧管网建设提供计量基础数据。

远程检定功能的实现，技术人员可在远端通过操作相应计量检定系统完成流量计的检定作业，并使用智能检定管理系统完成证书出具、核验、抽查、审批和电子盖章等流转过程。远程检定功能的实现，提高了日常的工作效率，解放了现场部分人力资源，人员调配更加灵活，让现场作业人员能够投入更多的精力用于开展其他安全生产和科技创新工作。

11.1.4 环道建设

天然气计量检定站标准装置排气方式主要分为直排式和环道式，其中直排式天然气流量标准装置技术发展得比较早，技术方案已经日渐成熟和可靠，直排系统主要建有天然气取气回气阀组、过滤分离、调压稳压、流量调节、各级流量标准装置、核查流量计和检定台位等系统，由于在工艺系统中不需要用天然气压缩机进行增压，只是依靠高低压输气管道内的压力差使得天然气流动，运行成本比较低，我国已建立的国家站南京分站、武汉分站、广州分站、乌鲁木齐分站和北京检定点等均是直排式天然气流量标准装置，但由于直排系统受所依托的天然气取气和回气管线的压力、流量及运行调控时间限制，给检定工作带来不便。

近十年来，因新型内置电机式天然气环道压缩机的研制成功，以及天然气循环过程中连续升温技术难题的解决，以德国、荷兰和丹麦为代表的欧洲国家率先在世界上设计建立了几套较新的天然气环道系统，通过几年平稳运行，满足了技术要求，环道技术已成为当今世界天然气计量检定技术的发展趋势,能够很好地解决受管网工况条件的影响。

11.1.5 标准装置关键计量器具国产化

我国建成及正在建设的天然气检定站/点共有12家,根据各站/点承担的天然气流量计检定工作粗略计算,2021年各分站直接和间接量值传递的天然气流量计计量总量超过 $3000×10^8 m^3$,而现场工作流量计均量值溯源至各个天然气检定机构工作标准装置,因此保证工作标准装置量值传递准确可靠对我国天然气贸易计量至关重要。国家在用工作级标准核心关键设备国外厂商垄断,如果出现技术屏蔽,将严重影响国内检定机构量值溯源、量值传递的正常开展,对天然气贸易计量和公司经济效益造成重大影响。在用工作级标准核心关键设备国外厂商垄断,如果出现技术屏蔽,将严重影响国内检定机构量值溯源、量值传递的正常开展,对天然气贸易计量和公司经济效益造成重大影响,因此标准装置关键计量器具国产化,能够实现关键核心技术设备自主可控,保证国内检定机构量值溯源、量值传递的正常开展。

11.1.6 国产超声流量计性能提升

随着我国天然气工业的发展,以石油天然气为主的能源需求量也不断提高,超声流量计因仪表流通通道未设置任何阻碍件、无流动阻挠测量、无压力损失、口径范围大、测量精度高等优点,在整个石油天然气的管道中发挥着十分重要的作用。国产化超声流量计已在油气管道行业推广应用,广泛应用于天然气输送管道、城市燃气管网、煤层气、工业用户气体贸易结算和过程控制等领域,但国产超声流量计在计量准确性、长期运行稳定性等方面与国外主流品牌超声流量计仍然存在较大差距,因此提升国产超声流量计性能已迫在眉睫。

11.1.7 流量量值传递体系建设

国内外普遍采用"mt 原级标准+次级标准+标准表法工作级标准"和"HPPP 原级标准+传递标准+标准表法工作级标准"两种量值传递方式,目前国内大部分检定站均溯源至 mt 法原级标准,其测量不确定度为 $0.05\%(k=2)$,达到世界先进水平,但量值传递至工作级标准装置测量不确定度为 $0.29\%(k=2)$,仍有较大提升空间,需继续开展装置能力提升工作。同时,mt 法与 HPPP 法在量值传递方面各有优势,mt 法量值传递具有稳定、容易复现等优点,HPPP 法具有准度高等优点,如何结合两种量值传递方式的优点,打破原有量值传递方式的路径值得探索。

11.1.8 LNG 动态计量

"双碳"战略加快能源绿色低碳转型进程,为天然气行业快速发展提供政策保障。在此背景下,国内天然气消费量不断攀升,一是页岩气、煤层气、煤制气、进口管道气、LNG 等非常规天然气数量不断增大,液化 LNG、氢输送、二氧化碳输送都将启动,对天然气计量技术提出了新的需求,有必要开展不同输送介质对计量结果影响的研究;二是我国已成为世界第二大 LNG 进口国,且 LNG 进口量每年以 25% 的速度大幅增长,贸易各方对 LNG

计量的重视程度持续增高，由于 LNG 动态计量体系在我国尚属空白，为保障到岸 LNG 量值的准确可靠，落实国家构建现代能源体系的规划部署，支撑 LNG 业务高效、有效开展，在 LNG 动态计量溯源体系建设方面，也有必要开展 LNG 动态计量量值传递体系研究，研制 LNG 流量计检定装置，逐步完善 LNG 量值溯源体系，为 LNG 接收站安全运行与精准交接提供技术保障。

11.1.9　天然气流量量值统一

国内天然气原级、次级标准尚未开展量值比对，天然气量值尚未统一，存在同一天然气流量在不同溯源机构检定结果差异的情况，且天然气原级标准尚未参与国际正式比对，未能实现国际量值的互认互信，应进一步加强原级到工作级计量标准比对技术攻关，开展不同工作原理的原级标准装置量值统一研究，积极主导国内量值比对，参与国际原级标准比对，有利于国内天然气量值统一，实现国际间量值互认互信。

11.2　发展建议

11.2.1　加强计量关键技术研究

跟踪国际油气计量技术最新发展，加强油气计量前沿技术研究，积极引进吸收国外先进计量技术，增强油气计量自主创新能力，突破一批油气计量关键技术，不断健全技术超前、溯源准确、国内领先、国际一流的油气计量技术体系。同时，紧跟核心设备国产化趋势，联合国内知名高校、院所、厂家，联合开展原级标准装置测控系统国产化研究、原级标准装置替代设备可行性研究等核心计量设备国产化科研攻关。

11.2.2　推进计量技术智能化升级

加强与计量科研机构技术合作，研究应用生产经营过程计量与控制一体化技术，将计量测试嵌入技术服务、生产运行、建设施工全过程，加快各级生产单元自动化、信息化升级改造，依托局域网实时采集和同步上传现场计量数据，充分利用人工智能、大数据分析、云计算等技术，实现关键量的准确测量与实时校准，增强在线和快速计量检定能力，促进生产经营过程实时动态管理，提高生产经营过程监控和决策的快速反应能力。

11.2.3　积极组织和参与计量量值比对

推进和参与国家层面的石油石化领域相关国际比对，开展与海外业务相关国家、地区的油气流量计量标准、天然气组成分析、石油专用计量标准的计量比对或检测能力验证，提高我国油气量值的国际等效性，增强国家在国际油气计量领域的影响力。

11.2.4　加强油气贸易计量量值传递及溯源体系建设研究

目前油气贸易计量器具量值溯源存在如下问题：
（1）部分计量器具量值溯源不符合法定要求。存在部分贸易用计量器具量值溯源的机构其授权范围与相应法定要求不相符的情况,例如贸易用天然气流量计使用空气介质的计量标准装置进行检定校准。

(2) 量值溯源缺乏统一规划,成本较高。一方面部分计量器具量值溯源至中国石油、中国石化检定机构,在国家管网成立后,这一部分成了年度例行支出成本;另一方面由于缺乏统筹规划,较多存在跨区域送检等情况,增加了运输维护等成本,不利于优化资源配置。

(3) 部分计量器具量值溯源方式仍有提升空间。例如成品油流量计量当前主要采用离线方式进行量值溯源,流量计受拆卸应力、颠簸等影响,量值可能存在变化,有必要规划在线检定方式,提升量值溯源效率和质量。

(4) 关键业务领域需建立量值溯源体系,掌握话语权。国家管网内虽然建立有天然气流量完整的量值溯源体系,以及部分油流量计量的计量标准装置,在气质分析、温度、压力等方面建立了专业实验室,但未建立社会公用计量标准。有必要结合能量计量、LNG动态输送等行业发展方向,梳理构建管网的油气量值传递溯源体系,在国内和国际树立公司的专业话语权。

(5) 油气贸易计量的溯源环节缺乏体系化的质量监控措施。在管网油气计量系统中已有的计量器具除了定期开展量值溯源外,部分天然气计量系统建立了流量在线比对流程,计量系统缺乏系统性的质量监控措施。有必要结合油气计量系统的特点,逐级建立计量系统的内部核查、外部比对,以及管网组织的监督和第三方机构进行的评价,对油气计量的量值溯源质量进行监控。

因此有必要对油气贸易计量量值传递及溯源体系建设开展研究,梳理油气计量现状,调研油气贸易计量法制规定和国内外行业技术发展趋势,制订油气贸易计量量值传递与溯源体系建设规划,并进一步细化研究不同计量标准建立核心技术难题,用于指导国家油气贸易计量量值传递与溯源体系建设。

11.2.5 加大标准物质研制应用

国内天然气标准物质产品质量参差不齐,量值不统一,为确保量值传递过程中的准确性,应加强标准物质监管能力建设和关键共性技术研究,提升标准物质不确定度水平。探索建立标准物质质量追溯制度,建设一批标准物质量值核查验证实验室,建立标准物质质量追溯平台,形成研发、生产、应用全寿命周期的监管能力。

11.2.6 创新智慧计量监管模式

充分运用大数据、区块链、人工智能等技术,探索推行以远程监管、移动监管、预警防控为特征的非现场监管,通过器具智能化、数据系统化,积极打造新型智慧计量体系。推广新型智慧计量监管模式,建立智慧计量监管平台和数据库。鼓励计量技术机构建立智能计量管理系统,推动设备的自动化、数字化改造,打造智慧计量实验室。推广智慧计量理念,支持产业计量云建设,推动企业开展计量检测设备的智能化升级改造,提升质量控制与智慧管理水平。

参 考 文 献

[1] GB/T 20604—2006 天然气词汇[S].
[2] GB/T 33445—2016 煤制合成天然气[S].
[3] 叶德培. 一级注册计量师基础知识及专业实务[M]. 北京：中国质检出版社，2017.
[4] 闫文灿，王雁冰，谢代梁. 管道天然气计量员读本[M]. 北京：中国石化出版社，2019.
[5] GB/T 18603—2014 天然气计量系统技术要求[S].
[6] 高军. 中国天然气计量标准体系现状简析[J]. 石油工业技术监督，2020，36(4)：4.
[7] Q/GGWXQ 286—2021 天然气检定站工艺技术要求[S].